Siegmund Günther

Vergleichende Mond- und Erdkunde

weitsuechtig

Siegmund Günther

Vergleichende Mond- und Erdkunde

ISBN/EAN: 9783956562631

Auflage: 1

Erscheinungsjahr: 2014

Erscheinungsort: Bremen, Deutschland

VERGLEICHENDE

MOND- UND ERDKUNDE

VON

DR. SIEGMUND GÜNTHER

PROFESSOR AN DER TECHNISCHEN HOCHSCHULE MÜNCHEN

MIT 23 ABBILDUNGEN IM TEXT
UND 4 TAFELN

BRAUNSCHWEIG

DRUCK UND VERLAG VON FRIEDR. VIEWEG & SOHN

1911

DIE WISSENSCHAFT

SAMMLUNG
NATURWISSENSCHAFTLICHER UND MATHEMATISCHER
MONOGRAPHIEN

SIEBENUNDDREISSIGSTES HEFT

VERGLEICHENDE MOND- UND ERDKUNDE

VON

DR. SIEGMUND GÜNTHER
PROFESSOR AN DER TECHNISCHEN HOCHSCHULE MÜNCHEN

MIT 23 ABBILDUNGEN IM TEXT
UND 4 TAFELN

BRAUNSCHWEIG
DRUCK UND VERLAG VON FRIEDR. VIEWEG & SOHN
1911

VORWORT.

Die vorliegende Schrift ist dazu bestimmt, einen Gedanken weiter auszuführen, welchen der Verfasser vor einer Reihe von Jahren (1899) in der „Umschau“ kurz skizziert hat. Von den ältesten Zeiten an soll der Gedanke, im Monde sei „eine zweite Erde“ anzuerkennen, durch die Jahrhunderte verfolgt werden, um zuletzt zu zeigen, daß in der Tat mit gutem Rechte ein Vergleich zwischen Mond- und Erdkunde gezogen werden kann, der in sich volle Berechtigung besitzt, sobald man nicht in den freilich sehr gefährlichen und wiederholt begangenen Irrtum verfällt, Analogie mit Identität zu verwechseln. Eine große Schwierigkeit bestand darin, aus der so ungemein reichhaltigen und verzweigten Literatur nur diejenigen Materien auszuheben, welche für unseren Zweck unmittelbar bedeutsam sind, während eine Fülle einschlägiger Veröffentlichungen nicht für den Geographen, sondern ausschließlich für den Astronomen von Wichtigkeit ist. Inwieweit dieses Streben vom Erfolge gekrönt war, das zu beurteilen muß anderen Stellen überlassen bleiben. Daß Puiseux' oft zitiertes Werk sich nach Ziel und Inhalt mit dieser Arbeit nur sehr teilweise deckt, zeigt die Lektüre.

Zu besonderem Danke für verschiedene Mitteilungen fühlt sich der Verfasser zwei verehrten Kollegen verpflichtet, Herrn Prof. Dr. H. Ebert (München) und Herrn Prof. Dr. W. Prinz (Brüssel). Der letztere hat sich lebhaft für diese Arbeit interessiert, ihre Vollendung jedoch leider nicht erlebt, indem er am 1. August des vorigen Jahres durch allzufrühen Tod aus gesegneter Wirksamkeit abberufen wurde. Herrn P. Bosmans (Brüssel) dankt man die Aufnahme der Mondkarte van Langrens in diese Schrift.

München, im Februar 1911.

S. Günther.

INHALTSVERZEICHNIS.

Die Pluralitätshypothesen im allgemeinen.

Es liegt in der Natur des Menschen, nach Analogien und Vergleichsobjekten zu suchen, sobald irgend eine neue Frage ihm entgegentritt, und so ist es nicht zu verwundern, daß gerade auch auf astronomischem Gebiete dieses Streben schon frühzeitig sich geltend gemacht hat. Aus den leider nur in spärlicher Zahl vorhandenen Fragmenten der altjonischen Naturphilosophie, welche uns die späteren Doxographen [1]) gerettet haben, geht unzweifelhaft hervor, daß die Ansicht von der Wesensgleichheit aller Weltkörper mit unserer Erde schon sehr früh von hervorragenden Männern vertreten worden ist und sich sogar in der älteren Zeit weiter Verbreitung erfreute, bis dann allerdings die Lehre des Aristoteles, derzufolge die Himmel aus einem besonderen, mit den bekannten vier irdischen Elementen nicht identischen Stoffe bestehen sollten, in den nächsten Jahrhunderten nahezu die Alleinherrschaft erlangte [2]). Dieser „αἰθήρ“ war etwas vom „πῦρ“, dem uns bekannten Feuer, grundverschiedenes [3]). Fast

[1]) Für sie ist maßgebend das fundamentale Werk von H. Diels (Doxographi Graeci, Berlin 1879). Auf dasselbe stützt sich die zusammenfassende Darstellung von M. Sartorius (Die Entwickelung der Astronomie bis Anaxagoras und Empedocles, in besonderem Anschlusse an Theophrast, Halle a. S. 1883). Für uns hier ist ferner bedeutungsvoll O. Gilberts Werk (Die meteorologischen Anschauungen des griechischen Altertums, Leipzig 1907).

[2]) Die fragliche Anschauung bildet die Grundlage der beiden Schriften „περὶ οὐρανοῦ“ und „μετεωρολογία“.

[3]) Bei Homer und Hesiod, den ältesten griechischen Zeugen eines gewissen selbständigen Nachdenkens über Naturvorgänge, ist dieser Gegensatz noch nicht einmal angedeutet. „Dieselben charakteristischen Merkmale, die der Dichter im Feuer erkennt und schildert, schreibt er auch dem Äther zu“ (Gilbert, a. a. O., S. 20).

nur die stoische Schule wagte es, bei der älteren Anschauung zu beharren.

Daß schon Anaximenes, obschon er die Realität der Sterne am Firmamente bestritt und in ihnen lediglich den konzentrierten Widerschein des himmlischen Feuers erblicken wollte, gleichwohl das Vorhandensein kosmischer Körper lehrte, welche von ganz der gleichen Beschaffenheit, wie die Erde, sein sollten, geht unzweifelhaft aus einer Stelle des Kirchenvaters Hippolytus hervor [1]). Man wird mit Gilbert annehmen müssen, daß dies doch wohl nur Meteorite gewesen sein können. Bekanntlich hat der Meteorsteinfall von Ägospotami [2]) im Jahre 465 v. Chr. die Denker Griechenlands in eine wahre Aufregung versetzt; er bildete, wie unser Gewährsmann sich ausdrückt, „für den Glauben und das Denken Griechenlands eine Epoche". Auf ihn hin trat, was ihm ja von manch konservativer Seite sehr verübelt ward, Anaxagoras für die stoffliche Einheit der Erde, der Sonne, des Mondes und aller Himmelskörper ohne Ausnahme ein; dachte er sich doch den zur Erde herabgefallenen Körper, der ziemlich viel Eisen enthalten zu haben scheint, von dem in rascher Umdrehung befindlichen Himmelsgewölbe abgesprengt, und damit war für dieses, um so mehr aber auch für die an ihm befestigten Scheiben, die Erdnatur festgestellt. Den gleichen Standpunkt, wie der Jonier, nahm auch noch Plato in seinem „Philebus" ein. Dann freilich trat, wie erwähnt, die stagiritische Reaktion ein, der sich nur noch einzelne, vor allem gewiß Posidonius, entgegenstellten. Wie dieser nach Aristoteles bedeutendste Systematiker der anorganischen Naturwissenschaft im Altertum gesinnt war, erhellt aus Senecas [3]) charakteristischen Worten.

Daß es in erster Linie der Mond war, dem die vergleichenden Betrachtungen galten, versteht sich von selbst. War er doch in einer Zeit, welche noch kein Mittel besaß, die Sehschärfe

---

[1]) Gilbert, a. a. O., S. 688ff.; Sartorius, a. a. O., S. 25ff., 50ff.

[2]) Jene Stadt am Hellespont, welche 61 Jahre später durch die für erstere so unheilvoll ausgegangene Schlacht der Athener mit den Spartanern in anderer Art berühmt ward.

[3]) Er wirft (Naturales Quaestiones, lib. VII, cap. 1, 6) bezüglich der Weltkörper die Frage auf, „an non sint flammei orbes, sed solida quaedam terrenaque corpora, quae per igneos tractus labentia inde splendorem trahunt ...?"

künstlich zu steigern, der einzige Himmelskörper außer der Sonne, dessen Oberfläche sich als nicht völlig gleichartig zu erkennen gab. Hiervon wird später zu handeln sein; für jetzt soll lediglich derjenigen Spekulationen gedacht werden, für welche mit der Erfindung des Fernrohres der Boden geschaffen war. Die Folgezeit hat dafür, unter Vortritt De Fontenelles[1]), die Bezeichnung Pluralitätshypothesen geschaffen; man erörterte die Möglichkeit, daß — zunächst in unserem Sonnensysteme, vielleicht aber auch noch jenseits desselben — Weltkörper von einer der unserer Erde ähnlichen Beschaffenheit existieren könnten. Diese Vielheit der Welten interessierte aber hauptsächlich unter dem Gesichtspunkte, daß man sich dieselben auch mit Lebewesen bevölkert denken konnte, und damit war der Neigung, in ungezügelter Hypothesenbildung den menschlichen Geist sich frei durch die Welträume ergehen zu lassen, der Pfad frei gemacht. Eine kurze Übersicht über dieses Seitengebiet der Wissenschaft, welches in unseren Tagen — man darf im Hinblick auf einzelne literarische Erscheinungen wohl sagen, bedauerlicherweise — eine stetig zunehmende Kultivierung erfahren hat, darf an dieser Stelle nicht fehlen[2]).

Durch den Kardinal Nikolaus von Cusa war im 15. Jahrhundert eine Bresche in die starre geozentrische Weltanschauung gelegt worden[3]), welche die christliche Gelehrsamkeit von Aristoteles überkommen hatte, und Giordano Bruno hatte die Lehren seines deutschen Vorläufers selbständig weitergebildet[4]). Alle Fixsterne waren Sonnen; bewegungslose Körper konnte es

---

[1]) B. de Fontenelle, Entretiens sur la pluralité des Mondes, Paris 1686; Herrn Bernhard v. Fontenelles Gespräche von mehr als einer Welt zwischen einem Frauenzimmer und einem Gelehrten, deutsch von Gottsched, Leipzig 1730.

[2]) Mit außerordentlicher Literaturkenntnis behandelt diese Fragen in ihrer Gesamtheit Zoeckler (Geschichte der Beziehungen zwischen Theologie und Naturwissenschaft, 2. Abteilung, S. 55 ff., 67 ff., 425 ff., Gütersloh 1879). Aus diesem Buche wurde im folgenden häufig geschöpft; ebenso aus einem Aufsatze von E. Ebner (Geschichten aus anderen Welten, Deutscher Hausschatz, S. 367 ff., 1908).

[3]) Vgl. Günther, Der Kardinal Nikolaus Cusanus in seinen Beziehungen zur mathematischen und physikalischen Geographie, Festschrift zu M. Cantors 70. Geburtstage, S. 123 ff., Leipzig 1899.

[4]) Näheres siehe bei Clemens, Giordano Bruno und Nikolaus von Cusa, Bonn 1847.

im Universum nicht geben; dieses selbst war unendlich und unbegrenzt und allenthalben von Sternsystemen erfüllt. Der Phantasie blieb es überlassen, diese Andeutungen fortzuspinnen, und da ist es denn sehr merkwürdig, daß gerade ein Mitglied des Ordens, der gegen Bruno in schärfster Opposition hätte stehen müssen und auch wirklich stand, dessen Gedankengänge in seiner Art wieder aufnahm. Allerdings war er so vorsichtig, auf seiner Wanderung durch das Planetensystem, bei welcher ihm — wie dereinst Vergilius dem Dante — der Engel „Kosmiel" als Führer diente, nirgendwo menschenähnliche Wesen vorzufinden, so daß ihm und seinen Lesern alle bedenklichen Parallelen erspart blieben. Der vielgelehrte Jesuit Athanasius Kircher, dessen umfängliches Werk [1]) wir hier im Auge haben, beschreibt Venus und Juppiter als den Ort lieblichster Landschaften, wogegen Mars ein schrecklicher Aufenthalt und der Sitz aller der bösen Geister ist, welche gelegentlich Unglück über die Erde bringen. Inwieweit Kircher von seinem protestantischen Kollegen Wilkins [2]) beeinflußt war, der auch über die Bewohnbarkeit der Gestirne sehr kühne Ansichten äußerte, im übrigen aber sich mehr auf den Mond konzentrierte, mag dahingestellt bleiben.

Ungleich höher steht die — erst posthum erfolgte — Veröffentlichung des genialen Mathematikers Chr. Huygens [3]), die ja zwar auch das Zeitkostüm trägt, in vielen Einzelheiten jedoch den Geist des Autors, der so viel Großes schuf, nicht verleugnet. Wir werden im sechsten Abschnitte auf sie zurückzukommen haben. Jedenfalls überragt das Buch dasjenige Fontenelles, von dem wir oben sprachen; dasselbe ist mehr eine geistvolle Causerie, welche in Scherz und Ernst die Möglichkeit planetarischer Menschheiten prüfen will. Die Sonne ist ganz gewiß nicht bewohnt; der Mond ist es vielleicht; jeder der Planeten, von denen damals nur fünf bekannt waren, ist es ohne allen Zweifel.

---

[1]) A. Kircher, Iter ecstaticum coeleste, Amsterdam 1656; von ihm handelt ausführlich Zoeckler (Gottes Zeugen im Reiche der Natur, Biographien und Bekenntnisse großer Naturforscher aus alter und neuer Zeit, 1. Teil, S. 275 ff., Gütersloh 1881).

[2]) Wilkins, Discourse concerning a new World and another Planet, London 1638.

[3]) Huygens, *ΚΟΣΜΟΘΕΩΡΟΣ*, sive de Terris Coelestibus, earumque ornatu, Conjecturae, Haag 1699.

Alle diese Schriften tragen, obwohl der teleologische Gedanke auch in ihnen sich bemerklich macht, doch hauptsächlich den Stempel einer wissenschaftlich-astronomischen Darlegung. Andere wieder, welche allerdings mehr nur gelegentlich der Hauptfrage näher treten, stellen das philosophisch-religiöse Moment in den Vordergrund, und dann erhebt sich die Kontroverse zwischen der natürlichen Theologie, die überall lebende und denkende Wesen sehen möchte, und der strengen Orthodoxie, welche diese Vorstellung schon von vornherein aus den Gründen bekämpft, welche dereinst für Melanchthon bei seiner Gegnerschaft gegen die heliozentrische Weltordnung maßgebend gewesen waren [1]). Die einzelnen Phasen dieser Kämpfe beleuchtet des näheren Zoeckler (a. a. O.). Die sehr überzeugten britischen Theisten, wie Bentley, Whiston, Derham, Burnet, waren ebenso, wie Bischof Wilkins (s. oben) entschiedene Pluralisten, und in Deutschland brach einer gleichen Auffassung die Bahn des großen Philosophen und Mathematikers G. Leibniz „Theodicee". Gegen die Theologen Ehrenberger [2]) und Schudt [3]), welche die Pluralitätslehre verteidigten, wandte sich ihr Kollege Becker [4]) mit der Behauptung, daß doch die kleine Erde wegen der nur für sie bezeugten Menschwerdung Gottes als etwas Besonderes anerkannt werden müsse; freilich hatte dem Einwurf schon früher Reinbeck [5]) die Spitze abgebrochen, indem er darauf hinwies, daß man aus derselben Ursache das Dasein der Antipoden habe in Abrede ziehen wollen, die seitdem doch allgemein als eine Realität angesehen würden. Manche Naturforscher von Ruf, die in dieser Fehde ebenfalls eine Lanze zu brechen sich berufen fühlten, halfen sich damit, daß sie die Planetenbewohner als Wesen von höherer Art ansprachen; so

---

[1]) Über Melanchthons eigenartigen Standpunkt s. S. Günther (Geschichte der Naturwissenschaften, 1, 103, Leipzig 1909.)

[2]) Ehrenberger (Pseudonym Geierbrand), Curiöse und wohlbegründete Gedanken von mehr als einer bewohnten Welt, Jena 1715; Fortsetzung, ebenda 1718.

[3]) Schudt, Libri duo de probabili mundorum pluralitate, Frankfurt a. M. 1721.

[4]) J. H. Becker, De globo nostro terraqueo prae omnibus mundi corporibus totalibus Σκηνώσει Filii Dei nobilitato, Rostock 1751.

[5]) Reinbeck, Betrachtungen über die in der Augspurgischen Confession enthaltenen und damit verknüpften Göttlichen Wahrheiten, 1. Teil, S. 257 ff., Berlin-Leipzig 1733.

Euler[1]), Bonnet[2]) und der in seinem Fache damals fast ohne Nebenbuhler dastehende Mediziner v. Haller[3]). Eigentümlich mischen und durchdringen sich Mystik und Naturerkenntnis in dem als eine Doppelnatur erscheinenden Swedenborg[4]), dem auch bei seinem Geistersehen ein achtbares Maß von exaktwissenschaftlicher Kenntnis nicht verloren ging.

Ziemlich viel befaßte sich mit dem schwedischen Gelehrten sein natürlicher Widersacher Kant, der schon in seinem ersten literarischen Versuche[5]) die Vielheit der Welten in den Bereich seiner Untersuchung gezogen hatte und später[6]), worauf Zöllner[7]) und Dietrich[8]) von neuem aufmerksam machten, gerade auf Swedenborgs Phantasien zu sprechen kam. Von planetarischen Menschen konnte ein so klarer Kopf unmöglich etwas halten; „Geisteswesen" gestand er den anderen Begleitern der Sonne allenfalls zu, denn unter ganz anders gearteten räumlich-zeitlichen Verhältnissen könne es wohl denkende, nur eben nicht mit Fleisch und Blut versehene Existenzen geben, von deren Organisation wir uns allerdings keinen Begriff zu machen imstande

---

[1]) L. Euler, Rettung der Offenbarung gegen die Einwürfe der Freygeister, S. 14 ff., Berlin 1787.

[2]) Bonnet, Betrachtungen über die Natur, deutsch von Titius, Leipzig 1772, a. v. St.

[3]) A. v. Haller, Briefe über die wichtigsten Wahrheiten der Offenbarung, Bonn 1772.

[4]) Über diese uns zunächst angehende Seite im Leben des eigenartigen Mannes orientieren: Nyrén, Über die von Emanuel Swedenborg aufgestellte Kosmogonie, Vierteljahrsschr. d. Astron. Gesellsch. **14**, 80 ff.; Sieger, Eine hydrographische Studie Swedenborgs, Nachr. über Geophysik **1**, 81 ff.; Svante Arrhenius-Bamberger, Die Vorstellung vom Weltgebäude im Wandel der Zeiten, S. 104 ff., Leipzig s. a. Von den eigenen Arbeiten Swedenborgs kommt vorzugsweise in Betracht: De chao universali Solis et Planetarum, deque separatione ejus in Planetas et Satellites, Stockholm 1734.

[5]) I. Kant, Gedanken von der wahren Schätzung der lebendigen Kräfte, Königsberg i. Pr. 1747.

[6]) I. Kant, Träume eines Geistersehers, erläutert durch Träume der Metaphysik, ebenda 1766.

[7]) J. K. F. Zöllner, Wissenschaftliche Abhandlungen **1**, 215 ff., Leipzig 1877. Es wird daran erinnert, daß auch die „Kritik der reinen Vernunft" einmal die Pluralitätsfrage, der gegenüber unsere Sinnestätigkeit vollständig versage, wenigstens streift.

[8]) K. Dietrich, Kant und Newton, S. 81 ff., Tübingen 1876.

seien. Damit war natürlich, wie wir weiter unten noch besonders hervorzuheben haben werden, tatsächlich nur gesagt: Planetenbewohner gibt es nicht.

In der Hauptsache ähnlich dachten die philosophischen Chorführer der auf Kant folgenden Periode, aber ihre Beweggründe waren ganz andere. Freilich liefen sie ebenfalls nur auf den gleichen, kleinlichen, anthropozentrischen Endgedanken hinaus, welchem auch der Astronom Bode, dem Zoeckler einen „verwegenen Pluralismus" zuschreibt, einen unglaublich nüchternen Ausdruck verleiht [1]): „Wozu alle diese Einrichtungen, wenn nicht vernünftige Wesen von diesem nächtlichen Schein Nutzen ziehen sollen?" Bei den Naturphilosophen Schelling, Hegel, Rosenkranz und in ihren Kreisen herrschte die Meinung, die Erde sei „der klassische Stern", und seiner Hoheit tue der Eintrag, der die Besiedelung anderer Glieder des Sonnensystems für möglich halte [2]); nach Hegel war ja die ganze Fixsternwelt nur „ein Ausschlag des Firmamentes", eine pathologische Erscheinung. Denkende Naturforscher mochten zweifelhaft sein, ob sie solcher flach-philiströsen Denkweise oder den noch immer auftauchenden krassen Hirngespinsten der Pluralitätstheoretiker, die selbst vor den Kometen nicht haltmachten [3]), den Vorzug geben sollten. Ein gewisser Swinden bevölkerte auch, wie von Zoeckler [4]) berichtet wird, die Sonne mit den verdammten Seelen.

Auf eine etwas höhere Stufe wurde diese Art von Konjekturalastronomie gehoben im Verlaufe des 19. Jahrhunderts, wie unter anderen auch aus der einige wichtigere literarische Erscheinungen besprechenden Abhandlung von Peschel [5]) erhellt.

---

[1]) Bode, Anleitung zur Kenntnis des gestirnten Himmels, S. 629, Berlin 1806.

[2]) Über die astronomischen Ansichten, die zur Zeit der Herrschaft der naturphilosophischen Schulen in Deutschland kursierten, geben Aufschluß J. Huber (Die Philosophie der Astronomie, S. 55 ff., München 1877) und Zoeckler (Der Streit über die Einheit und Vielheit der Welten, Beweis des Glaubens, S. 361 ff., 1866).

[3]) E. G. Fischer, Betrachtungen über die Kometen, bey Gelegenheit der vermutheten Wiedererscheinung eines Kometen im Jahre 1789, S. 14 ff., Berlin 1787.

[4]) Zoeckler, a. a. O., 2. Abteilung, S. 60.

[5]) O. Peschel-Loewenberg, Abhandlungen zur Erd- und Völkerkunde 2, 187 ff., Leipzig 1878.

Bei Payne, Chalmers, Brewster, der, mit Bode[1]) an der Wilson-Herschelschen Sonnentheorie festhaltend, selbst den dunkeln, von einer Photosphäre umflossenen Sonnenkörper für bewohnbar erklärt[2]), sind in der ersten Hälfte des vorigen Jahrhunderts die meisten Engländer Anhänger der Fontenelleschen Doktrin, der Peschel[3]) zufolge auch Baden-Powell und der treffliche französische Physiker Arago sich anschlossen. In Deutschland tritt dieselbe minder geräuschvoll auf; von einschlägigen Schriften sind diejenigen des phantasievollen, noch später von uns zu nennenden Gruithuisen[4]) und des wesentlich britische Quellen benützenden Drechsler[5]) hervorzuheben; auch der gerne auf Seitenwegen wandelnde Philosoph und Techniker Baader gehört hierher[6]). Gerade auf britischem Boden ereignete sich aber ein merkwürdiger Umschwung, indem der bekannte Geschichtschreiber „der induktiven Wissenschaften", Whewell, der mit seinem Landsmanne Maxwell[7]) bisher zu den eifrigen Anhängern der Pluralität gehört hatte, sich als entschiedener Gegner derselben entpuppte[8]). Jedenfalls hat Großbritannien im Bereiche dieser Erörterungen, mag man ihnen nun zustimmend oder abgeneigt gegenüberstehen, lange Zeit die Spitze genommen[9]), um alsdann seine Vorherrschaft an Frankreich und Nordamerika abzutreten. Denn diesen Ländern gehören die beiden Persönlichkeiten an, welche seit mehr denn 40 Jahren für

---

[1]) Bode, Gedanken über die Natur der Sonne und die Entstehung ihrer Flecken, Beschäftigungen der Berliner Gesellschaft naturforschender Freunde 2, 237 ff.

[2]) Brewster, More Worlds than one, London 1854.

[3]) Peschel, a. a. O., S. 194 ff.

[4]) Gruithuisen, Naturgeschichte des gestirnten Himmels, München 1836. Hier wird die Besiedelungsfähigkeit behauptet für Mond, Mars und Venus im ganzen, für Merkur zum Teil.

[5]) A. Drechsler, Die Mehrheit bewohnter Welten, Leipzig 1865.

[6]) S. hierzu: Lutterbeck, Baaders Lehre vom Weltgebäude, verglichen mit neueren astronomischen Lehren, Frankfurt a. M. 1866.

[7]) Maxwell, The Plurality of Worlds, London 1820.

[8]) Whewell, On the Plurality of Worlds, an Essay, ebenda 1853; Ergänzung dazu, ebenda 1854.

[9]) Zur weiteren Orientierung dienen: Cronhelm, Thoughts on the Controversity as to the Plurality of Worlds, London 1854; Zoeckler, Über die neueste Physikotheologie der Engländer, Jahrbücher für deutsche Theologie, S. 790 ff., 1860.

die Weltenvielheitslehre die größte Tätigkeit entfaltet haben. Es sind dies Flammarion[1]) und Proctor[2]). Die geniale Art, mit welcher von beiden das Problem nach allen Seiten hin gewendet und studiert ward, verdient sicherlich volle Anerkennung, allein gleichwohl wird eine kritisch veranlagte Natur nicht verkennen, daß die Phantasie vielfach über die kühle Abwägung der Tatsachen den Sieg davonträgt. Auch in allerneuester Zeit ist die alte Frage noch keineswegs von der Tagesordnung verschwunden; wir verweisen auf die Bearbeitungen derselben von Du Prel[3]), Scheiner[4]) und Arrhenius[5]). Von den zwei stets mit Vorliebe als Wohnort menschenähnlicher Wesen angesprochenen Weltkörpern hat der Mond, wie sich im Verlaufe der nächsten Abschnitte ergeben wird, seine Ansprüche gänzlich aufgeben müssen, während um so mehr der Mars das ihm zuteil gewordene Zutrauen zu rechtfertigen scheint[6]). Denn seine Oberflächenbeschaffenheit war seit 1877 durch Schiaparelli[7]) in einem Ausmaße entschleiert

---

[1]) C. Flammarion, La pluralité des Mondes habités, Paris 1864; Les Terres du Ciel, ebenda 1877 (24. Auflage). Auf eine Aufzählung seiner überreichen sonstigen literarischen Leistungen muß Verzicht geleistet werden.

[2]) Proctor, Other Worlds than ours, London 1871; Proctor-Schur, Unser Platz in der Unendlichkeit, Braunschweig 1877.

[3]) C. Du Prel, Die Planetenbewohner und die Nebularhypothese, Leipzig 1880. Du Prel, ein in seinen ziemlich mystisch angehauchten Ideen etwa an Swedenborg und Baader erinnernder Philosoph, gleichzeitig aber entschiedener Darwinianer, suchte das Prinzip der „natürlichen Auslese" auch auf die Himmelsräume anzuwenden.

[4]) J. Scheiner, Die Bewohnbarkeit der Welten, Himmel und Erde, 3. Jahrgang, S. 18 ff.

[5]) Svante Arrhenius-Bamberger, Das Werden der Welten, S. 35 ff., Leipzig 1908.

[6]) Ebenda, S. 44. Korrekterweise lautet es hier: „Es ist höchst wahrscheinlich, daß organisches Leben auf dem Mars gedeiht. Dagegen ist es ziemlich sanguinisch, aus dem Auftreten der sogenannten Kanäle auf die Existenz intelligenter Wesen auf dem Mars zu schließen."

[7]) G. Schiaparelli, Osservazioni astronomiche a fisiche sull' asse di rotazione e sulla topografia del pianeta Marte, fatte nella reale specola di Brera in Milano coll' equatoriale di Maerz durante l' opposizione di 1877, Rom 1878. Dies war die erste von sieben großen, unverrückt das gleiche Ziel im Auge behaltenden Akademieschriften des genialen Astronomen, deren letzte erste 1910 ausgegeben ward; sie ist den bei der Opposition von 1890 angestellten Beobachtungen gewidmet. Die sehr günstigen Sichtbarkeitsbedingungen des Jahres 1909

worden, wie es noch kurz vorher kaum für denkbar gehalten worden war. Er schuf eine treffliche Marskarte, mittels deren Keeler dann sogar einen Marsglobus zustande bringen konnte [1]). Die Bestrebungen, Analogien zwischen der Erde und diesem Planeten ausfindig zu machen, lenkten in eine neue Bahn ein, seit man, wie dies besonders Fizeau [2]), Flammarion [3]), Schmick [4]) und andere als gesichert betrachteten, vollkommene Einsicht in die areographische Verteilung von Festland, flüssigem und gefrorenem Wasser gewonnen zu haben glaubte. Auch im übrigen ließen sich ja, wie dies schon weit früher Herschel [5]) angedeutet hatte, Ähnlichkeiten aller Art im physischen Leben beider Wandelsterne erkennen. Daß die Populärschriftstellerei die unserem Wissen gezogenen Grenzen gerne überschritt, darf nicht wundernehmen, und so bildete sich in den letzten Jahren eine ganz neue Literaturspezies der Pluralitätstheorie heraus, die sich nur auf den Nachbarplaneten beschränkte, dafür aber die unleugbar vorhandenen Beziehungen desselben zu unserem Wohnkörper bis in die äußersten, überhaupt möglichen Konsequenzen verfolgte.

---

benutzte M. Maggini zu einer dankenswerten Revision der Marskarte an der Hand genauer Ortsbestimmungen (Osservazioni di Marte [1909], Rivista di Fisica, Matematica e Scienze Naturali [Pavia], Nr. 123—128).

[1]) Über diesen Globus und ein anderes, in Berlin befindliches Exemplar eines solchen sind zu vergleichen: H. J. Kleins Jahrbuch der Astronomie und Geophysik, 5. Jahrg., S. 11 ff., Leipzig 1894; Himmel und Erde, 7. Jahrg., S. 185.

[2]) Fizeau, Sur les canaux du planète Mars, Comptes rendus de l'Académie Française 106, 1159 ff.

[3]) Flammarion, Les masses de neige, glace et eaux du planète Mars, ebenda 107, 19 ff.

[4]) H. Schmick, Der Planet Mars, eine zweite Erde nach Schiaparelli, Leipzig 1879. In dieser Schrift wird die Oberflächengestalt des Mars wesentlich unter dem Gesichtspunkte jener „Schmickschen Hypothese" betrachtet, welche in den siebziger und achtziger Jahren alle, die sich für physikalische Geographie interessierten, mehr oder weniger beschäftigte, zuletzt aber ziemlich übereinstimmend abgelehnt wurde. Gerade über die hier in Rede stehenden Zusammenhänge und die gegen ihre Konstruktion geltend zu machenden Bedenken spricht sich aus A. Kirchhoffs Rezension (Leopoldina, S. 27 ff., 1881).

[5]) W. Herschel, On the remarkables Appearences of the Polar Regions of the Planet Mars, the Inclination of its Axis, the Position of its Poles and its Spheroidical Figure, Philosoph. Transact., S. 233 ff., 1784.

Zeitlich steht hier an der Spitze das auch seinem Inhalte nach ganz gewaltig das, was nachher kam, überragende Werk von Laßwitz[1]) († 1910), welches sich zwar selbst als „Roman" bezeichnet, dabei aber zugleich eine wahre Fülle von Sachwissen verarbeitet und auf jeder Seite als Autor einen Fachmann verrät, der sich auf dem weiten physikalisch-philosophischen Grenzgebiete einen sehr geachteten Namen erworben hat. Sehen wir von einzelnen, im Interesse der Handlung und der Knotenknüpfung notwendig gewordenen Unmöglichkeiten ab, zu denen insonderheit „das Abstellen der Schwerkraft" gehört, so begegnet man durchaus nur einer äußerst geschickten Kombination von Dingen, die zwar vielleicht ziemlich unwahrscheinlich bedünken, keineswegs aber ohne weiteres ins Reich der Unmöglichkeiten verwiesen werden dürfen. Zumal der erste Band fesselt auch den mit der Sache vertrauteren Leser nicht bloß deshalb, weil er wirklich in hohem Grade spannend geschrieben ist, sondern auch vermöge der Belehrung, welche er nach den verschiedensten Seiten hin spendet.

Das neue Jahrhundert hat den Grundgedanken, von dem Laßwitz ausging, wieder aufgenommen und in der mannigfaltigsten Art und Weise variiert, ohne daß man doch zugestehen könnte, es sei irgend eines dieser belehrenden Unterhaltungsbücher, bei denen, wie schon die Titel ausweisen[2]), sensationelle Momente eine Hauptrolle spielen, an das erwähnte Vorbild herangekommen. Man wird wohl vermuten dürfen, daß die areographische Abzweigung der Pluralitätshypothese auch noch weiter Schriftsteller und Leser finden und sich längere Zeit behaupten wird, falls nicht unerwartete astronomische Entdeckungen eine neue Mode heraufbeschwören. Auch vermag wohl eine leb-

---

[1]) K. Laßwitz, Auf zwei Planeten, Leipzig 1898.

[2]) Ohne irgendwie Vollständigkeit anzustreben, geben wir hier mehrere dieser Titel: O. Hoffmann, Unter Marsmenschen, Breslau 1905; F. Kringel, Von der Erde zum Mars, Berlin-Leipzig 1907; K. Grunert, Feinde im Weltall, Stuttgart s. a.; Derselbe, Der Marsspion, Bücher des deutschen Hauses, 1. Reihe, 13, 1908; A. Niemann, Aetherio, eine Planetenfahrt, Regensburg 1909. Diesen deutschen Schriften ging noch voran das verwandte Produkt eines Engländers: H. G. Wells, Der Krieg der Welten, übersetzt von A. G. Grüwell, Wien 1901. Was Laßwitz (s. oben) mit ein paar flüchtigen Strichen angedeutet, ein Krieg zwischen Mars- und Erdenmenschen, wird neuerdings mit Vorliebe zu breiter Erzählung ausgesponnen.

hafte Phantasie gewissen Parallelen, wie sie W. Meyer [1]) zwischen irdischen Vorkommnissen und den Entwickelungsstadien der Weltkörper überhaupt zieht, noch manche neue Seite abzugewinnen. Die Wissenschaft als solche wird dadurch wenig beeinflußt, und wer den Stand unseres Wissens von den Wandelsternen ohne Rücksicht auf derartige Nebendinge kennen lernen will, findet in neueren gemeinverständlichen Büchern [2]) alle die Belehrung, welche ihm zurzeit die erstere gewähren kann.

Unser Überblick über die Möglichkeit, entfernte Gestirne mit menschlichen Wesen im Geiste zu bevölkern, ohne daß dabei allzu grobe Verstöße gegen wissenschaftlich feststehende Tatsachen begangen werden, hat absichtlich den uns nächsten, in gewissem Sinne am meisten zu solchen Parallelisierungsversuchen herausfordernden Himmelskörper außer acht gelassen. Was in dieser Richtung geschehen ist, soll erst bei späterer Gelegenheit zur Sprache kommen. Zunächst jedoch soll ganz allgemein, und nicht nur im Hinblick auf mehr oder minder geistreiche Phantasmagorien, die Frage zur Diskussion gestellt werden, inwieweit es als gerechtfertigt betrachtet werden kann, die beiden Bestandteile des kleinen Erdsystemes einer vergleichenden Untersuchung zu unterziehen.

---

[1]) Wilh. Meyer, Die Lebensgeschichte der Gestirne in Briefen an eine Freundin, eine populäre Astronomie der Fixsterne, 3. Auflage, Leipzig 1898. Am Sternenhimmel gibt es „nationale Bewegungen" (die Prozesse in den Saturnringen), „unerlaubte Verhältnisse" (die Bewegung eines Fixsterns um einen unsichtbaren Zentralkörper), eine „himmlische Republik" (das Milchstraßensystem) usw. Man bemerkt sofort, daß sich denjenigen, die an derartigen Vergleichen Geschmack finden, die alte Pluralitätshypothese in einem neuen Gewande darstellt, während viele allerdings finden werden, daß durch solche Wortspiele eine tiefere Auffassung des Sachverhaltes kaum gefördert werden kann.

[2]) André, Les planètes et leur origine, Paris 1909; B. Peter, Die Planeten, Leipzig 1909 (Aus Natur und Geisteswelt, 240. Bändchen).

Zweiter Abschnitt.

Die Berechtigung einer vergleichenden Oberflächenkunde von Erde und Mond.

Die älteren wissenschaftlichen Kosmogonien kamen, allerdings mit gewissen Ausnahmen, darin überein, daß unser Planet und sein Trabant nicht allein durch das Band der Schwerkraft aufs engste miteinander verbunden seien, sondern daß sie auch genetisch ganz zueinander gehörten. Wir werden die Frage, ob der Mond direkt aus der Erde hervorgegangen sei, ob seine Masse in altersgrauer Vorzeit einmal einen Bestandteil der Erdmasse gebildet habe, einer besonderen Prüfung, und zwar unter verschiedenen Gesichtspunkten, im zehnten Abschnitt zu unterwerfen haben; für jetzt nehmen wir sie als eine offene hin, betonen aber zugleich, daß auch dann, wenn man sie ablehnend zu verbescheiden hätte, gleichwohl die innige Verbindung beider Weltkörper zugestanden werden müßte. Denn der Mond bewegt sich um die Erde; daran ändert sich auch nichts, wenn man dem uralten Erfahrungssatze die sachlich korrektere Fassung erteilt, jeder der beiden Bälle bewege sich um den gemeinsamen Schwerpunkt des Systems, denn dieser Punkt befindet sich eben, angesichts der relativ geringen Masse des Mondes, so nahe an der Erde, daß in Wahrheit diese letztere eben doch den Charakter des Hauptplaneten beibehält[1]). Im mechanischen Sinne ist und bleibt der

---

[1]) Es seien E und M (Fig. 1) die Mittelpunkte der beiden kugelförmigen Himmelskörper Erde und Mond, denen bzw. die Massen m_1 und m_2 zukommen. Suchen wir dann die Lage S des Gesamtschwerpunktes, so haben wir, unter a die Mittelpunktsdistanz verstanden,

$$ES.m_1 = MS.m_2;\quad ES + MS = a;$$

und wenn wir noch a in runder Zahl $= 384000$ km, $\frac{m_2}{m_1} = \frac{1}{81}$ setzen, so erhalten wir in Kilometern fast genau

$$ES = \left(384\,000 \cdot \frac{1}{81}\right) : \frac{82}{81} = 4683.$$

Der Erdhalbmesser r darf, wenn wir Bessels bekannte Zahlen für die beiden Halbachsen a_1 und a_2 der Meridianellipse zugrunde legen und $r^3 = a_1^2 b$ setzen, gleich 6370 km angenommen werden, so daß

Mond der Nebenplanet der Erde, und damit wird die Wahrscheinlichkeit vergrößert, daß beide dereinst einmal einen einzigen Körper gebildet haben.

---

mithin ($6370 > 4683$) der Massenmittelpunkt von Mond und Erde noch in diese letztere selbst zu liegen kommt. — Unsere Fig. 1 sei hierauf gleich noch für die Ermittelung eines anderen der Verbindungslinie EM angehörigen Punktes verwertet. Es gibt ∞^2 Punkte, welche von Erde und Mond gleich stark angezogen werden, und diese erfüllen also eine Ortsfläche, deren Gleichung leicht angegeben werden kann,

Fig. 1.

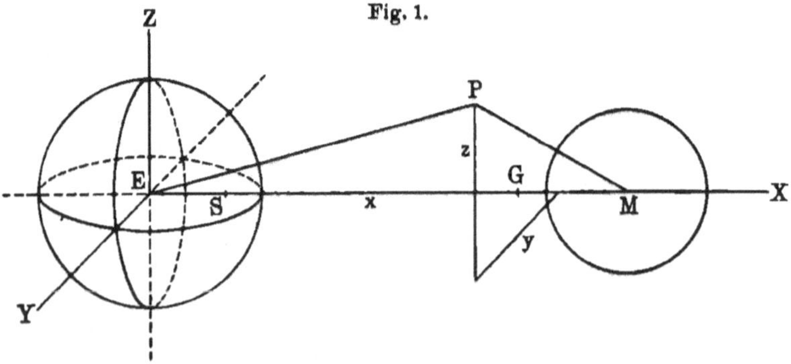

wenn wir E als Ursprung eines Orthogonalsystems betrachten, dessen X-Achse mit EM zusammenfällt. Dann ist für einen Punkt P jener Fläche mit der Masse 1

$$\frac{m_1}{EP^2} = \frac{m_2}{MP^2}; \quad \frac{m_1}{x^2 + y^2 + z^2} = \frac{m_2}{(x-a)^2 + y^2 + z^2}.$$

Für $m_1 = m_2$ erhält man, wie selbstverständlich, eine Ebene mit der Gleichung $x = \frac{a}{2}$. Umgeformt ergibt sich die Gleichung einer Fläche zweiter Ordnung:

$$\frac{m_2 - m_1}{m_2} x^2 + \frac{2\,a m_1}{m_2} x + y^2 + z^2 = \frac{a^2 m_1}{m_2}.$$

Dieselbe schneidet EM in einem Punkte G, dessen Abstand von E sich findet, wenn man $y = z = 0$ setzt. So wird (R. Wolf, Handbuch der Astronomie, ihrer Geschichte und Literatur, 2. Halbband, S. 503, Zürich 1891) die gesuchte Strecke (in Kilometern)

$$EG = a\,(m_1 - \sqrt{m_1 m_2}) : (m_1 - m_2) = \frac{a\sqrt{m_1}}{\sqrt{m_1} + \sqrt{m_2}}.$$

Bei Einsetzung unserer Werte wird EG ungefähr gleich 345600 km; der Punkt G liegt also, wie es der Natur der Sache nach nicht anders sein kann, nahe am Monde. In einem späteren Abschnitte wird hierauf zurückzukommen sein.

Für die Agglomerationshypothese wird es niemals leicht sein, zu erklären, weshalb ein großer und ein kleiner Weltkörper sich in so geringer Entfernung voneinander aus Meteoriten zusammengeballt haben, und es ist auch, soweit wir sehen, ein darauf abzielender Erklärungsversuch noch niemals in Angriff genommen worden. Da wir über die Verteilung der Meteoritenbahnen im Raume, wie sie früher gewesen sein kann, gar nichts wissen, so läßt sich auch an eine irgendwie beschaffene Lösung des Problems nach Maßgabe jener Hypothese absolut nicht denken. Seit Lucretius, dessen didaktisches Gedicht „De natura rerum" die atomistischen Anschauungen zuerst in ein festes Gefüge brachte, müssen alle kosmogonischen Spekulationen, welche in letzter Instanz auf das Zusammentreffen kosmischer Vaganten hinauslaufen, den Zufall als das oberste Regulativ für jede einzelne Weltkörperbildung anerkennen, wie denn auch Du Prels bekanntes Gleichnis [1]) das Eingreifen zufälliger Ereignisse lediglich umschreibt. Kants erste Theorie [2]), die in keiner Weise dem Evolutionsprinzipe Rechnung trug [3]), ist, wie Klein [4]) und Eber-

---

[1]) Du Prel, Entwickelungsgeschichte des Weltalls, S. 122 ff., Leipzig 1882. Man soll sich vorstellen, eine beliebige Menge von Paaren führe in einem ungeheuren Saale ganz nach Belieben Tänze auf, und die Tanzordnung schreibe vor, daß zwei aneinander stoßende Paare sofort auszuscheiden hätten, so daß sich zuletzt nur eine kleine Zahl in diesem „Kampf ums Dasein" behaupte. Die beste Kritik des sonderbaren Vergleiches lieferte J. Huber (a. a. O., S. 33 ff.).

[2]) I. Kant, Naturgeschichte und Theorie des Himmels, oder Versuch von der Verfassung und dem mechanischen Ursprung des ganzen Weltgebäudes nach Newtonschen Grundsätzen abgehandelt, Königsberg i. Pr. 1755; neue Ausgabe von H. Ebert, Ostwalds Klass., Nr. 12.

[3]) Da die allermeisten Bearbeiter nur von dem genannten Hauptwerke Kants Kenntnis genommen haben, so tun sie sehr unrecht, wenn sie sich des anscheinend nicht auszurottenden Wortes Kant-Laplacesche Kosmogonie bedienen, denn ersterer war zuerst reiner Agglomerationstheoretiker, Laplace von Hause aus Evolutionstheoretiker. Eine unverkennbare Mittelstellung zwischen beiden Extremen nimmt unleugbar eine später erschienene Schrift Kants ein (Beweisgrund zu einer Demonstration des Daseyns Gottes, Königsberg i. Pr. 1763). Richtig wurde aufmerksam auf diesen Gegensatz gemacht von H. A. E. Faye (L'origine du monde, théories cosmogoniques des anciens et des modernes, S. 147 ff., Paris 1896).

[4]) H. J. Klein, Entwickelungsgeschichte des Kosmos, S. 38, Braunschweig 1870.

hard[1]) näher ausführten, auch eine Umschreibung der Ansicht gewesen, aus den an gewisse Bahnen im Raume gewiesenen Korpuskeln müßten unter der Einwirkung mechanischer und chemischer Gesetze Weltkörper sich zusammenballen. Was bei ihm nur angedeutet war, wurde von den Gebrüdern v. Marschall[2]) in eine naiv-bestimmte Konkretionstheorie umgeformt, und seitdem hat sich diese letztere bis in unsere Tage zu behaupten vermocht[3]), indem sie natürlich den allgemeinen Fortschritten der Zeit sich anzupassen und eine mehr wissenschaftliche Einkleidung sich gefallen zu lassen hatte. Diese ist ihr von dem bekannten englischen Geophysiker Lockyer[4]) gegeben worden, und zu ihren Anhängern zählte auch unser deutscher Geograph Ratzel[5]). Meteorströme sind nach Lockyer die Ursache aller Himmelskörper ohne Ausnahme.

Es ist hier nicht der Ort, die schweren Bedenken aufzuzählen, welche dieser Annahme entgegenstehen[6]); was unseren eigenen Planeten anlangt, so darf nur kurz daran erinnert werden, daß der Aufbau der Erdkruste aus wesentlich homogenen Schichten

---

[1]) Eberhard, Die Kosmogonie von Kant, Wien 1893.

[2]) O. W. und E. F. L. Marschall von Bieberstein, Untersuchung über den Ursprung und die Ausbildung der gegenwärtigen Anordnung des Weltgebäudes, Gießen-Darmstadt 1802.

[3]) Zu ihren Befürwortern zählten die Astronomen v. Zach (Gehlers Physik. Wörterb., 2. Aufl., 4, 2. Abteil., S. 1247) und Gruithuisen (Analekten für Erd- und Himmelskunde 3, 5ff., München 1829). Ungedruckt blieb eine in sehr merkwürdigem Gedankengange das Ballungsprinzip konsequent ausbildende Abhandlung des Geologen E. v. Moll (s. Günther, Die Entstehung der Lehre von der meteoritischen Bildung des Erdkörpers, Sitzungsber. d. bayer. Akad. d. Wissensch., math.-phys. Kl., S. 21 ff., 1908).

[4]) Lockyer, The Meteoritic Hypothesis, a Statement of the Results of a Spectroscopic Inquiry into the Origin of Cosmical Systems, London 1890.

[5]) F. Ratzel, Die Kant-Laplacesche Hypothese und die Geographie, Petermanns Geogr. Mitteil. 47, 217 ff. Auch wer sich sachlich auf den Boden dieser Abhandlung stellt, wird gegen den methodologischen Grundsatz, Erdkunde und Geogonie hätten eigentlich nichts miteinander zu tun, Bedenken erheben können.

[6]) Gegen Lockyer ist schon bald nach Veröffentlichung seines Buches einer seiner Landsleute mit unseres Erachtens sehr bemerkenswerten Argumenten aufgetreten (Gore, The Visible Universe, Chapters on the Origin and Construction of the Heavens, London 1890).

sich mit der Vorstellung, jede dieser letzteren sei in Wirklichkeit das Endresultat eines Agglomerationsaktes, nicht anders als auf sehr künstliche Weise in Einklang bringen läßt. Für uns ist einstweilen nur die Tatsache wichtig, daß ein rationeller Vergleich der Wesenheit verschiedener Gestirne bei dieser Auffassung sich eigentlich von selbst verbietet; wissen wir doch nicht das mindeste von der Analogie oder Nichtübereinstimmung der Bestandteile, durch deren Zusammentreffen die fraglichen Körper sich gebildet haben sollen. Ungleich näher gelegt wird uns die Möglichkeit, Vergleiche der bezeichneten Art durchführen zu können, wenn wir uns von vornherein auf den Standpunkt der Evolutionstheorie stellen und von der Vermutung ausgehen, sämtliche Planeten mit der Sonne selbst seien ursprünglich in einem Urgasballe vereinigt gewesen, aus welchem heraus sie sodann durch progressive Ablösung und Verdichtung in den Zustand selbständiger Weltkörper übergegangen seien.

Wenn es auch allerdings Laplace war, der[1]) für den hier nur ganz im Umrisse signalisierten Bauplan des Sonnensystems die wissenschaftlichen Richtlinien zuerst zu zeichnen unternahm, so ist doch damit nicht entfernt gesagt, daß die ganze Evolutionshypothese mit dem Laplace des Jahres 1796 stehen und fallen müsse, wie das leider noch so mancher glaubt, der davon Abstand nahm[2]), die im Laufe von mehr denn 100 Jahren erzielten Erkenntnisfortschritte zu verfolgen. Auch wir müssen darauf verzichten, auf die fast zahllos zu nennenden Bemühungen, diese erste Etappe entweder zu vervollkommnen oder ihr überhaupt eine mehr befriedigende Ausgestaltung der kosmischen Entwickelungslehre zu substituieren, im einzelnen einzugehen, und so begnügen wir uns mit einigen Hinweisen[3]). Es seien nur noch zwei Aussprüche hervorragender Männer angeführt, mit denen

[1]) P. S. De Laplace, Exposition du système du monde 1, 343 ff., Paris 1796.

[2]) Siehe z. B. J. Riem, Die modernen Weltbildungslehren, Glauben und Wissen, S. 228 ff., 1905.

[3]) Als beachtenswerte literarische Erscheinungen seien, von dem uns bekannten, inhaltreichen Werke Fayes (s. oben) abgesehen, die nachstehenden zitiert: Roche, Essai sur la constitution du système solaire, Montpellier 1872; Budde, Zur Kosmologie der Gegenwart, Bonn 1872; Ennis, Physical and Mathematical Principles of the Nebular Theory, Phil. Mag. (5) 3, 362 ff.; C. Wolf, Les hypothèses

wir selbst uns durchaus einverstanden erklären können. Hauptsächlich auf astrophysikalische Beweisgründe nimmt der erste Geophysiker Englands, der jüngere Darwin, Bezug [1]); durch das Studium vulkanischer und seismischer Ereignisse sah sich Arrhenius zu einer grundsätzlich identischen Auffassung geführt [2]). Wir glauben die Summe dessen, was zurzeit unter dem evolutionistischen Gesichtspunkte mit einer gewissen Zuverlässigkeit gesagt werden kann, mit folgenden Worten präzisieren zu können:

Es ist als eine mindestens sehr wahrscheinliche Tatsache anzunehmen, daß alle im solaren Systeme vereinigten Weltkörper ehemals eine einzige Masse von ebenso ungeheurer Ausdehnung, wie andererseits außerordentlicher Feinheit des Stoffes gebildet

---

cosmogoniques, Paris 1886; Hirn, Constitution de l'espace céleste, Paris 1889; K. Braun, Über Kosmogonie vom Standpunkte christlicher Wissenschaft, Münster i. W. 1889. Letztere Schrift ist durchaus im exakten Sinne gehalten und sehr lesenswert; fremdartige Erwägungen, auf welche der Titel zu deuten scheint, spielen erst ganz zum Schlusse einigermaßen herein. Soweit sich bis zu dem vor 14 Jahren erreichbaren Termine eine zusammenfassende Charakteristik ermöglichen ließ, ist diese an anderem Orte zu geben versucht worden (Günther, Handb. d. Geophysik **1**, 44 ff.).

[1]) G. H. Darwin (Ebbe und Flut, sowie verwandte Erscheinungen im Sonnensystem, deutsch von A. Pockels, Leipzig 1902, S. 307) erinnert an ein von Lord Kelvin (W. Thomson) aufgestelltes, eine Art Kompromiß zwischen Kant und Laplace darstellendes System und fährt hierauf folgendermaßen fort: „Wir haben guten Grund, zu glauben, daß die Nebularhypothese in den Grundzügen eine richtige Darstellung von dem Ursprunge des Sonnensystems und der Untersysteme der einzelnen Planeten ist, da kürzlich Photographien von Nebeln aufgenommen worden sind, auf denen wir fast den Prozeß sich abspielen sehen können." Als sehr beweiskräftiges Beispiel gilt ein von Roberts herrührendes Photogramm des Andromeda-Nebels welches eine zentrale Verdichtung und eine ringförmige Anordnung der äußeren Partien erkennen läßt.

[2]) Svante Arrhenius, a. a. O., S. 36. „Wie wir oben sahen, besteht die Erde wahrscheinlich aus einer Gasmasse, die von einer äußerlich festen, nach innen zu zähflüssigen Hülle umgeben ist. Man nimmt mit gutem Grunde an, daß die ganze Erde ursprünglich ein von der Sonne — die sich selbst noch in diesem Zustande befindet — abgesonderter Gasball war. Durch Ausstrahlung in den kalten Weltraum verlor der Gasball, der sich in der Hauptsache ungefähr so wie unsere nunmehrige Sonne verhielt, allmählich seine hohe Temperatur, und schließlich bildete sich eine feste Rinde an seiner Oberfläche."

haben, und daß sich aus diesem primordialen Gasballe die einzelnen Glieder des Systems konsekutiv abgelöst haben, ohne daß wir jedoch über die Modalitäten des Abgliederungsprozesses irgend ein bestimmtes Urteil abzugeben imstande wären.

Sowohl die durch die Spektralanalyse, wie auch die durch die Mechanik des Himmels erhaltenen Aufschlüsse stehen mit dieser These in bestem Einklange. Zwischen den Stoffen, aus denen, spektroskopischer Erkundung zufolge, sich Sonne, Planeten — nebst Erde — und Nebenplaneten zusammensetzen, besteht chemisch und mineralogisch kein irgend tiefer greifender Unterschied. Das bestätigt auch die Meteoritenforschung, die uns nicht mit neuen Elementen, sondern lediglich mit neuen Verbindungen bekannt machte, und diese ließen sich nachgerade auch im Laboratorium herstellen [1]). Die Rechnungen der physischen Astronomie verhalfen uns zu der Überzeugung, daß die auch durch ihre Größe ausgezeichneten äußeren Planeten unverhältnismäßig weniger dicht als die viel kleineren inneren sind, woraus man eben schließen kann, daß die Verdichtung um so raschere Fortschritte machte, je kleiner von Anfang an der Durchmesser der fraglichen Kugel war. Die gigantische Sonne hat (s. oben) den gasförmigen Zustand so gut wie unverändert bis zum heutigen Tage beibehalten; die ebenfalls sehr voluminösen Körper von Saturn, Uranus und vor allem Jupiter dürften sich in einem Übergangszustande befinden, der wohl auch schon zur Verflüssigung geführt hat; Erde und Mars erfreuen sich einer festen Erstarrungskruste [2]), und der winzige Mond ist von den ursprüng-

---

[1]) Dies hat schlagend Daubrée dargetan (Synthetische Studien zur experimentellen Geologie, deutsch von Gurlt, S. 400 ff., Braunschweig 1880).

[2]) Es ist bekannt, daß unsere Oberflächenkunde bezüglich der beiden unteren Planeten Venus und Merkur auf sehr unsicheren Füßen steht. Die vor beinahe 200 Jahren vorgenommenen Beobachtungen Bianchinis (Hesperi et Phosphori nova phaenomena, sive observationes circa planetam Veneris, Rom 1728), welche für eine ganz unerwartet lange Rotationsdauer dieses Wandelsternes sprechen, haben späterhin viel Widerspruch gefunden, sind aber wieder sehr zu Ehren gebracht worden durch Schiaparelli, der jedoch noch weit darüber hinausging und (Sulla rotazione di Mercurio, Astron. Nachr., Nr. 123; Considerazioni sul moto rotatorio del pianeta Venere, Mailand 1890) den Satz aufstellte: Venus und Merkur bewegen sich in der gleichen

lichen Aggregatverhältnissen am weitesten entfernt. Es ist kein einziges astronomisches Faktum bekannt, welches der Entwickelungsgeschichte in der beschränkteren Formulierung, welche ihr vorhin erteilt ward, entgegengestellt werden könnte.

Dagegen ist nicht zu leugnen, daß ein geophysikalisches Moment in allerneuester Zeit in den Vordergrund getreten ist, mit welchem sich unsere Kosmo- und Geogonie nicht gleich gut vertragen zu können scheint. Wir meinen gewisse neuere Anschauungen über die Beschaffenheit des Erdinneren. Nachdem die aus der Epoche L. v. Buchs und A. v. Humboldts überkommene vulkanistische Theorie, welche noch zuletzt durch Fisher[1]) eine in ihrer Art mustergültige Fassung empfangen hat[2]), wesentlich deshalb aufgegeben werden mußte, weil sie weder der Nutation der Erdachse[3]), noch auch den Differentialgezeiten gerecht werden konnte, trat die sog. Kontinuitätshypothese mehr in den Vordergrund, deren springender Punkt sich dahin kennzeichnen läßt, daß im Erdinneren alle überhaupt

Zeit einmal um die Sonne, welche sie zur Vollendung einer einmaligen Achsendrehung brauchen. Noch immer herrscht nicht vollkommene Gewißheit darüber, ob die Venuskugel, auf welcher einst H. J. Schröter (Aphroditographische Fragmente, Helmstedt 1796) alles Mögliche gesehen zu haben vermeinte, wirklich Dauergebilde aufweist, welche eine auch nur halbwegs exakte Bestimmung der Rotationsachse und Rotationszeit dieses Planeten gewährleisten könnten (s. C. Schoy, Atmosphäre und Rotation des Planeten Venus, Gaea 45, 303 ff.), und wenn schon dieser durch sein helles Licht in die Augen fallende Stern uns noch so manches Rätsel aufgibt, so werden wir nicht erwarten dürfen, bei seinem bekanntermaßen schwer sichtbaren Nachbar Merkur leichteres Spiel zu haben.

1) O. Fisher, Physics of the Earth's Crust, 2. Auflage, London-New York 1889.

2) An eine ziemlich mächtige, durch zahllose Risse und Spalten in Schollen zerteilte Erdkruste schließt sich nach unten zu eine homogene, auch das Zentrum noch in sich aufnehmende Magmaflut an, deren Bewegungen Gebirgsbildung, Erderschütterungen und vulkanische Ausbrüche bewirken sollen. Systematisch hat diese Idee auch durchzuführen gesucht J. Pilar (Grundzüge der Abyssodynamik, Agram 1881).

3) In diesem Sinne haben das Problem einer gründlichen Bearbeitung unterzogen Hopkins (Researches in Physical Geology, Philos. Transact. 1839, S. 381 ff.) und Pratt (On Mr. Hopkins' Method of determining the Thickness of the Earth's Crust, ebenda 1871, S. 98 ff.).

denkbaren Aggregatzustände vorhanden seien [1]). Dieselbe ist auch jetzt noch nicht etwa aufgegeben, aber die von Wiechert [2]) zuerst auf rein mathematischem Wege gewonnene und weiterhin besonders durch die verfeinerten Aufzeichnungen der automatischen Erdbebenindikatoren [3]) erhärtete Hypothese gewährt wiederum ein ganz anderes Bild. Nach ihr würde sich der Erdball aus drei sehr voneinander abweichenden Teilen zusammensetzen, nämlich aus einem nach Volumen und Dichte weitaus überwiegenden Metallkern, aus einer plastischen Zwischenschicht und aus einer starren Rinde von geringer Mächtigkeit. Es bleibt der weiteren Forschung vorbehalten, zwischen den beiden sich zurzeit gegenüberstehenden Ansichten zu entscheiden oder vielleicht auch eine Konkordanz herbeizuführen.

---

[1]) Für die Auffassung eines Hohlraumes von namhaften Radius, der als mit Gasen im überkritischen Zustande erfüllt zu denken wäre, haben sich Physiker und Geographen in größerer Zahl ausgesprochen. Die nachfolgende Zusammenstellung solcher Stimmen erhebt keinen Anspruch auf Vollzähligkeit. Genannt seien: A. Ritter, Untersuchungen über die Höhe der Atmosphäre und die Konstitution gasförmiger Weltkörper, Ann. d. Phys. u. Chem. 5, 405 ff., 543 ff.; 6, 135 ff.; 7, 304 ff.; 8, 157 ff.; K. Zoeppritz, Über die Mittel und Wege, zur besseren Kenntnis vom inneren Zustande der Erde zu gelangen, Verhandlungen des I. Deutschen Geographentages, S. 15 ff., Berlin 1881; A. Penck, Die Morphologie der Erdoberfläche 1, 446 ff., Stuttgart 1894; S. Günther, Handb. d. Geophysik 1, 344 ff.

[2]) E. Wiechert, Die Erdbebenforschung, ihre Hilfsmittel und ihre Resultate für die Geophysik, Physik. Zeitschr., 9. Jahrg., S. 36 ff. Hier werden die in einer früheren Arbeit, die 1899 in den „Gött. Gel. Nachr." erschienen war, erzielten rein theoretischen Ergebnisse den seismologischen Erfahrungen entsprechend modifiziert.

[3]) Um sich rasch über die für die in Rede stehende Theorie geltend gemachten Gründe zu orientieren, empfiehlt sich eine Abhandlung von Benndorf (Über die physikalische Beschaffenheit des Erdinneren, Mitteil. d. Geol. Ges. zu Wien 1908, S. 322 ff.). Die kompakte Kernkugel wird mit etwa 9500 km, die feste Rinde mit 100 bis 200 km Dicke in Anschlag gebracht. Was insbesondere die an den Erdbebenwellen festgestellten Reflexionserscheinungen und die aus ihnen für die Lagerung einer Unstetigkeitsfläche in relativ nicht sehr beträchtlicher Tiefe sich ergebenden Folgerungen betrifft, so geben darüber Kunde Wiechert und K. Zoeppritz (Über Erdbebenwellen, Nachr. v. d. Kgl. Ges. d. Wiss. zu Göttingen, math.-phys. Kl., 1907, S. 415 ff.).

Das freilich dürfte vorläufig feststehen, daß eine kosmogonische Interpretation der Wiechertschen Theorie mit Schwierigkeiten verknüpft sein wird. Sie rechnet auch nicht mit jenen hohen Temperaturen in den mehr zentralen Partien der Erdkugel, in denen man bisher größtenteils einen Beleg für den raschen Wechsel des internen Aggregatzustandes erblicken zu müssen glaubte. Und in der Tat würde durch einen Ballungs- und Kondensationsakt, wie ihn die Evolutionslehre voraussetzt; die Aufspeicherung gewaltiger Wärmevorräte im Erdinneren unmittelbar gegeben erscheinen.

Wie bemerkt, ist hier nicht die Möglichkeit gegeben, zu einer festen Stellungnahme durchzudringen und zumal auch mit der schwierigen Frage sich abzufinden, ob selbst dann noch, wenn die Anschauungen, von denen wir zuletzt berichteten, sich noch mehr durchsetzen sollten, kosmogonische Betrachtungen angestellt werden können. Für jetzt halten wir zunächst an der Berechtigung solcher überhaupt und zum zweiten, mit Darwin und Arrhenius, an der Berechtigung der Gasevolutionshypothese unverbrüchlich fest. Und damit haben wir uns auch das sachliche Recht gesichert, zwischen Erde und Mond, zwischen Geologie und Geographie auf der einen, Selenologie und Selenographie auf der anderen Seite Parallelen ziehen zu dürfen.

Von dieser Möglichkeit hat man denn auch von jeher, seit denkende Menschen den treuen Begleiter der Erde sich näher angesehen haben, uneingeschränkt Gebrauch gemacht. Sogar ehe noch das Auge geschärft worden war, hat es, wie wir jetzt sehen werden, an Vergleichsversuchen nicht gefehlt.

Dritter Abschnitt.

Vergleiche zwischen beiden Weltkörpern in vorteleskopischer Zeit.

Wollte man eine ethnologische Untersuchung über die Meinungen anstellen, welche sich die verschiedensten Naturvölker über die Ungleichförmigkeiten in der Mondscheibe gebildet haben, so würde man zu ganz hübschen Resultaten kommen. Auch die ältesten Kultursprachen lassen eine Tendenz, solche Bilder festzuhalten, deutlich hervortreten [1]). Der „Mann im Monde", der „Kuß im Monde" [2]) usw. sind spezielle Formen des Strebens, sich von dem Gesehenen eine Art Rechenschaft zu geben. Und dann setzte auch, in Konsequenz der aus unserem ersten Abschnitte bekannten Ideenverbindungen, eine speziell lunare Pluralitätshypothese ein, deren Anfänge ziemlich hoch ins Altertum hinaufreichen [3]). Eine Übersicht über die Rolle, welche der Mond als Seitenstück der Erde für die Antike gespielt hat, soll nunmehr gegeben werden.

Dem ersten nachchristlichen Jahrhundert gehörte der Böotier Plutarchus an [4]); er war zwischen 46 und 50 in der durch den Sieg der Mazedonier bekannten Stadt Chaeronea geboren und dürfte zwischen 120 und 130 gestorben sein. Die schriftstellerische Tätigkeit, welche er während dieses langen Lebens entfaltete, war eine überaus vielseitige und verzweigte, und es sind seine Werke in zwei größeren Sammlungen auf uns gekommen. Die eine derselben läuft unter dem wenig bezeichnenden Titel „Moralia" [5]), und in ihr findet sich auch eine Abhandlung, deren

---

[1]) Hiervon handelt A. v. Humboldt (Kosmos 3, 543 ff., Stuttgart-Tübingen 1845). Dem Sanskrit sollen nach diesem Gewährsmanne, der sich bei den verlässigsten Indologen Rats erholt hatte, die Bezeichnungen „Rehträger" oder „Hasenträger" für den Mond geläufig sein.

[2]) Nach Cerulli (Nuove osservazioni di Marte, 1898/99, Pubblicazioni dell' Osservatorio privato di Collurania, Nr. 3, S. 156) gibt Ph. Fauth (Was wir vom Monde wissen, Entwickelung und heutiger Stand der Mondforschung, S. 15, Berlin-Leipzig 1906) eine Abbildung dieser eigentümlichen Interpretation des Mondgesichtes. Andere Volksdeutungen weiß R. Falb in einem 1874 zu Wien gehaltenen Vortrage anzuführen (Der Mond, Sirius 9, 77 ff.).

[3]) Maßgebend für das Folgende ist großenteils eine Untersuchung von E. Ebner (Geographische Hinweise und Anklänge in Plutarchs Schrift „De facie in orbe Lunae", Münch. Geogr. Studien, herausg. v. S. Günther, 19. Stück, 1906).

[4]) Zur Festlegung der Lebenszeit Plutarchs vgl. W. v. Christ (Geschichte der griechischen Literatur, S. 648 ff., München 1898) und Volkmann (Leben, Schriften und Philosophie des Plutarch 2, 20 ff., Berlin 1869).

[5]) Die erste Ausgabe der „Moralia" datiert von 1509; die neueste ist diejenige von Bernardakis, deren fünfter Band (Leipzig 1893) hier für uns in Betracht kommt.

Zeitbestimmung nicht exakt erfolgen kann, die aber aus Wahrscheinlichkeitsgründen, weil in ihr auf eine unlängst stattgehabte totale Sonnenfinsternis verwiesen wird, ungefähr um das Jahr 100 n. Chr. verfaßt worden sein mag. Unter der latinisierten Aufschrift „De facie in orbe Lunae“, die den Zitaten gemeiniglich zugrunde liegt, hat sie viel von sich reden gemacht und, wie wir erfahren werden, einen Kepler zu eigener Beschäftigung mit diesen Dingen angeregt. Dieser literarische Versuch gewährt namentlich auch deshalb großes Interesse, weil einzig und allein hier sich Andeutungen zu einer topographischen Astronomie vor Erfindung des Fernrohres nachweisen lassen. Die Berufsastronomen mögen freilich von solchen Spekulationen über Gegenstände, die sich jeder Kontrolle entzogen, wenig berührt worden sein, aber in weiteren gebildeten Kreisen hat man denselben doch dem Anscheine nach eine gewisse Teilnahme entgegengebracht.

Plutarch führt uns einen Dialog zwischen Personen vor, welche in ihrer Mehrzahl nicht wirklich existierten. Da kommen vor ein Peripatetiker Aristoteles, der offenbar den berühmten Begründer dieser Philosophenschule selbst darstellen soll, ein Mathematiker Menelaus[1]), der indessen an der lebhaften Debatte nicht Anteil nimmt, ein Grammatiker Theon, ein Stoiker Pharnaces und ein in Himmels- und Erdkunde erfahrener Gelehrter Apollonides, diese selbst zusammen als Vertreter des Griechentums. Da der Autor auch einige Zeit, und zwar am Kaiserhofe, in Rom lebte, so ist es nicht auffällig, daß auch ein Römer, namens Lucius, unter den Wortkämpfern auftritt, und einem Karthager Sylla werden sogar die kühnsten Äußerungen in den Mund gelegt. Letzterer entspricht wahrscheinlich einer geschichtlichen Person[2]), und ein gleiches gilt für den eifrigen Diskussionsredner Lamprias, einen Bruder Plutarchs. Von letzterem ist der Anstoß zu der Erörterung ausgegangen,

---

[1]) Ob damit der bekannte Verfasser eines wertvollen Werkes über Dreiecksberechnung („Satz des Menelaus“) gemeint sein soll, ist eine offene Frage.

[2]) Man liest bei Volkmann (a. a. O., 1, 38), daß Plutarch in Griechenland und Rom mit einem aus Karthago stammenden Sextius Sulla verkehrt hatte, dem er so ein Stückchen Unsterblichkeit zu sichern gedacht haben mag.

die sich eben in erster Linie mit der Erklärung dessen beschäftigt, was eine genaue Beobachtung der Mondscheibe erkennen läßt.

Von einer bloßen Gesichtstäuschung, meint Lamprias, könne keine Rede sein. Aber auch eine andere, von Agesianax und Klearch verfochtene Ansicht sei nicht zu billigen; sie laufe darauf hinaus, daß die sichtbare Mondfläche nichts als ein Spiegelbild der Erdoberfläche sei. Leider wissen wir von diesen beiden Griechen sonst gar nichts; sie kommen nur bei Plutarch vor [1]). Klearch soll ein Freund („συνήθης") des großen Aristoteles gewesen sein. Dieser selbst hätte, so würde aus dem Dialoge folgen, von jener Spiegelungshypothese Kenntnis gehabt, sie aber keineswegs gebilligt [2]), und zwar sei seine Widerlegung einfach durch die altgriechische Vorstellung vom allumfassenden Ozean [3]) bedingt gewesen, aus welchem die „οἰκουμένη γῆ", der Komplex der Festländer, nur wie eine große Insel aufrage, sowie dies auch Krates Mallotes, Strabon u. a. für unzweifelhaft erachtet hatten. Ganz anders aber erscheine der abwechselnd dunkle und helle Stellen zeigende Mond; erstere könnten wohl Meere, letztere Festländer sein, aber die ersteren bildeten keine zusammenhängende Masse, wie es auf der Erde der Fall sei. Lamprias

---

[1]) Wir verweisen wegen der Einzelheiten auf Ebner (a. a. O., S. 12ff., 56ff.). Auch nachher noch wird der Wiederspiegelung der Erde durch den Mond gelegentlich Erwähnung getan. So war Kaiser Rudolf II. in diesem Wahne befangen (s. R. Pixis, Kepler als Geograph, Münch. Geogr. Studien, 6. Stück, S. 102, 1899). A. v. Humboldt erzählt (Kosmos 3, 544, Stuttgart-Augsburg 1850) eine gleichlautende Anekdote. Er habe einem gebildeten Perser aus Ispahan den Mond im Fernrohre gezeigt, und dieser habe ihm daraufhin gesagt: „Was wir dort im Monde sehen, sind wir selbst; es ist die Karte unserer Erde." Daß Fauth (a. a. O., S. 15) Klearchs Hypothese aus Persien abstammen lassen will, läßt sich durch die Humboldtsche Mitteilung nicht rechtfertigen; mutmaßlich hatte der Ispahaner seine Weisheit aus sich selbst.

[2]) Es ist sonach nicht richtig, wenn R. Wolf (a. a. O., S. 494) den Stagiriten selber als den anführt, der die Reflexion zur Deutung der Mondflecke beigezogen habe.

[3]) Die aristotelische Auffassung der Ozeanfrage ist allerdings keine ganz durchsichtige (H. Berger, Geschichte der wissenschaftlichen Erdkunde der Griechen, S. 316ff., Leipzig 1903; G. Sorof, De Aristotelis Geographia capita duo, Halle a. S. 1886), aber in der Hauptsache wich sie offenbar von der üblichen Doktrin nicht ab.

betont das ausführlich in einer Stelle, die in der Tat für die Geschichte der Erdkunde recht bedeutsam ist[1]).

Nächstdem wird die Fehde auch gegen eine andere Erklärung eröffnet, die stoischen Ursprunges sein soll. Danach wäre der Mond eine Mischung der beiden Elemente Luft und Feuer, und je nachdem eines von diesen überwiege, sei die betreffende Stelle der Scheibe dunkler oder glänzender. Reines Feuer im gewöhnlichen Wortsinne glaubten manche übrigens dem Monde nicht zuschreiben zu dürfen[2]). Lamprias aber will als treuer Anhänger des Meisters auch keine Luft in so großer Entfernung von der Erde mehr anerkennen, was natürlich wieder Pharnaces zur Verteidigung der Lehren seiner Schule in die Schranken ruft. Wäre der Mond, erwidert er, nicht feurig, so wäre er der Erde sehr ähnlich und müßte gemäß dem bekannten Gesetze der Wahlverwandtschaft der Elemente zu uns herabfallen. Da greift Lucius mit der sehr richtigen Bemerkung ein, jener Himmelskörper, der „von den Mathematikern“ als viel kleiner denn die Erdkugel erkannt sei, werde doch wohl durch seine Bewegung in der ihm zukommenden Bahn erhalten, und als nun Pharnaces dabei beharrt, nur die Erde befinde sich im Weltmittelpunkt an der richtigen Stelle, wird Lamprias gegen die Stoiker sehr ausfällig und bleibt dabei, der Mond sei als eine andere Erde anzusehen[3]).

---

[1]) Vgl. Ebner, a. a. O., S. 59 ff. Auf diesen sehr merkwürdigen, früher zu wenig beachteten Teil des Dialoges einzugehen, müssen wir uns hier versagen.

[2]) Das erhellt (Gilbert, a. a. O., S. 481) aus einer Bemerkung des den Stoikern nahe stehenden Olympiodor von Feuer: „τό τοῦ ἡλίου καθαρώτερον, τὸ δὲ τῆς σελήνης ῥυπαρώτερον“ (ῥυπαρός = schmutzig).

[3]) Wir wollen diese Gelegenheit benutzen, um im Anschlusse an Gilbert (a. a. O., S. 698 ff.) einige antike, den Mond betreffende Gedankenspäne zusammenzustellen. „Die Schule des Thales hat den Erdcharakter des Mondes betont; Anaxagoras und Demokrit erkannten auf ihm Felder und Berge und Schluchten; Heraklides von Pontus sieht in ihm eine von Nebel umgebene Erde. Diogenes faßte den Mond, ähnlich wie die Sonne, als einen bimssteinartigen Stoff auf, der in seinen Poren das Feuer aufnimmt und sich dadurch in Flammen setzt Ähnlich sah Ion in ihm einen glasartigen Körper, der in der uns zugekehrten Seite die Strahlen des Äthers oder der Sonne auffange, während seine andere Seite dunkel bleibe, und auch Pythagoras faßt ihn als spiegelartiges σῶμα. Diese drei Definitionen betonen also einstimmig, daß das Licht des Mondes kein eigenes, sondern ein von der Sonne oder aus dem Äther aufgefangenes und nun zurück-

Er sei, wie Aristarch erwiesen [1]), nicht weit entfernt von unserem Wohnkörper und müsse deshalb auch den für diesen bestehenden Gesetzen unterworfen sein [2]). Da Sylla noch einmal die Spiegelungshypothese aufwärmt, verbreitet sich Lucius über die Katoptrik und folgert aus seiner Anschauung von einer mit Unebenheiten bedeckten Mondoberfläche, daß diese gar nicht so, wie ein Spiegel, das Licht zurückzuwerfen vermöge. Auch aus der Art, wie der in den Erdschatten eintretende Mond verfinstert werde, dürfe man folgern, daß diesem ein erdartiger Charakter zukomme, denn wenn er eigenes Licht besitze, müsse man ihn erglühen sehen. So etwas wollen denn auch Pharnaces und Apollonides faktisch wahrgenommen haben [3]), aber Lamprias will nur so viel gelten lassen, daß an der Scheibe verschiedenartige

---

gestrahltes ist. Heraklit soll den Mond wannenartig gedacht haben, Kleanthes pilosartig, Aristoteles und ebenso die jüngere Stoa als Kugel ..." Die Pythagoreer scheinen, so muß eine Andeutung des Doxographen (S. 1) Aëtius genommen werden, stets die Erdnatur des Mondes, das „γεωφανές", hervorgehoben zu haben, in welchem Punkte sie also mit Thales übereinkamen; sie ließen auf ihm Pflanzen und Tiere leben, letztere freilich 15mal so groß als die entsprechenden Arten auf der Erde. Speziell auch Leucippus ist, wie ganz vor kurzem erst von Diels (Alte und neue Kämpfe um die Freiheit der Wissenschaft, Internat. Wochenschr. f. Wissensch. u. Technik 1908, S. 2 ff.) betont ward, ein überzeugter Anhänger der Auffassung gewesen, daß zwischen der Erde und dem von Bergen und Tälern bedeckten Monde keinerlei Unterschied obwalte.

[1]) Gemeint ist jene Schrift Aristarchs des Samiers, welche den Satz zu begründen suchte: Die Distanz Sonne-Erde ist 19mal so groß als die Distanz Erde-Mond. Vgl. J. Wallis, De magnitudinibus et distantiis Solis et Lunae liber, Oxford 1688.

[2]) Über die Alternative, ob der Mond mit erborgtem Sonnenlichte oder mit eigenem leuchte, ist noch im Mittelalter gestritten worden (Kästner, Wie Körper leuchten, die kein eigentümliches Licht haben, Averroes, Roger Bacon, Euler, Hindenburgs Archiv der reinen und angewandten Mathematik 2, 8 ff.).

[3]) Es fehlt nicht an Angaben, welche die Richtigkeit dieser Beobachtung bekräftigen. Wir lesen bei R. Wolf (a. a. O., S. 519): „Sobald die Totalität begonnen, erscheint der Mond meist in schmutzig-rotem Lichte, das nach Erscheinung und Ursache dem Saume der sogenannten Gegendämmerung zu entsprechen und mit dem lokalen Zustande der Erdatmosphäre für verschieden situierte Beobachter zu variieren scheint." Offensichtlich spielen Pharnaces und Apollonides auf derartige Vorkommnisse an.

Färbungen hervorträten, und faßt sodann das Ergebnis der bisherigen Unterredung, so wie er es auffasse, in einem Kernsatze zusammen[1]): „Das auf dem Monde erscheinende Gesicht ist daraus zu erklären, daß der Mond ebenso, wie die Erde, große Vertiefungen enthält und von Gründen oder Schluchten durchschnitten ist, die Wasser oder dunkle Luft enthalten.“

Und diese These hält er gegen die Einwände des Apollonides[2]) und Theon siegreich aufrecht, d. h. man gewinnt den Eindruck, daß sich Plutarch selbst mit der Behauptung des Bruders identifiziert und ihr die Palme erteilt wissen will. Die Bewohnbarkeit, die der zweitgenannte Gegner anzweifelt, weil auf dem Monde eine unausstehliche Hitze herrschen müsse, will Lamprias nicht unbedingt aufrecht erhalten; freilich, so entgegnet er sehr verständig, könne man auch annehmen, daß die Mondbewohner sich den eigenartigen klimatischen Verhältnissen in ähnlicher Weise angepaßt haben möchten, wie dies auch bei uns für Menschen, Fauna und Flora gelte. Plutarch betätigt sich bei dieser Veranlassung ganz als moderner Denker[3]) und legt eine so auffallende, dem Griechentum so wenig angepaßte Objektivität an den Tag, daß man sehr irre daran werden darf, ob man mit Volkmann den, der so schrieb, nur als einen „gebildeten Dilettanten“ betrachten soll. Mit Fug erinnert Ebner daran, daß diese Ausführungen sich fast wörtlich mit denen decken, welche im Hauptwerke Galileis[4]) der kluge Sagredo

---

[1]) Ebner, a. a. O., S. 16.

[2]) Von Plutarch wird da auch ein ganz achtbares Verständnis optischer, speziell katoptrischer Probleme bekundet. Er scheint sich darüber klar gewesen zu sein, daß, wenn ein Strahlenbündel auf einen Konvexspiegel von absoluter Glätte fällt, dieser nur wie ein sehr heller Lichtfleck erscheinen würde, und daß, wenn die Oberfläche selbst im reflektierten Lichte sich darstellen soll, dieselbe rauh, die Reflexion folglich eine „diffuse“ sein muß (vgl. zehnten Abschnitt).

[3]) Wie außerordentlich „kritizistisch“ klingt z. B. der Satz (Ebner, a. a. O., S. 18): „Stellen wir uns vor, wir könnten das Meer nur aus der Ferne erblicken, so würden wir jeden, der uns erzählen würde, daß es voll von Geschöpfen sei, die sich im Wasser ernähren, für einen Lügner halten.“ Das Zeugnis der Sinne, dem sonst die Alten zumeist vorbehaltlos vertrauten, wird hier als ein unsicheres, durch Einflüsse verschiedener Art bestimmbares hingestellt.

[4]) G. Galilei, Dialog über die beiden hauptsächlichsten Weltsysteme, deutsch von E. Strauß, S. 64 ff., Leipzig 1891. Wer niemals

dem das Vorhandensein von Menschen auf dem Monde leugnenden Simplicio entgegenhält.

Wir überzeugen uns so, daß die uralte jonische Lehre von der Wesensgleichheit zwischen Erde und Mond in dem Autor unseres Dialoges einen zielbewußten und klar denkenden Vertreter gefunden hat. Daß er im übrigen auf geozentrischem Standpunkte stehen blieb und die Lehre von der Erdbewegung zwar geschichtlich reproduzierte, nicht aber zu seinem Bekenntnis erhob[1], wird man nur begreiflich und in keiner Weise tadelnswert finden können, denn mit der kühnen Hypothese Aristarchs vermochte wirklich das Altertum nichts anzufangen[2]. Im ganzen hat Plutarch, wenn auch seine Bekämpfung des von Aristoteles herrührenden Anziehungsprinzips einen logischen Fehler einschließt, doch ein recht gutes Verständnis für kosmologische Fragen, was sich auch darin ausspricht, daß er nicht mit dem Stagiriten bloß ein einziges Attraktionszentrum annimmt, sondern jedem Weltkörper ein solches zuerkennt. Sonne und Mond sind mit Schwere begabt und ziehen die in ihrer Nähe befindlichen Körper derart an, daß diese nach den Mittelpunkten dieser Kugeln ihren Weg nehmen. Ganz scheint unser Philosoph gleichwohl die Mondkugel selbst der Attraktionssphäre der Erde nicht entrücken zu wollen, denn indem er mit Nachdruck hervorhebt, daß erstere durch ihre Eigenbewegung, durch die reißende Geschwindigkeit des Umlaufes, vor dem Fallen behütet werde, läßt er doch zugleich durchblicken, daß eine gewisse Tendenz zum Herabfallen an und für sich vorhanden sei — ganz so, wie dies später Newton bei der Konzeption seines Gravitationsgedankens voraussetzte. Natürlich dachte Plutarch eher an eine gewisse verwandtschaftliche Zusammengehörigkeit von Mond und

---

aus eigener Anschauung, so läßt sich Sagredo vernehmen, das Element des Wassers kennen gelernt habe, der werde sich unbelehrbar zeigen, wenn man ihm von dessen Natur und den in ihm lebenden Geschöpfen erzähle.

[1]) Plutarch ist der einzige Grieche außer Archimedes, der sich mit der ganzen wissenschaftlichen Tätigkeit des Samiers genau vertraut erweist (Ebner, a. a. O., S. 9 ff., 22 ff., 28 ff., 58).

[2]) Für das Altertum durfte nur die Norm gelten, die Bewegungen der Wandelsterne geometrisch zu bestimmen, in G. Kirchhoffs Sinne zu „beschreiben“. Vgl. Duhem, *ΣΩΖΕΙΝ ΤΑ ΦΑΙΝΟΜΕΝΑ*, Paris 1908.

Erde[1]). Darüber, daß der Mond kleiner als die Erde sei, sowie auch über Ursache und Verlauf der Verfinsterungen, die ringförmige Sonnenfinsternis mit inbegriffen[2]), äußert sich der Grieche nicht viel anders, als es etwa der Verfasser einer populären Astronomie in der Jetztzeit tun würde.

Als Analogon der Erde, so sehen wir, faßt somit Plutarch den Mond in jeder Hinsicht auf; von der traditionellen Lehre, daß die Gestirne aus einem ganz selbständigen fünften Elemente geformt seien, ist in seinen Darlegungen nichts wahrzunehmen. Ganz modern liest sich seine Schilderung des gewaltigen Schattenkegels der Mondberge, den er mit demjenigen des Vorgebirges Athos vergleicht[3]). Eine Andeutung davon, daß der Mond als von einer Atmosphäre umgeben vorausgesetzt wird, ist uns bereits oben begegnet. Damit vereinigt es sich ganz gut, daß dem ganzen Himmelskörper eine gewisse feuchte Beschaffenheit beigelegt wird, die ihrerseits wieder ihre Rückwirkung auf die Erde nicht verfehlen könne[4]). Nach Boll[5]) läßt sich in der Meinung, das Wachstum der Pflanzen sei vom Monde abhängig, eine posidonisch-ptolemäische Studienfrucht erkennen. Aber wenn unser Nachbar im Sternenraume auch der Luft nicht völlig entbehrte, so sollte diese doch sehr dünn und nicht geeignet sein[6]), das Medium für die Entstehung von Wind, Sturm und Regen abzugeben.

---

[1]) „Der Mond fällt", so heißt es anderwärts (Ebner, a. a. O., S. 32), „in den Bereich der Erde und ist durch Verwandtschaft und Nachbarschaft irdischen Zuständen und Verhältnissen unterworfen." Das Wesen einer universalen, alle Weltkörper gleichmäßig beherrschenden Anziehung blieb vor Newtons Auftreten auch hellen Augen verborgen.

[2]) Ebner, a. a. O., S. 36. „*Ἡ δὲ σελήνη κἂν ὅλον ποτὲ κρύψῃ τὸν ἥλιον, οὐκ ἔχει χρόνον οὐδὲ πλάτος ἡ ἔκλειψις, ἀλλὰ περιφαίνεταί τις αὐγὴ περὶ τὴν ἴτυν, οὐκ ἐῶσα βαθεῖαν γενέσθαι τὴν σκιὰν καὶ ἄκρατον.*"

[3]) Über die Möglichkeit, daß der Athosschatten bei entsprechendem Sonnenstande bis zum Marktplatze der Stadt Myrina auf Lemnos reiche, haben die Alten mehrfach debattiert. Rechnerisch untersuchte diesen Fall A. G. Kästner (Weitere Ausführung der mathematischen Geographie, besonders in Absicht auf die sphäroidische Gestalt der Erde, S. 467 ff., Göttingen 1795).

[4]) Ebner, a. a. O., S. 47 ff.

[5]) F. Boll, Studien über Claudius Ptolemaeus, S. 135, Leipzig 1894.

[6]) Die Meteorologie Plutarchs charakterisiert Ebner (a. a. O., S. 47 ff.).

Gegen den Schluß des Dialoges hin versetzt uns dessen Autor in eine ganz anders geartete Gedankenwelt, die zwar eine gewisse märchenhafte Einkleidung an sich trägt, dabei aber doch zugleich gewisse astronomisch-geographische Perspektiven von hohem Interesse vor uns eröffnet. Der Karthager Sylla weiß nämlich von Inseln zu berichten[1]), die weit draußen im Westmeere gelegen seien, und noch weiter westlich stoße man auf ein großes Festland, das von Menschen bewohnt sei. Diese hätten auch Kenntnis von der Ökumene, erblickten aber darin eine Insel, weil sie ja allseits vom Meere umflossen werde. Die Folgezeit hat diesen Mythus, auf dessen Einzelheiten hier nicht eingegangen zu werden braucht, dahin ausgedeutet, daß man im Altertum schon Kenntnis von der Existenz Amerikas gehabt habe[2]); im nächsten Abschnitte wird sich uns die Notwendigkeit aufdrängen, von dieser sonderbaren Hypothese noch mehr Notiz zu nehmen. Bedauerlich ist, daß ein Gelehrter ersten Ranges noch in unseren Tagen von seiner Griechenbegeisterung soweit getrieben wurde, der geistreichen Fabel von neuem Realität zuzuerkennen, und „wenn die Könige bau'n, haben die Kärrner zu tun[3])". Kein

---

[1]) Ebner, a. a. O., S. 65 ff.

[2]) In Verbindung mit anderen geschichtlich-geographischen Problemen wurden die humanistischen Erkenntnisse und Träume früher schon zu würdigen gesucht (Günther, Der Einfluß des Humanismus auf die Erdkunde, Verhandl. d. 7. Internat. Geographenkongresses 2, 822 ff., Berlin 1901). Es wurde besonders Gebrauch gemacht von der Schrift eines Späthumanisten (Fr. Schmidt, Oratiuncula de America in promotione XXXV magistrorum, 23. martii, habita, Wittenberg 1602); hier wird mit großem Literaturaufwande v. Christs Ansicht antizipiert.

[3]) Man liest bei W. v. Christ (a. a. O., S. 662) die Staunen erregenden Sätze: „Das Festland jenseits des Ozeans, zu dem man auf der Fahrt von Britannien über drei ... Inseln gelangt, ist offenbar Amerika. Es waren demnach bereits um 100 n. Chr. kühne Seefahrer, wie später wieder im 14. Jahrhundert, über Island, Grönland, Baffinland nach der Küste von Nordamerika gekommen." Die Zeitbestimmung der „zweiten" Entdeckung ist ebenfalls unzutreffend; bekanntlich fällt Leifs Auffindung von „Winland" in das Jahr 1000. Ein anderer Philologe hat es für opportun erachtet, diesem Irrtume eines hervorragenden Mannes noch in unseren Tagen eine größere Publizität zu verleihen, und daraufhin nahm sich Ebner, der ja hierzu auch besonderen Beruf in sich fühlen durfte, der Sache an. Seine Richtigstellung gipfelt in einer hübschen, dieser ihrer Eigenschaft halber auch hier wiederzugebenden These: „Die Alten haben die Neue Welt nicht

anderer als A. v. Humboldt hat seinerzeit[1]) die Unzulässigkeit derartiger Versuche, hellenische Phantasiegebilde auf die Wirklichkeit zurückführen zu wollen, in ihrer Sinnwidrigkeit gekennzeichnet.

Plutarch war in diesem Punkte auch nicht entfernt originell, sondern er schmückte nur in seiner Art weiter aus, was in der griechischen Romanliteratur längst der Sache nach vorlag. Ebner hat[2]) diesen Sachverhalt richtig erkannt und klargestellt, indem er sich teilweise durch die tiefgründigen Untersuchungen Rohdes[3]) leiten ließ. Durch diese ist die Gesamtheit jener griechischen Mythen und halbwissenschaftlichen Lehren, welche im Volke umliefen und von einzelnen geistreichen Schriftstellern im Sinne der Pluralitätshypothese (erster Abschnitt) verarbeitet worden waren, unserer Kenntnis nahe gebracht worden. Das Wort „Vielheit der Welten" ist hier doppeldeutig; man kann darunter sowohl, wie wir es auslegen, verschiedene Himmelskörper oder auch, was für die griechische Erdkunde auf dasselbe hinauslief, weit auseinanderliegende Festländer verstehen, die von unpassierbaren Ozeanen geschieden sind. Spekulationen über solche nur der Phantasie zugängliche Territorien lagen im Geiste der Antike fest begründet, wie sie auch, worauf A. v. Humboldt[4]) hinweist, bei anderen Völkern keineswegs fehlen.

Zu allererst ist da an Platos „Insel Atlantis" zu erinnern, die ihren Einfluß auf die geologischen Ideen des Altertums und Mittelalters ausübte und unter anderem einem der großen Welt-

---

entdeckt, wohl aber erfunden." Vgl. Schindele, Hatten die Alten Kunde von Amerika?, Deutsche Rundschau f. Geographie u. Statistik, 31. Jahrg., S. 242 ff.; Ebner, ebenda, S. 396 ff.

[1]) A. v. Humboldt-Ideler, Kritische Untersuchungen über die historische Entwickelung der geographischen Kenntnisse von der Neuen Welt und über die Fortschritte der nautischen Astronomie 1, 174 ff., Berlin 1836.

[2]) Ebner, Geogr. Hinweise, S. 83 ff.

[3]) E. Rohde, Der griechische Roman und seine Vorläufer, S. 217 ff., Leipzig 1900.

[4]) Wir lesen bei Humboldt-Ideler (a. a. O., 1, 179): „Die Idee einer Kontinentalmasse jenseits des Ozeans, an den Grenzen der Erdscheibe, findet man bei den Indern in der jenseits der sieben Meere belegenen Welt (lôka) wieder, sowie in den arabischen Überlieferungen von dem Gebirge „kaf". Geographische Märchen gibt es in der Literatur der Araber in größerer Anzahl.

meere der Erde zu seinem Namen verhalf[1]). Plutarchs „Ogygia" ist mit jenem im Meere versunkenen Eilande ganz offensichtlich in dieselbe Kategorie der Fabelländer zu stellen. Vielleicht diente als eine Art von Zwischenglied der Kontinent „Meropis", den Theopompus mit seinen Idealmenschen bevölkerte; wer von dort den Weg nach Europa fand, konnte sich gar nicht darüber trösten, daß selbst das glücklichste der hier lebenden Völker, verglichen mit den Meropisbürgern, sein Dasein im größten Elende hinbringen mußte[2]). Die Ähnlichkeit zwischen Ogygia und Meropis ist auffallend groß, indem nur die letztgenannte Insel mehr im Norden gesucht werden muß.

Denn dort, und zwar schon ganz in der Polarregion, lag das Glücksland auch nach anderen uns aus dem Altertum überkommenen Vorstellungen. Schon die älteste mythologische Erdkunde wird von der Fiktion beherrscht, es gäbe Inseln der Seligen jenseits des Rhipaeengebirges, welches man, ehe S. v. Herberstein im 16. Jahrhundert seine Nichtexistenz nachwies, als in der Richtung eines Parallelkreises durch das ganze Skythenland sich hinziehend annahm[3]). Nur führte leider kein Weg in diese besseren Regionen hinüber, bis Hecataeus in seinem Romane von den Hyperboraeern, der wohl gegen Ende des 4. vorchristlichen Jahrhunderts entstanden ist, die Pfadfinder auftreten ließ, welche, freilich nicht allzu häufig, einen Verkehr mit jenen Inseln anbahnten[4]). Hierzu gehören auch die Erzählungen von „Helixioea" und ein weiteres Prosagedicht, welches man als „Heilige Urkunde des Evhemerus" kennt[5]). Plutarch bewegte sich mithin, als er seinem Monddialoge allerhand abenteuer-

---

[1]) Die Atlantissage ist wiederholt zur geographisch-historischen Studie gemacht worden. Besonders gründlich geschah dies durch K. Kretschmer (Die Entdeckung Amerikas, Festschrift der Gesellschaft für Erdkunde zu Berlin, S. 168 ff., Berlin 1892). S. a. Ebner (a. a. O., S. 84 ff.).

[2]) Vom „Meropis"-Romane handelt einläßlich Rohde (a. a. O., S. 217 ff.).

[3]) Vgl. Berger, a. a. O., a. v. St.

[4]) Denkt man daran, daß Sylla durch besonders günstige Umstände den Weg zur Kronosinsel und wieder zurück gefunden hat, so liegt es nahe genug, zu vermuten, daß Plutarch sich den Hecataeus als Vorbild gewählt hatte.

[5]) Rohde, a. a. O., S. 230 ff.; Ebner, a. a. O., S. 86 ff.

liche Reisegeschichten einverleibte, durchaus in einem längst betretenen Gleis, und wir müssen uns fast wundern, daß er nicht noch einen Schritt weiterging und ein Verbindungsband zwischen den Menschen und den von ihm wenigstens nicht grundsätzlich geleugneten Mondbewohnern schlang. Und gerade dieser Schritt ist noch während seiner Lebenszeit unternommen worden[1]).

Aus byzantinischer Zeit wurde uns nämlich unter dem Namen „Bibliothek" das Sammelwerk eines gewissen Photius aufbehalten, dessen 166. Abteilung uns den hellenistischen Roman des Antonius Diogenes zur Kenntnis bringt. Er gehört nach Rohde „in die erste Zeit des wiederbelebten Pythagoreismus", also in das erste nachchristliche Jahrhundert; er behandelt „Die Wunder jenseits von Thule" („τῶν ὑπὲρ Θούλην ἀπίστων λόγοι κϑ") und ist somit ein echtes Probestück der Pluralitätsutopien. Man ist bekanntlich nicht ganz im klaren über die Bedeutung des Wortes Thule oder Thyle, welches schon mit den verschiedensten geographischen Örtlichkeiten identifiziert worden ist[2]). Im gegenwärtigen Falle liegt es zwar im hohen Norden, aber doch nicht unter dem Pole selbst, denn der kühne Wanderer Dinias, der Romanheld, gelangt erst nach Verlassen Thules an einen Ort, der den kleinen Bären — gemeint ist wohl dessen Schwanzstern — im Zenit hat, und das ist eben der Nordpol, wo ein Jahr lang Tag, ein weiteres Jahr lang Nacht herrscht[3]). Und von hier geht es dann in den Mond selbst hinein. Daß Dinias auf ihm die seltsamsten Dinge erleben muß, folgt aus der Natur des Schriftwerkes von selbst; Gespenstererscheinungen zeigen sich

---

[1]) Rohde, a. a. O., S. 269ff.

[2]) In der Geschichte der Geographie erscheint die ferne Insel bekanntlich seit der Rückkehr des Massalioten Pytheas, mutmaßlich eines Zeitgenossen Alexanders des Großen, von seiner Nordlandreise. Seit einem halben Jahrhundert (Redslob, Thule, Leipzig 1855) wird die Identifizierungsfrage viel besprochen, ohne schon einer endgültigen Lösung teilhaftig geworden zu sein. Island, die Fär-Öer, die Shetland-Inseln hat man ins Auge gefaßt. Jedenfalls hat der geographische Roman gerne an Pytheas angeknüpft (Berger, a. a. O., S. 333ff.).

[3]) Diese Sinnlosigkeit steht doch vereinzelt da; im allgemeinen waren alte und mittlere Zeit sich darüber klar, daß die Zona parallela der Erdpole halbjährigen Tag und halbjährige Nacht erheischte. Die didaktischen Gedichte des Mittelalters sprechen das bestimmt aus (s. Doberentz, Die Erd- und Völkerkunde in der Weltchronik des Rudolf von Hohenems, Zeitschr. f. deutsche Philologie 12, 285ff.).

ja ohnehin, wenn man in die septentrionalen Gebiete reiste [1]), und um wie viel geisterhafter mußte da die wirkliche Mondwelt sich gestalten!

Über Antonius Diogenes ist dann, ungefähr 100 Jahre später, noch ein anderer griechischer Literat hinausgegangen, dessen Absichten allerdings wohl teilweise andere waren. Früher diente der astronomische Roman mehr nur zur belehrenden Unterhaltung; bei dem ironischen, stets auf Verspottung von Menschen und Einrichtungen ausgehenden Lucianus, dessen „Wahre Geschichten" hier in Betracht kommen [2]), fällt dieser Zweck sicherlich am meisten ins Gewicht. Geborener Syrer, hat er in der Zeit zwischen 125 und 210 n. Chr. gelebt und die Zustände der im Niedergange befindlichen gräkorömischen Kultur unbarmherzig gegeißelt. Um den Weg zum Monde zu finden, ließ er seinen Himmelswanderer durch die Säulen des Herkules in den Ozean hinaussegeln und da von einem Wirbelwinde ergriffen werden, der ihn emporführte und glücklich oben absetzte. Dort regierte ein König Endymion; seine Untertanen benutzten dreiköpfige Geier als Reittiere. Städte, Flüsse, Gebirge gab es ebenso wie auf der Erde. Vom Monde geht die Fahrt dann aber auch noch durch die anderen Planeten weiter.

Unsere Schilderung wird gezeigt haben, daß selbst die antike Zeit, der die Anwendung von Hilfsmitteln verschärften Sehens versagt war, eine aufmerksame Beobachtung der Mondscheibe nicht unterließ, um mit ihr teils rationelle Schlüsse über die

---

[1]) Eine nähere Begründung der Hypothese, daß diese geisterhaften Luftbilder, von denen unter anderem auch des Tacitus „Germania" zu erzählen weiß, nichts anderes als Nordlichterscheinungen gewesen sind, wurde früher gegeben (Das Polarlicht im Altertum, Gerlands Beiträge zur Geophysik 6, 98 ff.). Die „χάσματα" des Aristoteles, die „Meerlunge" des Pytheas (Gerland) gehören hierher. Vor allem aber ist auch eine Bemerkung bei Plutarch, im 26. Kapitel des besprochenen Dialoges, beizuziehen, wo es heißt, dem Auge und Ohre seien auf „Ogygia" usw. überirdische Zeichen wohl erkennbar („οὐκ ὄναρ μόνον, οὐδὲ διὰ συμβόλων, ἀλλὰ καὶ φανερῶς ἐντυγχάνειν πολλοὺς ὄψεσι δαιμόνων καὶ φωναῖς"). Wer wollte Anstand nehmen, die flackernde Lichtbrücke für ein Bauwerk der Dämonen zu halten?

[2]) Diese „Ἀληθεῖς ἱστορίαι" sollen, wie schon der sarkastische Name andeutet, die herrschende Neigung der Reisebeschreiber verspotten, Fabeln einzuflechten. S. Jacob, Charakteristik Lucians von Samosata, Hamburg 1832.

unverkennbare physische Analogie zwischen der Erde und ihrem Begleiter, teils auch phantastische Vorstellungen aller Art zu verknüpfen[1]). Eine Steigerung dieser Tendenzen mußte sich ganz von selbst einstellen, als es gelungen war, sich genauer über die Oberfläche einzelner Himmelskörper, vorab des Mondes, zu unterrichten.

Vierter Abschnitt.

Galilei und Kepler.

Von Galileo Galilei kann zuerst mit vollem Rechte gesagt werden: „Er hat uns die Gestirne näher gebracht." Einerlei, ob in Holland oder Italien der erste Grund zur Erfindung des Fernrohres gelegt worden war[2]) — er hat es jedenfalls nicht nur zuerst gegen den Himmel gewendet, sondern auch sofort ein Werk[3]) in die Welt geschickt, welches eine Fülle neuer astrono-

[1]) Aus dem Mittelalter liegt nur wenig Einschlägiges vor. Von dem Polyhistor Alexander Neckam wird berichtet (Peschel-Loewenberg, Abhandlungen usw. **2**, 327), er habe einmal gesagt: „Aliis visum est, corpus Lunae non esse rotundum, sed in quibusdam suis partibus esse eminentius, in aliis expressius." Eine schwierige Stelle Dante Alighieris über die Beschaffenheit des Mondes (Paradiso, II, 85) haben italienische Gelehrte zum Gegenstande von Erklärungsversuchen gemacht (Mossotti, Intorno ad uno passo della divina commedia di Dante Alighieri, Atti dell'Accademia Pontificia dei Lincei **18**, 7. Mai 1865; Fürst Boncompagni, Intorno alla precedente lettera del professore Mossotti, ebenda.

[2]) Gegenüber der bisher für zuverlässig gehaltenen Annahme, niederländische Brillenverfertiger seien halb zufällig zur Zusammenhaltung einer Konvex- und einer Konkavlinse geführt worden, will man in allerneuester Zeit (De Waard, De Uitvinding der Verrekykers, Rotterdam 1906) italienischen Praktikern die glückliche Initiative zuschreiben. Wie dem auch sei, fest steht jedenfalls, daß Galilei am 21. August 1609 einer ausgewählten Schar von venetianischen Nobili auf dem — jetzt leider nicht mehr in der alten Form existierenden — Turme von San Marco die Wunder des neuen Instrumentes demonstriert hat (Favaro, Il primo esperimento sul campanile di S. Marco 300 anni fa, Il Giornale d'Italia 1909, No. 238).

[3]) Galilei, Sydereus Nuntius, S. 5ff., Venedig 1610; Edizione Nazionale delle Opere di G. Galilei (von Favaro) **3**, 460ff.

mischer Tatsachen bekannt machte. Die Jupitertrabanten, die Venusphasen, die Auflösung der Milchstraße in einen Sternhaufen, in Bälde auch die Sonnenflecken [1]) lieferten Beweise für die raumdurchdringende Kraft des neuen optischen Instrumentes. Namentlich aber zog auch die sichtbare Mondhalbkugel die Aufmerksamkeit des Entdeckers auf sich, und wie er sich schon früher wiederholt mit dem Monde und seinem aschgrauen Lichte [2]) beschäftigt hatte, wie er nachmals die Errungenschaften eines langen, glorreichen Lebens durch die Entdeckung der Libration krönen sollte [3]), so wurde er sofort auch der Begründer einer exakten Selenographie. Sein erster Versuch einer Mondkarte läßt die Unvollkommenheit seines Rohres deutlich hervortreten, aber was er vom Monde selbst berichtete, hat sich als wahr erwiesen und konnte durch spätere Forschung nur weitergebildet und ergänzt, nicht aber widerlegt werden.

Plutarchs Überzeugung, daß es Berge auf unserem Satelliten gäbe, wurde von Galilei durchaus bestätigt. Ein wirkliches Verdienst erwarb er sich aber auch dadurch, daß er als der erste Berghöhen auf dem Monde zu messen unternahm. Sein

---

[1]) Als Konkurrenten um die Ehre dieser folgenreichen Entdeckung betrachtet man bekanntlich neben Galilei und C. Scheiner noch Johann Fabricius und Thomas Harriot. Durch einen an sich unscheinbaren, tatsächlich aber einen unerwarteten Einblick in den Hergang eröffnenden Fund Wohlwills (Zur Geschichte der Entdeckung der Sonnenflecken, Festschrift zum 80. Geburtstage Moritz Cantors, S. 151 ff., Leipzig 1904) ist die Priorität des Friesen Fabricius gegenüber Scheiner in ein neues Licht gerückt worden.

[2]) Die Feststellung der Erfahrungswahrheit, daß das „lumen secundarium" reflektiertes Erdlicht sei, legt Galilei (Syderius Nuntius, S. IX) sich selber bei. Aber er wußte nicht, daß schon vor ihm Lionardo da Vinci und, mit voller Bestimmtheit, Michael Mästlin, Keplers Lehrer, sich in dem gleichen Sinne ausgesprochen hatten. Allerdings gab es keine Druckschrift, aus welcher Galilei sich Belehrung hätte erholen können; vgl. Humboldts Kosmos 3, 497 ff.

[3]) Daß Galilei noch mit bereits erlöschendem Auge die Libration verfolgte, erhellt aus seinem Briefe (20. Februar 1637) an Antonini. Wir werden von dieser Erscheinung, die bewirkt, daß wir doch etwas mehr als die bloße Hälfte zu Gesichte bekommen, später noch zu sprechen haben. Gemeinverständlich erörtern das Wesen der Libration in Länge, der Libration in Breite, der parallaktischen und physischen Libration Mädler-Klinkerfues (Populäre Astronomie, 7. Auflage, S. 170 ff., Straßburg i. E. 1882).

Verfahren zu diesem Behufe war prinzipiell richtig. Wenn M (Fig. 2) der Mittelpunkt der Mondkugel, $AB = h$ die Höhe eines solchen Berges ist, und wenn eine von B in der Zeichnungsebene an jene gezogene Berührende durch BC ausgedrückt wird, so kennt man in dem bei C rechtwinkligen ebenen Dreieck MBC die Seite $CM = r$, und BM ist $= r + h$, unter r den linearen Mondhalbmesser verstanden. Die Spitze B wird in dem Augenblicke beleuchtet, in dem sich die Sonne über den durch BC gegebenen Horizont erhebt, so daß auf der Nachtseite ein hell glänzendes Pünktchen sichtbar wird; dessen Abstand $BC = \alpha$ von der Lichtgrenze wird gemessen. Dann hat man:

Fig. 2.

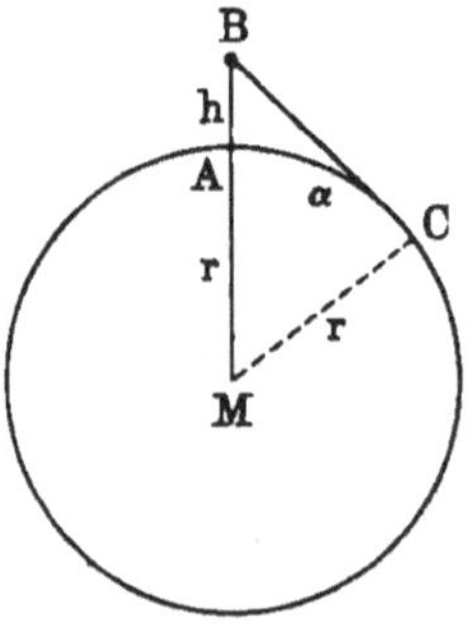

$$(r + h)^2 = \alpha^2 + r^2, \quad h = \sqrt{\alpha^2 + r^2} - r.$$

Galilei fand in römischen Meilen[1]) $\alpha = 100$, während $r = 1000$ angenommen worden war; demnach ergab sich $h = 1004{,}5$ *appr.* — 1000, $h > 4$. Der betreffende Berg wäre also, wenn die zugrunde gelegten Daten richtig sind, etwas höher als der Montblanc[2]), und es wird sich zeigen, daß Höhen dieser Art auf dem Monde keine Seltenheit sind. Galilei ging nur darin fehl, daß er glaubte, durchschnittlich seien

[1]) Ein „Milliare" hatte 1000 Schritte, und ein Schritt muß neuerer Nachprüfung zufolge gleich 1,479 m gesetzt werden. Dem Erdradius r_1 gab Galilei eine Länge von 3500 Milliaria = 5176,5 km (viel zu klein, wie es bis zum Bekanntwerden von Picards Gradmessung allgemein geglaubt wurde), und der Mondradius sollte $r = \frac{2}{7} r_1$, sonach = 1479 km sein. Die obige Berghöhe berechnet sich in unserem Maße zu 5916 m und verhält sich zur Montblanc-Höhe (4810 m) ungefähr wie 5 : 4. Direkt erhältlich war natürlich nur der Bogenwert AC, der aber ohne namhaften Fehler mit der Länge der Strecke BC identifiziert werden konnte.

[2]) Wie Mädler später gezeigt hat, hat der Mond Erhebungen > 7000 m. Es wird noch zu erörtern sein, aus welchem Grunde Vergleichungen zwischen absoluten Höhen auf dem Monde und auf unserem Planeten nicht ohne weiteres zulässig sind. Es fehlt nämlich dem ersteren jenes Niveau, welches sich auf der Erde ganz von selbst als die Nullfläche der Höhenmessung darstellt, oder es muß ein solches doch erst sozusagen geschaffen werden.

die lunaren Berge höher als die terrestrischen. Unter allen Umständen war die altgriechische (S. 29), von Plutarch (S. 30) verfochtene Lehre von der Wesensgleichheit zwischen Mond und Erde nunmehr durch einen wirklichen Beweis, nicht mehr durch bloße Vermutung gestützt.

Daß Galileis Mondstudien anregend auf seine Zeitgenossen wirkten, kann nicht verwundern. R. Wolf hat[1]) schon vor mehreren Jahren auf zwei derselben hingewiesen, auf Lagalla[2]) und Sarpi, und daß dieser letztere, ein naher Freund des großen Naturforschers, gerade auch auf diesem Gebiete lebhafte Interessen betätigte, ist durch Cassani und Favaro ausreichend nachgewiesen worden[3]). Zu den ältesten Mondtopographen sind ferner der Kapuziner Schyrlaeus de Rheita[4]) und der protestantische Theologe Matthias Hirzgarter, ein Schweizer[5]), zu rechnen. Auch van Langrens erste Arbeiten fallen noch in den Zeitraum, der durch die Namen Galilei und Kepler gekennzeichnet ist, allein da dieselben erst etwas später zu einer gewissen Vollendung herangereift sind, so möge ihre Erörterung dem nächsten Abschnitte vorbehalten bleiben. Für jetzt soll uns der große deutsche Astronom allein beschäftigen, und zwar wesentlich unter dem Gesichtspunkte, daß er in der Geschichte als der

---

[1]) R. Wolf, a. a. O., 2. Halbband, S. 496.

[2]) Von Wolf wird angegeben, es solle eine mit einem Mondbilde versehene Schrift des Cesare Lagalla veröffentlicht worden sein (Disputatio physica de phaenomenis in orbe Lunae, novi telescopii usu a Galileo nunc iterum suscitatis, Venedig 1612). Hier wäre schon eine ganz unmittelbare Wirkung des von dem ersten Mondbeobachter gegebenen Anstoßes zu konstatieren.

[3]) Favaro, Fra Paolo Sarpi fisico e matematico secondo i nuovi studi del prof. F. Cassani, S. 16, Venedig 1883. Von R. Wolf (Geschichte der Astronomie, S. 392ff., München 1877) wird auch auf eine ältere einschlägige Schrift hingewiesen (Griselini, Denkwürdigkeiten des berühmten Fra Paolo Sarpi, Ulm 1764).

[4]) Der als Optiker zu einem gewissen Rufe gelangte Gelehrte, der als einer der ersten Fernrohre von größeren Dimensionen herstellte, beteiligte sich sehr eifrig an der Fortführung der neuen astronomischen Forschungen (Mädler, Geschichte der Himmelskunde von der ältesten bis auf die neueste Zeit, 1, 293, Braunschweig 1872.)

[5]) Von ihm, der auch in der Vorgeschichte der Entdeckung des Saturnringes zu nennen ist, gibt Nachricht R. Wolf (Biographien zur Kulturgeschichte der Schweiz, 1. Zyklus, S. 93ff., Zürich 1858).

wahre Nachfolger Plutarchs, als der Begründer einer teleskopisch komparativen Mond- und Erdkunde, uns entgegentritt. Ihn in dieser seiner Eigenschaft kennen zu lernen, ist uns seit einem Dezennium dadurch eine treffliche Gelegenheit geboten, daß L. Günther[1]) das nicht ganz leicht zugängliche Originalwerk[2]) durch eine mit Erläuterungen reichlich ausgestattete deutsche Bearbeitung allgemein zugänglich gemacht hat.

Schon als Studierender im Stifte zu Tübingen hat der junge Kepler dem Monde Interesse entgegengebracht, und als nach damaliger akademischer Sitte sein Studienfreund Besold[3]) mit dem Ephorus V. Müller zu disputieren hatte, lieferte er ersterem ein paar Thesen, die dieses Thema behandelten. Sie sind zwar nicht auf uns gekommen, vielleicht überhaupt nicht gedruckt worden, aber nach eigenen Äußerungen aus späterer Zeit ist es wahrscheinlich, anzunehmen, daß diese Streitsätze unter anderem die Mondbewohner betrafen. Die Mitglieder der Korona hatten bei solchen Redetournieren das Recht, in die Debatte einzugreifen, und so mag wohl der jugendliche Theologe in der Disputation selbst eine gewisse Rolle gespielt haben. Im Jahre 1610 kam der inzwischen geistig zur Vollendung herangewachsene Mann auf seine Jugenderinnerung zurück, als er sich anschickte, der deutschen Gelehrtenwelt in einer Sonderschrift[4]) Bericht über die vorerwähnten Entdeckungen zu erstatten; hier bemerkt er, daß

---

[1]) L. Günther, Keplers Traum vom Mond, Leipzig 1898.

[2]) Joh. Keplers weiland Kaiserlichen Mathematikers Traum, Oder Nachgelassenes Werk über die Astronomie des Mondes. Herausgegeben von M. Ludwig Kepler dem Sohne, Candidaten der Medizin, Sagan-Frankfurt a. M. 1634 (Somnium Astronomicum; in der Frischschen Ausgabe, 8, 1. Abteil., S. 21 ff.). Der Schwiegersohn J. Bartsch, der die Herausgabe zuerst übernahm, starb, ehe er mit ihr zustande gekommen war.

[3]) Der Jurist Christoph Besold (1577—1638), zuerst Professor in Tübingen und nachmals, als Konvertit, nach Ingolstadt berufen, steht als Vertreter des öffentlichen Rechtes und auch sonst als selbständiger Denker, der z. B. über den Ursprung der Sprache sich eine eigenartige Vorstellung gebildet hatte, weit über dem Durchschnitte der Gelehrten seines Zeitalters.

[4]) Kepler, Dissertatio de Nuntio Sidereo, Prag 1610, K. O. O. 2, 450 ff. Mit der Abkürzung bezeichnen wir von nun an J. Kepleri Opera Omnia, wie sie von C. Frisch (Erlangen-Frankfurt a. M., 1858 bis 1871) musterhaft herausgegeben worden sind.

er auch schon früher Plutarchs Anschauungen zum Gegenstande seines Nachdenkens gemacht habe[1]. Er unterhielt sich darüber mit seinem Gönner, dem kaiserlichen Rate Wackher von Wackenfels, und zu dessen spezieller Belehrung verfaßte er[2] „eine neue Astronomie, gleichsam für Mondbewohner, sowie eine völlige Mondgeographie". Das mag 1609 oder 1610 geschehen sein, aber das Manuskript blieb liegen, und andere weit wichtigere Aufgaben ließen den Autor von weiterer Ausgestaltung dessen Abstand nehmen, was er vordem flüchtig hingeworfen hatte. Erst im Jahre 1623 kam er wieder auf die Sache zu sprechen, und zwar in einem Briefe an seinen Straßburger Freund, den um die Einführung Galileischer Neuerungen in Deutschland verdienten Professor Matthias Bernegger[3]. Er wolle, schreibt er hier, seine Mondstudien wieder vornehmen, bedürfe aber hierzu der ihm zurzeit nicht zur Verfügung stehenden Schrift des Plutarch. Bernegger bietet ihm die in seinem Besitze befindliche Ausgabe des griechischen Schriftstellers bereitwillig an, aber Kepler begnügt sich, wie seine aus dem März 1624 stammende Antwort[4] zeigt, mit einer Kopie gewisser Paragraphen, von denen er mutmaßt, sie seien in der Übersetzung des Xylander[5] lückenhaft oder gar nicht wiedergegeben. Über den Zweck, den er verfolge, macht jener dann noch einige sehr merkwürdige Angaben. Wenn andere Gelehrte, die er namhaft macht[6], Schriften in die Welt gesandt hätten, denen man sofort ansehe, daß sie lediglich die Ironisierung gewisser Sitten und Zustände der irdischen Völker anstrebten, so könne er wohl ein gleiches Recht für sich in Anspruch nehmen. Wieder herrscht dann mehrere

---

[1]) Kepler, Ad Vitellionem paralipomena, in quibus astronomiae pars optica traditur, Frankfurt a. M. 1604; K. O. O. 2, 127 ff.

[2]) Die Übersetzung nach L. Günther (a. a. O., S. X).

[3]) K. O. O. 8, 2. Abteil., S. 884 ff.

[4]) K. O. O. 8, 2. Abteil., S. 968 ff.

[5]) Von Xylander liegen verschiedene Übersetzungen aus dem Griechischen vor; außer dem Plutarch hat er auch Euclid, Diophant, Psellus vertiert.

[6]) Außer dem Lucian (S. 35), den er als einen der Vertreter der Antike namhaft macht, zitiert Kepler noch den Plato („Atlantis"), den Cicero („Somnium Scipionis") und, wie uns bekannt, als wichtigsten Gewährsmann den Plutarch. Neuere Schriftsteller, die ihm halb und halb zum Vorbilde dienten, waren Thomas Morus („Utopia"),

Jahre Schweigen, und erst ziemlich kurze Zeit vor seinem Tode, nämlich 1629, nimmt Kepler, wieder in einem an Bernegger gerichteten Schreiben, den Faden, welchen er fallen gelassen hatte, von neuem auf. „Was wirst Du sagen“, fragt er, „wenn ich Dir zur Erheiterung meine ‚Astronomie des Mondes oder der Himmelserscheinungen auf dem Monde‘ zueignete? Verjagt man uns von der Erde, so wird mein Buch als Führer den Auswanderern und Pilgern zum Monde nützlich sein. Dieser Schrift gebe ich Plutarchs ‚Mondgesicht‘ bei, von mir neu übersetzt und in den meisten lückenhaften Stellen nach dem Sinne ergänzt, was dem Xylander, der kein Astronom war[1]), nicht gelingen konnte.“ Es gewinnt den Anschein, als hätten auch die Ergänzungen, welche Bernegger an der Hand der in ihrer Art klassischen Plutarch-Ausgabe des Stephanus liefern konnte, den Anforderungen Keplers nicht voll entsprochen.

Damit ist alles erschöpft, was über die Vorgeschichte des „Somnium“ beigebracht werden konnte, und wir wenden uns dem Inhalte dieses posthumen Buches selber zu[2]). Abgesehen von der soeben angeführten Übersetzung des Traktates „De facie in orbe Lunae“ mit angehängten Noten[3]), kann man in dem Keplerschen Werke drei Hauptteile unterscheiden. Der erste, allegorisch-poetischer Natur, rechtfertigt den Titel und versetzt den

---

Erasmus Rotteradamus („Encomium Moriae“) und Thomas Campanella („Sonnenstaat“); auch F. Bacon of Verulam mag hierher gerechnet werden wegen seiner „Nova Atlantis“, welches Werk zwar erst 1665 auf deutschen Boden verpflanzt ward, dem eminent belesenen Kepler jedoch zweifellos auch im Originale bekannt gewesen sein dürfte. Je mehr man den Ort der Handlung in ferne Welten verlege, meint Kepler, um so weniger habe man von Angriffen zu befürchten.

[1]) Hier tut Kepler dem wackeren Mathematiker und Philologen Xylander (1532—1576) unrecht, denn so viel Astronomie, als in diesem Falle erfordert wurde, konnte ein Mann, der vor der Bearbeitung des Euclid und Diophant nicht zurückschreckte, wohl noch aufbringen.

[2]) Maßgebend für die Zitate soll nachstehend die Günthersche Version (a. a. O., S. 1 ff.) sein.

[3]) Auf sie kommt die uns bekannte Schrift von Ebner wiederholt zu sprechen. Soweit geographische Fragen dabei in Betracht kommen, befaßt sich damit auch R. Pixis (Kepler als Geograph, Münch. Geogr. Studien, 6. Stück, 1899). Vgl. auch Schmertoch (Philologisch-historische Beiträge, C. Wachsmuth zum 60. Geburtstage überreicht, Leipzig 1897).

Autor an denjenigen Ort, dessen Beschreibung er zu geben beabsichtigt; der zweite ist einer Lobrede der Reform des Copernicus gewidmet; der dritte endlich, einen Anhang mit eingeschlossen, ist die eigentlich so zu charakterisierende Lunarastronomie. Uns wird natürlich hauptsächlich dieser dritte zu beschäftigen haben.

Die Substanz der Traumerzählung ist kurz folgende: Ein Isländer wird vom Sturm an Tycho Brahes Insel Hveen getrieben, wird da von dem berühmten Astronomen freundlich aufgenommen und bildet sich binnen kurzem gleichmäßig in der dänischen Sprache und in der Sternkunde aus. Zurückgekehrt, wird er von seiner der Magie kundigen Mutter in gewisse Geheimnisse eingeweiht, in die ihn seine nunmehrige Vertrautheit mit dem Sternenhimmel leichter eindringen läßt. Ein Dämon erscheint, dessen Vaterland die 50000 deutsche Meilen von der Erde „im Äther“ liegende Insel Levania ist. Die Reise dorthin, zu welcher nur Auserwählte zugelassen werden, ist mit Schwierigkeiten aller Art verknüpft. Auf Levania bietet sich der nämliche Anblick des Firmamentes dar, den man auch auf der Erde hat; die Planetenbahnen freilich stellen sich in anderen Formen dar, und damit ist auch für die auf der Weltinsel wohnhaften Geister die Notwendigkeit gegeben, sich eine selbständige Astronomie zu schaffen. Maßgebend für dieselbe ist vor allem der Umstand, daß am Himmel stets eine glänzende Kugel von beträchtlicher Größe sichtbar ist, die Volva; doch wird nur die eine Hälfte Levaniens dieses Blickes teilhaftig, während die andere für immer darauf verzichten muß, und damit ist die Einteilung in eine subvolvane und eine privolvane Halbkugel gegeben, welche beide durch einen — Divisor zubenannten — Hauptkreis voneinander geschieden werden. Tag und Nacht haben bei den Levaniern fast die gleiche Länge, indem nur die Subvolvaner bezüglich des Tages etwas begünstigt erscheinen. Jener 19jährige Zyklus, der den Menschen seit Meton zur Regulierung ihrer Zeitrechnung dient, ist auch den Levaniern bekannt; während desselben haben sie 235 Sonnenaufgänge und 254 Umdrehungen der Fixsternsphäre zu verzeichnen. Ein größter Kreis, der durch die Pole geht und auf dem Divisor senkrecht steht, ist der Medivolvan, und als dritter beide unter rechten Winkeln schneidender Kugelkreis erscheint der Äquator, mit dessen Hilfe sich auch die

Zoneneinteilung für das Gebiet der Subvolvanen durchführen läßt. Prinzipiell stimmt dieselbe in ihrer Fünfzahl ganz mit der tellurischen überein, aber in bezug auf die Ausdehnung könnten die Verschiedenheiten gar nicht größer sein, denn die beiden ge-

Fig. 3.

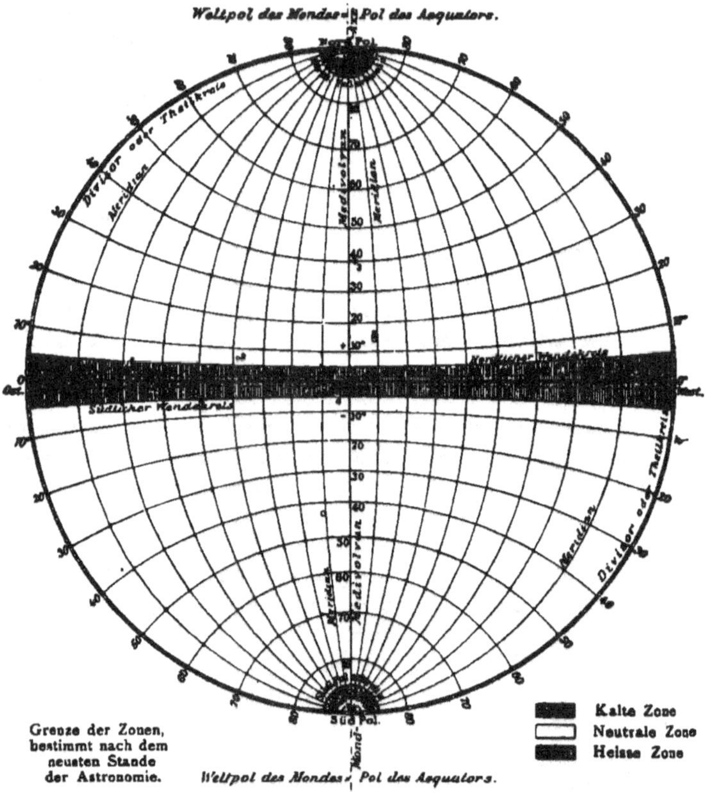

Selenographische Einteilung der subvolvanen Hemisphäre des Mondes nach Kepler.

mäßigten Zonen sind ungeheuer groß, während die Tropenzone nur etwa 10° Breite im ganzen hat, und während die beiden Polarkalotten, für welche die Volva unsichtbar bleibt, ebenfalls nur einen sphärischen Radius von ungefähr 5° haben, so wie dies in Fig. 3 zur Anschauung kommt[1]). Keplers Originalaufstellung litt an dem von L. Günther korrigierten Fehler, daß die Ebenen des Mondäquators und der Mondbahn als zusammenfallend angenommen wurden, während sie in Wahrheit einen kleinen Winkel miteinander bilden.

Unser kurzer Auszug läßt erkennen, daß Levania als der Mond, Volva — „die sich drehende“ — als unsere Erde anzusprechen ist. Sie erscheint den Subvolvanern als eine im Verlauf von 24 Stunden ihre ganze Oberfläche zeigende Kugel, die nicht auf- und untergeht, sondern auf ein sphärisches Rechteck von geringer Größe beschränkt ist; Kepler hielt sie sogar, was allerdings nicht strenge zutrifft, für unbeweglich, denn von den durch die Libration (S. 37) bedingten Ortsverschiebungen wußte er ja nichts. Wir haben damit das Recht erlangt, die metaphorische Redeweise Keplers durch eine natürlichere zu ersetzen und den beiden in Frage kommenden Weltkörpern die ihnen der Natur der Sache nach zukommenden Namen zu geben. Nur die für die beiden Mondhalbkugeln geprägten Bezeichnungen sollen beibehalten werden, da wir solche sonst neu zu schaffen genötigt wären.

Die Privolvaner haben nach Kepler kein angenehmes Dasein. Ihre Finsternis, 15 bis 16 Erdentage während, ist „erschreckend“, weil sie eben des Erdlichtes ermangeln müssen. Während dieser Zeit wehen rauhe Winde, und alles starrt von Eis und Schnee[2]). Umgekehrt ist es während des 14tägigen Sommers glühend heiß, und die versengende Wirkung der Sonnenstrahlen wird durch keinen Luftzug gemildert[3]). Die Subvolvaner erfreuen sich des Erdenlichtes, wenn auch nicht immer gleichmäßig, denn es gibt eine Neuerde, eine Vollerde, ein erstes und ein letztes Erd-

---

[1]) Dieselbe ist dem von L. Günther konstruierten Diagramme (a. a. O., Tafel I) nachgebildet.

[2]) Man muß sich dabei gegenwärtig halten, daß Kepler, worauf noch die Rede kommen wird, dem Monde wesentlich die gleiche Oberflächenbeschaffenheit zuteilt, die er von der Erde her kennt. Es fehlt also nicht an Flüssigkeit auf ersterem; Schnee im gewöhnlichen Sinne, als Luftniederschlag, ist allerdings nach seiner Meinung nicht eigentlich vorhanden, wohl aber Reif.

[3]) Die eigenartige Meteorologie des auch in diesem Arbeitsbereiche selbständig operierenden Mannes lernt man kennen durch H. Brocard (La météorologie de Kepler, I, II, Grenoble 1879, 1881).

viertel. Von der Verteilung der Meere und Länder auf der Erde können sie sich eine gute Vorstellung machen [1]). Daß es Sonnen- und Erdfinsternisse gibt, liegt auf der Hand. Dies alles sind Behauptungen, die einen rein astronomischen Charakter tragen, und die Besonderheiten der Mondoberfläche haben damit nichts zu tun. Aber auch sie kommen später an die Reihe [2]). „Obwohl", sagt Kepler, „ganz Levania nur ungefähr 1400 deutsche Meilen im Umfange hat, d. h. nur den vierten Teil unserer Erde, so hat es doch sehr hohe Berge, sehr tiefe und steile Täler und steht so der Erde sehr viel in Rundung nach. Stellenweise ist es ganz porös und von Höhlen und Löchern allenthalben durchbohrt, hauptsächlich bei den Privolvanern, und das ist für diese auch zumeist ein Hilfsmittel, sich gegen Hitze und Kälte zu schützen." Auf die sonderbaren Aufschlüsse, die der ebenso tiefdenkende, wie phantasievolle Mann [3]) über die Mondgeschöpfe gibt, soll hier nicht eingegangen werden, denn sie erheben sich in keiner Weise über Augenblickseinfälle, wie sie dem Leser Keplerscher Schriften zum öfteren begegnen. Gerade rechtzeitig hört der Dämon zu erzählen auf; der Isländer erwacht [4]), und die Traumgeschichte ist damit zu Ende.

Man muß sich erinnern, daß dieselbe erstmalig zu einer Zeit niedergeschrieben ward, als es noch kein Fernrohr gab, als mithin auch der Astronom des beginnenden 17. Säkulums von der Mondnatur noch mit Anaxagoras (S. 2) und Plutarch (S. 29) völlig auf gleichem Boden stand. Von anderen Autoren hatte Kepler kaum etwas lernen können; nur sein verehrter Lehrer

---

[1]) Ursprünglich hatte diesen Betrachtungen die Meinung zugrunde gelegen, helle Stellen seien mit Wasser, dunkle mit Festland gleichbedeutend. Aus einem Briefe Keplers an David Fabricius (K. O. O., 2, 496) erhellt, daß ersterer zu dieser Auffassung sich geführt sah, als er von einem Berge bei Graz aus den Murfluß hellstrahlend durch die im Dunkeln liegende Landschaft sich winden sah. Später eignete er sich die umgekehrte, gewiß richtigere Interpretation an, die des Plutarch (S. 25).

[2]) L. Günther, a. a. O., S. 19 ff.

[3]) Man darf nicht vergessen, daß die gigantischen Geistestaten des Reformators der neueren Astronomie nur zu begreifen sind, wenn man dieser seiner Eigenart stetig eingedenk bleibt (s. W. Foerster, Johannes Kepler und die Harmonie der Sphären, Berlin 1863).

[4]) L. Günther, a. a. O., S. 21.

Mästlin (S. 37) war nicht ohne einigen Einfluß auf die hier dargelegten Ideen gewesen [1]). Man kann sich nun aber leicht denken, mit welchem Interesse der Mann, der sich einen Mond nach eigenen Heften konstruiert hatte, sein Manuskript aufs neue überprüfte, als ihm Galileis „Sternenbote" auch eine neue Welt eröffnet hatte.

Kepler erachtete es nicht für zweckmäßig, am ursprünglichen Texte, so wie er in vorteleskopischer Zeit niedergeschrieben worden war, Änderungen vorzunehmen. Gleichwohl mußte einen Mann seines Schlages, mochten wichtigere Pflichten ihn noch so sehr in Anspruch nehmen, gelegentlich immer noch die Frage beschäftigen, wie sich wohl seine früheren Ausführungen über den Mond gestaltet hätten, wären ihm schon Galileis Fernrohrbeobachtungen bekannt gewesen. Aus solchen Erwägungen ging später ein Brief [2]) an den Jesuiten Guldin [3]) hervor, den Bartsch und L. Kepler mit gutem Recht als „Appendix" ihrer Ausgabe des „Somnium" beizugeben sich entschlossen [4]). Der Zusammenhang ist folgender. Ein Ordensbruder P. Guldins,

---

[1]) Kepler bemerkt (L. Günther, a. a. O., S. 145) selbst, er habe seinen Gedanken, die Mondbewohner fänden gegen die Sonnenhitze Schutz in der über ihnen lagernden dichten Wolkenhülle, einer Disputation entliehen, welche Mästlin 1605 „De natura planetarum" gehalten habe. Aus verschiedenen Gründen habe dieser geschlossen, daß der Mond nicht durchaus in gleicher Klarheit sich zeige, und eben diese Unterschiede im Aspekte der Scheibe habe er sich nur durch die Annahme einer jene umschließenden Lufthülle erklären können. In einem besonderen Falle habe Mästlin sogar einen dunklen Flecken, eine richtige Wolke, wahrzunehmen geglaubt.

[2]) L. Günther, a. a. O., S. 156ff. Der Brief stammt, datiert ist er nicht, sicheren Kennzeichen zufolge aus der Periode, da Kepler die Stelle eines „Landschaftsmathematicus" in Linz versah, nach L. Günther beiläufig aus dem Jahre 1623. Dem scheint jedoch der Umstand zu widersprechen, daß der Briefsteller, wie wir weiter unten sehen werden, sich einmal auf eines seiner erst später gedruckten Werke (Tychonis Brahei Dani Hyperaspistes, Frankfurt a. M. 1625) beruft.

[3]) Paul Guldinus (eigentlich Guldi aus St. Gallen, 1577—1643) zählt zu den bedeutenderen Mathematikern im ersten Halbscheid des 17. Jahrhunderts; sein Schwerpunkttheorem hat ihm einen geachteten Namen in der Geschichte der Mechanik verschafft. Mit Kepler unterhielt er einen eifrigen Briefwechsel durch viele Jahre.

[4]) L. Günther, a. a. O., S. XIII.

P. Nikolaus Zucchi[1]), hatte dem damals in Linz lebenden Kepler ein Fernrohr zum Geschenk gemacht; es war zwar nicht das erste, welches in seine Hände kam, denn bereits 1610 hatte er leihweise ein solches bekommen und dazu benützt, Galileis Funde zu kontrollieren, was ihm bei der Beschaffenheit der Gläser aber nicht so recht gelingen wollte[2]). Ganz anders sah die Sache jetzt aus, denn dieses zweite Instrument scheint ungleich besser gewesen zu sein. So stellte er denn eine ganze Reihe von Observationen unseres Begleiters neu an und gab von ihnen seinem Korrespondenten P. Guldin genauen Bericht.

Leuchtende Streifen ziehen sich, wie man am besten während einer der Quadraturen wahrnimmt, über die helle Mondhälfte weg und dringen auch in die beschattete ein. So sieht die Lichtgrenze nicht wie eine glatt verlaufende Linie, sondern wie eine „Säge“ aus. Die „Mondflecken“ sind „gleichmäßige und vollkommen kugelförmige Partien der Oberfläche“. Leuchtende Punkte, die auf der dunkeln Seite verteilt zu sehen sind, sind Bergspitzen, die bereits von den Sonnenstrahlen erreicht worden sind. Umgekehrt gibt es auf der Lichtseite „kreisförmig vertiefte Örter oder Höhlen“, welche von der Sonne, die schon über ihrem Horizonte steht, noch nicht vollständig getroffen werden; ein Teil der Umrandung dagegen, der die Strahlen direkt empfängt, ist desto intensiver erleuchtet. Es gibt folglich Unebenheiten aller Art auf der uns zugekehrten Mondoberfläche.

Wie nun können diese entstanden sein? Diejenigen der Erdoberfläche, die man zum Vergleiche heranholen muß, sind zum Teil Artefakte, zum Teil Naturvorkommnisse, und nur auf diese letzteren kann es hier zunächst ankommen. Kepler erweist sich bei dieser Gelegenheit als ein selbständiger Denker über

---

[1]) P. Zucchi (1586—1670) war selbst Fachmann und gehört zu den ersten, die sich mit teleskopischer Planetenforschung abgaben. Seine Aufmerksamkeit wandte er insonderheit (um 1640) dem zunächst noch weniger beachteten Mars zu (H. J. Klein, Handbuch der allgemeinen Himmelsbeschreibung, vom Standpunkte der kosmischen Weltbeschreibung dargestellt, 1, 137 ff., Braunschweig 1869).

[2]) Dieselben scheinen sehr stark chromatisch gewesen zu sein und eine Deformation der durch das Rohr gesehenen Objekte bewirkt zu haben (A. G. Kaestner, Geschichte der Mathematik 4, 130, Göttingen 1800). Kepler vermochte auch nur drei, nicht vier „mediceische Gestirne“ zu erkennen.

morphologische Fragen und als Anhänger einer ganz radikalen Erosionstheorie. Böhmen war dereinst ein wenig differentiiertes Plateauland, und erst die Elbe hat, hier zerstörend, dort aufschüttend, dem Lande und seiner Gebirgsumrandung die gegenwärtige Gestalt gegeben [1]). So muß also auch auf dem Monde, wo doch aller Wahrscheinlichkeit nach die nämlichen vier Elemente, wie auf der Erde, die Konstituenten aller Dinge sind, durch die Tätigkeit des feuchten Grundstoffes der Anstoß zur Herausbildung der angegebenen Unregelmäßigkeiten geliefert worden sein, und es gibt auf dem Monde Berge, Täler, Wasseransammlungen. Die „Flecken" sind selbst wieder nicht stets von gleichem Aussehen; der Mittelpunkt der Scheibe z. B. ist durch eine Stelle charakterisiert, „welche das Aussehen des österreichischen Wappens zeigt [2])". Man wird glauben dürfen, daß die stehenden lunaren Gewässer bald mehr unseren Meeren, bald wieder mehr unseren Sümpfen gleichen.

Soweit kann man, wenn man natürlich historisch urteilt und sich auf den Standpunkt stellt, der vor 300 Jahren mit dem Gesamtwissen und der Denkweise des Zeitalters verträglich war, Keplers Mondhypothesen in der Hauptsache beipflichten. Die großen Züge in der Physiognomie unseres Trabanten sind durch die Wirkung der Naturkräfte jener aufgedrückt worden — so könnte das Fazit seiner Überlegungen lauten. Nunmehr allerdings sehen wir ihn einem Abwege zuschreiten, der nahe genug liegt, wie denn auch so viele seiner Nachfolger auf ihn geraten sind, vor dem er aber behütet worden wäre, hätte er nicht seine sonstige Gewohnheit, an die kühnen Ergebnisse der Spekulation die mathematische Sonde anzulegen, beiseite gelassen. Aus der Anordnung der „Höhlen" glaubte er nämlich folgern zu müssen, bei deren Entstehung müßte ein individueller Wille, ein verstandesmäßig zustande gekommener Plan mitgewirkt haben [3]); „es scheint also, daß auf dem Monde lebende Wesen vorhanden sind, mit so viel Vernunft begabt, um jene Ordnung hervorzubringen..." Diese irrige Anschauung hindert ihn aber nicht, das Wesen der Wallringe und Zentralberge ganz treffend zu schildern, ganz im

[1]) L. Günther, a. a. O., S. 162.

[2]) Nach L. Günther würde da wohl an die Mondgegend bei *Ptolemaeus*, *Alphons* und *Arzachel* zu denken sein.

[3]) L. Günther, a. a. O., S. 165 ff.

Einklange mit einer schon vorher gemachten Bemerkung[1]). Die letzteren stellte er, der doch gewiß vom Mondvulkanismus keine Ahnung hatte, in Parallele zum Krater des Ätna. Allein nicht bloß diese Einzelberge hat er wahrgenommen, sondern auch die Existenz der Längsgebirge war ihm nicht ganz unbekannt[2]). Daß solche gewaltige Erhöhungen und Vertiefungen nicht künstlich hervorgebracht sein könnten, würde freilich eine einfache Rechnung gelehrt haben, aber Kepler war eben ein Kind seiner Zeit und mystischen Anwandlungen nicht unzugänglich[3]), so daß er sich sogar Mühe gibt, seinem Freunde Guldin auseinanderzusetzen, wie es wohl die Architekten der „Endymioniden" angefangen haben möchten, um solche Wälle aufzuwerfen, die er sich nur als „Festungen" denken kann. Daß sie Taue „von fünf Meilen Länge" zu diesem Behufe anwenden mußten, stört seine Luftschlösser nicht; den Endymioniden scheint er Vieles zugetraut zu haben. Nebenher hatte der Wallring auch noch den Vorteil, seine Insassen gegen die allzu energische Sonnenstrahlung zu schützen, indem sich diese in den Schatten der gegen die Sonne gekehrten Seite der Peripherie zurückzogen.

Soweit Keplers Sendschreiben an Guldin. Sehen wir ab von der geometrisch unmöglichen Aufgabe, welche den Fortifikationskünstlern auf dem Monde zugeteilt ist, so werden wir nicht leugnen können, daß alle Angaben, welche sich nicht auf Fiktion, sondern auf tatsächliche Beobachtung stützen, durchweg der Wahrheit entsprechen. Kepler besaß von der Struktur der sichtbaren Mondoberfläche eine in den Hauptpunkten richtige Vorstellung, und in manchen Einzelheiten ging er über den „Sternenboten" hinaus. So besonders in der Bestimmung jener

---

[1]) Bereits bei seiner ritterlichen Verteidigung Brahes (S. 47) gegen Chiaramontis u. a. Angriffe im „Hyperaspistes" (K. O. O., 7, 235) hatte Kepler rein tatsächlich, ohne sich auf irgend eine Mutmaßung festzulegen, die Tatsache hervorgehoben, daß bei einzelnen Mondflecken sich eine eigentümliche „Nabelform" der aus einer kreisförmigen Umrandung aufragenden Erhebungen konstatieren lasse.

[2]) Die *„Alpen"* im Norden der Mondscheibe sind auch mit schwachen Gläsern wahrnehmbar.

[3]) Mit Giordano Bruno (S. 3) und Tycho Brahe (S. 47) ging er darin einig, daß man prinzipiell an der Besiedelung der Himmelskörper mit denkenden Wesen festhalten müsse (L. Günther, a. a. O., S. 166).

Oberflächenform, welche als die auf dem Monde am häufigsten vorkommende anzusehen ist.

Jedenfalls sind Galilei und Kepler die Begründer einer wissenschaftlichen Topographie des Mondes und zugleich einer vergleichenden Mond- und Erdkunde. Wie sich diese neue Disziplin in den nächsten zwei Jahrhunderten weiter entwickelte, wird der folgende Abschnitt zeigen.

Fünfter Abschnitt.

Die Ausbildung der Selenographie im 17. und 18. Jahrhundert.

Der Name des Belgiers van Langren mußte schon oben (S. 39) gelegentlich zitiert werden. Mit ihm nimmt eine mehr systematische Mondforschung ihren Anfang. Denn so hoch wir auch, wie der vorige Abschnitt dartut, die Verdienste der beiden großen Bahnbrecher zu werten geneigt sind, darüber müssen wir uns doch im klaren sein, daß dieselben nur einen kleinen Teil ihrer Zeit und Kraft nach dieser Seite zu verwenden in der Lage waren, daß für sie das Mondproblem nur eine verhältnismäßig untergeordnete Bedeutung hatte. Und wer wollte mit ihnen, denen wir die Fallgesetze und die Gesetze der Planetenbewegung verdanken, hierüber rechten? Wertvoll in hohem Grade waren ja die Brosamen, welche auch in dieser Beziehung von ihrem überreich besetzten Tische fielen; jetzt jedoch bedurfte es zielbewußter und konzentrierter Arbeit in bestimmtem Sinne. Und auch sie ist geleistet worden.

Der Beweggrund übrigens, der den geschickten Astronomen P. van Langren[1]) bei seinen ersten Versuchen auf diesem Gebiete leitete, war ein anderer. Wie so viele Zeitgenossen[2]), suchte er nach neuen Lösungen der seit mehr denn 100 Jahren vielfach

[1]) Über seine Person und Studien unterrichtet Quetelet (Histoire des sciences mathématiques et physiques chez les Belges, S. 249 ff., Brüssel 1871).

[2]) Vor allem auch Kepler, der es ja geradezu beklagte, daß wir Menschen es nicht so gut hätten, wie die von ihm fast beneideten Mondbewohner (L. Günther, a. a. O., S. 99). Da er nämlich, wie wir

ventilierten und durch die großen überseeischen Entdeckungen an Wichtigkeit stetig zunehmenden Aufgabe, die geographische Länge sicherer und bequemer als bisher zu ermitteln, und da kam ihm die Idee, die Zeit des Verlöschens oder Wiederaufleuchtens der auf der verdunkelten Mondseite gelegenen Berge zum Maßstabe zu nehmen. Hatte man eine gute Karte der Mondoberfläche zur Verfügung und fand man, daß ein solches Ereignis für zwei — nicht demselben Erdmeridiane angehörige — Punkte A und B jeweils zu den Ortszeiten t_1 und t_2 eintrat, so war allerdings die Zeitdifferenz $(t_1 - t_2)$ proportional der Längendifferenz von A und B. Und so entschloß er sich, eine Mondkarte herzustellen [1]), die diese Bezeichnung mit mehr Recht als die einstweilen allein vorhandenen rohen Skizzen tragen sollte, und sein Vorhaben gelang ihm in einer für jene Zeit durchaus anerkennenswerten Weise. Zwei Publikationen [2]) geben Aufschluß über das Verfahren; Tafel I gibt

Fig. 4.

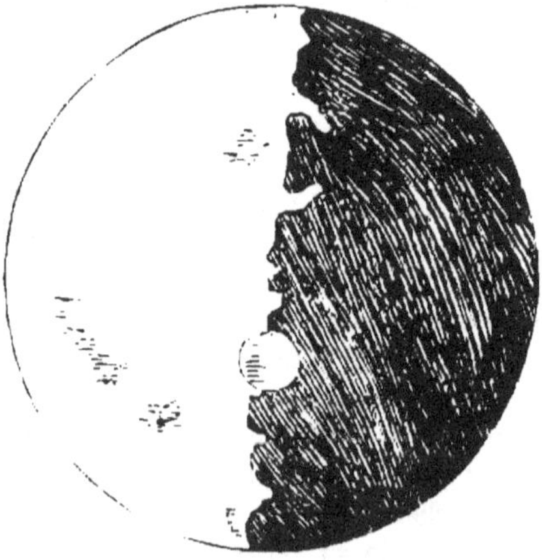

wissen (S. 45), die Volva als unverrückt am endymionidischen Himmel stehend voraussetzte, so war mit ihr ein ganz unvergleichlich besseres Mittel zur Längenbestimmung gegeben, als es auf der Erde die — noch dazu von ihm sehr überschätzte — Magnetnadel gewähren konnte. Vgl. S. Günther, Johannes Kepler und der kosmisch-terrestrische Magnetismus, Wien-Olmütz 1889; K. O. O., 3, 454ff.

[1]) van Langren, Tractatus de vera longitudine terra marique per observationem macularum lunarium, quando obscurantur, vel illuminantur, invenienda, Antwerpen 1644; Selenographia Langreniana, vive Lumina Austriaca Philippica, ebenda 1645. Die Kupfertafeln gibt der Verfasser an, mit eigener Hand gestochen zu haben.

[2]) Entnommen wurden diese drei — verkleinerten — Bilder dem bekannten Werke von Schweigger-Lerchenfeld, Atlas der Himmelskunde auf Grund der Ergebnisse der coelestischen Photographie, Wien-Pest-Leipzig 1898.

Vieweg & Sohn, Braunschweig.

(nach Niesten und Bosmans) eine Reproduktion des Langrenschen Mondbildes, welches nicht weniger als 270 lunare Objekte zur Darstellung brachte. Wir stellen sie neben Galileis ersten rohen Versuch (Fig. 4) und die ein wenig weiter fortgeschrittene Skizze seines wissenschaftlichen Gegners C. Scheiner[1]) (Fig. 5),

Fig. 5.

die A. Kircher in seinen „Mundus subterraneus" (Amsterdam 1673) aufgenommen hat. Fertig war das erstere, oder zum wenigsten ein erster Entwurf, schon 1628, denn in diesem Jahre gibt er an, der Infantin Isabel von Spanien eine Probe vorgelegt

[1]) Vgl. Note 2 von voriger Seite.

zu haben. Die Anwendung heiliger und dynastischer Namen für ausgezeichnete Mondstellen war jedenfalls ebenso berechtigt, wie irgend eine andere der später aufgekommenen Gebrauchsweisen. Ein begleitender Text fehlte der Karte, weil dem Zeichner, der sich „von Maecenaten verlassen" nennt, die Mittel zum Druck fehlten. Das hindert nicht, van Langren, der ja auch, wie wir soeben erfuhren, das Wort Selenographie als erster in die Wissenschaft eingeführt hat, als einen verdienstvollen Pionier auf diesem späterhin mit so großem Erfolge angebauten Arbeitsfelde zu verdienter Ehre zu bringen [1]).

Seine Wirksamkeit reicht nach ihrem Beginne noch in die Lebenszeit Keplers hinein, und deshalb muß er auch an bevorzugter Stelle Erwähnung finden. Hinsichtlich der Veröffentlichung ist ihm aber ein anderer, ein Franzose, C. Mellan [2]), zuvorgekommen, der noch etwas früher eine Serie von Mondansichten herausgab [3]). Und ebenfalls ein Zeitgenosse van Langrens war E. Divini, über dessen achtungswerte Bemühungen uns eine

---

[1]) Wir besitzen über dieses Primärstudium der Mondkartographie einige dankeswerte belgische Studien aus unseren Tagen, denen sich auch eine deutsche anreiht. Es sind die folgenden: Niesten, La carte de la Lune, Ciel et Terre, 4. Jahrg., S. 313 ff.; M. F. Lancaster, van Langren, ebenda, 5. Jahrg., S. 59 ff.; Wauwermans, van Langren, Cosmographe et mathématicien du roi d'Espagne, ebenda, 12. Jahrg., S 241 ff.; Prinz, L'original de la première carte lunaire de van Langren, ebenda, 24. Jahrg., S. 99 ff. u. 149 ff.; Bosmans, La carte lunaire de van Langren conservée à l'université de Leyde, Loewen 1910; Wislicenus, Über die Mondkarten des Langrenus, Bibliotheca Mathematica (3) 2, 384 ff. Speziell über die Brüsseler Karte unterrichtet ebenfalls Bosmans (Carte lunaire de van Langren conservée aux Archives générales du Royaume, à Bruxelles, Revue des Questions scientifiques 54, 108 ff.). Hier wird insbesondere die Biographie des — nächst Galilei — chronologisch ersten Selenographen auf Grund seines Briefwechsels und anderer Quellen nach Möglichkeit aufgehellt.

[2]) Vgl. hierzu: Lalande, Bibliographie astronomique avec l'histoire de l'astronomie depuis 1781 jusqu'à 1802, S. 206, Paris 1803.

[3]) Der Titel war: Phasium Lunae Icones, quas annis. 1634 et 1635 pingebat et sculpebat Claudius Mellan Gallus, praesentibus ac flagitantibus illustribus viris Gassendo et Peyreschio, Aix 1635. Die beiden Polyhistoren Gassendi und Peyresc, beide in den exakten Wissenschaften trefflich beschlagen, standen also Gevatter bei diesem Bilderwerke.

Zu Seite 55.

Günther, Vergleichende Mond- und Erdkunde.

Abhandlung Govis[1]) orientiert. Seine Mondkarte, nach Beobachtungen mit selbst gefertigten Fernrohren gezeichnet und, wie im früher genannten Falle das Erzeugnis eigener kupferstecherischer Fertigkeit, wird in Tafel II reproduziert. Wir überzeugen uns so, daß um die Mitte des 17. Jahrhunderts der Boden schon bereitet war für den Mann, der gewohntermaßen als erster Selenograph in unseren Büchern figuriert und der diese Priorität dem Gesagten zufolge zwar nicht eigentlich beanspruchen darf, der aber zweifellos seine Leistungen weit über das bis dahin erreichte Maß zu erheben vermochte und namentlich auch der Mondkunde in den weitesten Kreisen eine Berücksichtigung erzwang, die ihr zuvor versagt geblieben war.

Johannes Hevelke von Danzig (1611 bis 1687), in der latinisierten Namensform Hevelius viel bekannter, stellte ein langes, von Mühe und Arbeit erfülltes Leben ganz in den Dienst der Sternkunde, und zwar vorwiegend ihres physisch-topographischen Zweiges[2]). Sein Werk über den Mond[3]), für welches er die Bezeichnung van Langrens wählte, läßt die immerhin noch den Kinderschuhen nicht entwachsenen Versuche seiner Vorgänger und Zeitgenossen bei weitem hinter sich. Wir glauben, demselben nicht besser als durch die von Wolf[4]) ihm gewidmeten Worte, die wir deshalb wiedergeben, gerecht werden zu können: „Das für die Zeit seines Erscheinens Epoche machende und noch jetzt höchst schätzbare Werk zeigt nicht nur in sauberen, vom Autor selbst gestochenen Kupfertafeln[5]) Abbildungen des Mondes

---

[1]) G. Govi, Della invenzione dei micrometri per gli strumenti astronomici, Bullettino per la bibliografia e storia delle scienze matematiche e fisiche **20**, 607 ff.

[2]) Vgl. J. H. Westphal, Leben, Studien und Schriften des Astronomen J. Hevelius, Königsberg i. Pr. 1826. Hier wird auch mit Recht betont, daß der Danziger Astronom die Tragweite der Libration bereits vollkommen erfaßt hatte (Hevelius, De Motu Lunae libratorio in certas tabulas redacto, Danzig 1654). Vgl. a. a. O., S. 69 ff.

[3]) Hevelius, Selenographia, seu descriptio Lunae et macularum ejus. Danzig 1647.

[4]) R. Wolf, Handbuch usw. 2. Halbband, S. 495.

[5]) Brieflich ließ er sich hierüber 1661 folgendermaßen vernehmen (v. Zachs, Monatliche Korrespondenz zur Beförderung der Erd- und Himmelskunde **8**, 36): „Die Figuren alle miteinander, welche in meiner Selenographie, Epistola und Dissertatione de nativa Saturni facie vorhanden, sind gar nicht geetzet, sondern habe sie alle mit meiner Hand

für jeden Tag seines Alters und eine daraus zusammengetragene Vollmondskarte, sondern gibt auch im Texte einläßlichen Bericht über seine Beobachtungen und die angewandten Methoden, so daß es der Folgezeit in allen Hauptrichtungen als Grundlage und

Fig. 6.

Nord.

Muster dienen konnte." Der Fortschritt kommt in unserer, diesem Werke entnommenen Fig. 6 zum Ausdrucke.

Hevelkes Kartenlegenden haben sich zum Teil bis in die Jetztzeit erhalten. Seinen ursprünglichen Plan, die Namen hervorragender Persönlichkeiten auf dem Monde zu verewigen, ließ er fallen, weil ihm der Gedanke peinlich war, Anstoß bei solchen zu

geschnitten, gehet zwar viel langsamer zu, ist auch viel mühsamer, aber man kann alles viel reinlicher zu wege bringen." Es ist merkwürdig, daß die Autoren der zeitlich ersten Mondkarten sämtlich auch als Techniker in der schwierigen Behandlung des Metalles ihren Mann gestellt haben.

erregen, die keinen Platz angewiesen erhalten hatten. So suchte er denn einen anderen Ausweg. Da er mit Plutarch (S. 28) und dem von seiner älteren Ansicht wieder abgekommenen Kepler (S. 46) in den dunklen Regionen Wasser, in den hellen Festland erblicken zu sollen glaubte, so schuf er Meeresnamen aus der Phantasie, während er für die Gebirgsnamen irdische Analogien wählte. Die ersteren haben sich sämtlich als lebenszäh erwiesen; noch heute sprechen wir von einem *Mare Serenitatis*, *Mare Imbrium* usw. Und was die anderen anlangt, so sind sie mindestens in jenen Fällen, in denen es sich weniger um Einzelberge als vielmehr um Längsgebirge handelte, ebenfalls von der Nachwelt adoptiert worden; einen *Vesuv* sucht man auf der modernen Mondkarte vergebens, nicht aber *Alpen* und *Apenninen*. Die Zeitgenossen nahmen die neue Selenographie enthusiastisch auf, was jedoch nicht verhinderte, daß die Originalplatten des kostbaren Werkes von den Erben in geradezu frivoler Weise dem Verderben geweiht wurden [1]). Manche Vergleichsmessung würde sich auf jenen weit korrekter durchführen lassen, als dies auf den Abdrücken geschehen kann.

Nicht entfernt gleich hoch steht, was die Herausarbeitung des Kartenbildes aus Einzelaufnahmen betrifft, die Mondkarte, welche der Jesuit P. Grimaldi (1618 bis 1663), auch in der Physikgeschichte unter den Vorläufern der Undulationstheorie einen geachteten Platz behauptend, für das große astronomische Handbuch [2]) seines Freundes P. G. Riccioli (1598 bis 1671) zustande brachte. Allein er konnte sich eben bereits auf gute Vorarbeiten stützen, und so entstand eine sehr brauchbare Übersichtskarte, die sich insonderheit auch deshalb ihre Stelle in der Entwickelung der Lunarastronomie sicherte, weil in ihr zuerst jene neue kartographische Nomenklatur zur Geltung kam, die sich, wohl für alle Zeiten, durchgesetzt hat. Jedes Einzelobjekt empfing den Namen eines bekannten Astronomen oder auf benachbartem Gebiete verdienten Gelehrten [3]). Spätere Selenographen haben

---

[1]) Westphal, a. a. O., S. 38.

[2]) Riccioli, Almagestum Novum, Bologna 1651.

[3]) Der einzige Mondbergname, der aus der Norm herausfällt und sich deswegen in der Gesellschaft so vieler Zelebritäten weltlichen Charakters etwas sonderbar ausnimmt, ist derjenige der heiligen *Katharina*. Es ist nicht verwunderlich, daß die gelehrte Médisance

Ricciolis Terminologie in dem Maße weiter ausgestaltet, als mit der Verfeinerung der Hilfsmittel neue Örtlichkeiten sich ergaben, die eindeutige Fixierung erheischten. So ist die Mondoberfläche mit der Zeit zu einer astronomischen Ruhmeshalle geworden.

Gegen 100 Jahre dauerte es, bis über den um 1650 erreichten Standpunkt in größerem Maße hinausgegangen werden konnte. Zwar ließen auch zwei sehr angesehene französische Forscher dem Monde ihre volle Aufmerksamkeit angedeihen, Ph. De la Hire (1640 bis 1718) und Dom. Cassini (I., 1625 bis 1712), aber man kann nicht behaupten, daß der Ertrag ihrer Mühe diese reichlich belohnt hätte. Wir folgen in der Charakteristik dieser Episode den eingehenden Mitteilungen Wolfs[1]). De la Hire, von Hause aus Maler und später erst den mathematischen Disziplinen zugewandt, bearbeitete während des Dezenniums 1676 bis 1686 eine Generalkarte des Vollmondes in Kreidemanier, indem er nach eigener Aussage mit der einen Hand das Fernrohr, mit der anderen den Stift hielt, aber dieses Original, welches noch um 1800 vorhanden gewesen sein soll, ist leider verloren gegangen, und nur ein verkleinerter Abdruck, den der Schöpfer des künstlerisch hervorragenden Werkes einem anderen von ihm herausgegebenen Buche[2]) beigab, hat genug gezeigt, um den Verlust bedauern zu lassen. Während der siebziger Jahre traf auch Cassini seine Vorbereitungen, bei denen ihn ein sonst nicht näher bekannter Zeichner Patigny und der Ingenieur-Geograph S. Leclerc (1637 bis 1714) unterstützten. Es wurden Phasenzeichnungen mit schwarzer und weißer Kreide auf blauem Untergrunde gefertigt, aus denen dann die Vollmondkarte von zwölf Fuß Durchmesser komponiert ward. Die entsprechende Kupferplatte blieb zwar nicht unbenützt, aber erst 1787 begann man Abzüge von ihr zu anderen als zu gelegentlichen Zwecken zu

---

des Zeitalters diese auffallende Ausnahme zum Gegenstande der Nachrede machte und Riccioli in den Verdacht brachte, er habe sich da weder von wissenschaftlichen, noch von frommen Beweggründen leiten lassen.

[1]) R. Wolf, a. a. O., S. 497 ff.

[2]) De la Hire, Tabulae Astronomicae, Paris 1703.

machen[1]). Die Originalzeichnungen Cassinis teilten das Geschick der De la Hireschen Karte. Und nicht besser erging es denen der geschickten Astronomin Klara Müller, geb. Eimmart[2]), zwischen 300 und 400 an der Zahl. So war denn sowohl der wissenschaftliche Arbeiter, wie auch der auf didaktische Werke[3]) angewiesene Lernende bis zur Mitte des 18. Jahrhunderts noch immer auf die für ihre Epoche gewiß mustergültigen, den fortgeschrittenen Ansprüchen jedoch nicht mehr ganz gewachsenen Mondbilder von Hevelius und Riccioli angewiesen.

Alle, die bisher gefertigt worden waren, hatten eine Eigenschaft miteinander gemein: Augenmaß und Handgeschick waren die Faktoren, die, vom Fernrohre abgesehen, bei ihrer Entstehung zusammengewirkt hatten. Daran, daß auch die Messung ein entscheidendes Wort mitzureden habe, wurde noch nicht gedacht, obwohl seit mehr denn einem Jahrhundert mikrometrische Vorrichtungen der Sternkunde nicht mehr fremd waren (S. 55). Daß man ohne solche bei der Messung jener Beträge, welche die Libration (S. 37) von der gegenüberliegenden Mondhalbkugel dem Auge erkennbar macht, nicht auskommen könne, hatte man längst anerkannt; J. Cassini [II, 1677 bis 1756][4]) und Heinsius [1709 bis 1769][5]) hatten bereits in dieser Richtung ihre Unter-

---

[1]) Die ersten Abdrücke dienten nur dazu, „kleinere und größtenteils schlechte Mondbilder für die ‚Connaissance des temps‘ und verschiedene Abhandlungen zu erstellen“. Erst durch die Mühewaltung Dufourneys wurden 1787 derartige Abzüge auch in den Handel gebracht, und C. F. Cassini (III, S. 1714 bis 1784) sorgte dafür, daß von der Karte seines Großvaters eine Reproduktion in kleinerem Maßstabe — Janinet gab der Kopie einen Durchmesser von 10 Zoll — herausgegeben werden konnte.

[2]) Über sie, ihren als Beobachter geschätzten Vater G. C. Eimmart (1638 bis 1705) und ihren Gatten, den Altdorfer Physiker J. H. Müller (1671 bis 1731), gibt Auskunft G. Doppelmayr (Historische Nachricht von den Nürnbergischen Mathematicis und Künstlern, S. 122ff., 138ff., Nürnberg 1730). Maria Klara Eimmart lebte nur von 1676 bis 1707.

[3]) Solche hatte insonderheit J. L. Rost in Nürnberg geliefert (Astronomisches Handbuch, Nürnberg 1718; Supplement dazu, ebenda 1726; Der aufrichtige Astronomus, ebenda 1727).

[4]) J. Cassini, De la libration apparente de la Lune, Mém. de l'Acad. des Sciences de Paris, 1721, S. 108ff.

[5]) G. Heinsius, De apparentia aequatoris lunaris in disco Lunae, Leipzig 1745.

suchungen angestellt. Und hauptsächlich auch das Streben, die Theorie der Libration systematisch zu begründen, war für Tob. Mayer den älteren (1723 bis 1762) maßgebend, als er daran ging, eine Mondkarte auf mikrometrische Vermessung der Mondoberfläche zu begründen. Dazu war erste Vorbedingung die Überziehung derselben mit einem demjenigen der Geographie nachgebildeten Gradnetze, und dieses wiederum war nur dadurch zu erhalten, daß man zuvor den Mondäquator seiner Lage nach scharf bestimmte. Hier setzte denn also Mayers Arbeit zuerst ein.

Der Kreis um C (Fig. 7) soll die sichtbare Mondhemisphäre darstellen; $Q_1 Q_2$ bedeutet den Mondäquator, P den nördlichen Drehungspol, und der lunare Hauptkreis $E_1 E_2$ wird als zur Ebene der Ekliptik parallel vorausgesetzt. M ist ein bestimmter Punkt der Oberfläche; bei Mayer der Krater *Manilius*. Vom Drehungspole P und vom Ekliptikpole A aus werden durch M größte Kreise gelegt, welche Äquator und Ekliptik bzw. in L und R senkrecht schneiden. Die Abstände des Punktes A von P und M sind α und h; φ ist dem $\angle MAP$ gleich; wenn endlich auch auf dem Monde der eine Schnittpunkt ♈ von Äquator und Ekliptik zum Anfangspunkte für die Zählung der X-Koordinaten dient, so ist $arc\ ♈ R = g$ der astronomischen Länge von M gleichzusetzen, und zwar ist, unter T den Schnittpunkt beider Hauptkreise verstanden, $arc\ ♈ R = arc\ ♈ T + arc\ TR \equiv 90^0 - g - k - \vartheta$, wo ϑ nach J. Cassini nur sehr klein sein kann. So hat man weiter ($MR \equiv \beta$):

Fig. 7.

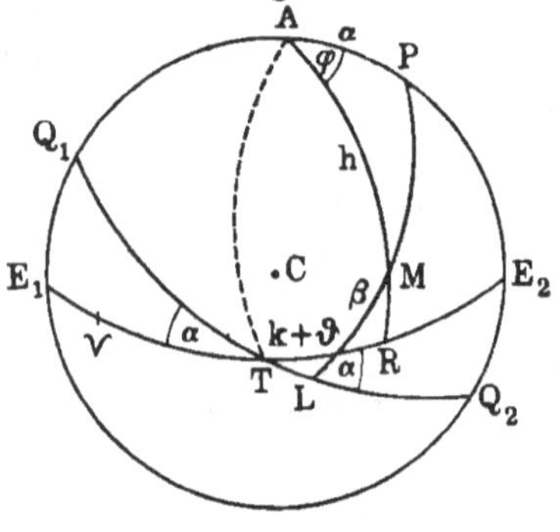

$$\cos MP = \cos AM \cos AP + \sin AM \sin AP \cos \varphi,$$
$$\sin \beta = \cos \alpha \cos h + \sin \alpha \sin h \sin (g - k - \vartheta).$$

Die Distanz h nimmt, wie sich durch Differentiation nach h und g ergibt, dann ihren größten oder kleinsten Wert an, wenn $g - k - \vartheta = 90^0$ wird. Es wird dann also $\sin \beta = \cos (\alpha \mp h)$,

$90^0 - \beta = \alpha \mp h$ und $h = 90^0 - \beta + n$, wo n zwischen $\mp \alpha$ variiert. Die drei Koordinatenwerte g, h, k verschaffte sich Mayer teils durch die — von ihm selbst ja sehr erheblich verbesserten — Mondtafeln, teils durch eine originelle Kombination von Beobachtung und Rechnung; theoretisch wären drei zu verschiedenen Zeiten erhaltene Daten ausreichend, um α, β, ϑ, und damit die Lage des Äquators zu berechnen, aber der Nürnberger Astronom[1]), der ja aus diesem Grunde auch für die Geschichte der Wahrscheinlichkeitsrechnung bedeutsam geworden ist, verschaffte sich durch fortgesetzte Beobachtung ein System überbestimmter Bedingungsgleichungen von der Form

$$\beta = A + B\alpha - C\alpha \sin\vartheta,$$

wo A, B, C numerisch bekannte Größen waren, und gewann aus diesen die wahrscheinlichsten Werte für die drei gesuchten Werte α, β, ϑ. Aus 27 Gleichungen berechnete er in dieser fundamentalen Abhandlung[2]) $\alpha = 1^0\,30'$, $\beta = 14^0\,33'$, $\vartheta = -3^0\,45'$. Damit war der Äquator und der Abstand des *Manilius* von ihm bekannt[3]), und indem für einen beliebigen anderen Punkt die

---

[1]) Seine Mondstudien fallen in Mayers Nürnberger Periode, während deren er für den berühmten Kartenverlag, den J. B. Homann begründet hatte, tätig war. Nach Göttingen siedelte er erst 1751 über.

[2]) Tob. Mayer, Abhandlung über die Umwälzung des Mondes um seine Achse und die scheinbare Bewegung der Mondflecke, Kosmographische Nachrichten und Sammlungen auf das Jahr 1748, Nürnberg 1750.

[3]) In Mayers Fußtapfen trat zunächst Lalande ein (Observation des tâches et de la libration de la Lune, pour prouver le mouvement des noeuds de l'équateur lunaire, Mém. de l'Acad. de Paris, 1764, S. 555 ff.); daneben kommt J. Lagrange (Théorie de la libration de la Lune et des autres phénomènes qui dépendent de la figure non sphérique de cette planète, Mém. de l'Acad. des Sciences de Berlin, 1780, S. 203 ff.) wegen eines ganz anderen Gedankenganges, der uns auch noch beschäftigen wird, in Betracht. Bis zu einem gewissen Grade war seine Methode vorbildlich für die überaus zahlreichen Bearbeiter des Librationsproblemes, von denen R. Wolf (a. a. O., S. 509), Nicollet, Poisson, Kramp, Bessel, Wichmann, Beck, Giesen, Hartwig und J. Franz namhaft macht. Unter diesen sei besonders des letztgenannten große Monographie (Die Konstanten der physischen Libration des Mondes, abgeleitet aus Schlüters Königsberger Heliometerbeobachtungen, Königsberg i. Pr. 1889) namhaft gemacht, weil wohl nirgends den hier in Frage kommenden Fehlerquellen so genau nachgegangen wird. Die erwähnten Heliometermessungen des Kraters

entsprechende Rechnung ausgeführt ward, ließ sich ein System von Normalörtern ermitteln, welches es gestattete, eine willkürlich große Anzahl anderer Positionen einzutragen und so eine Mondkarte herzustellen, welche dem Prinzipe nach den Vergleich mit jedem Erdplanisphär aushalten konnte.

Mayers ursprüngliche Absicht war, wie wir sehen, nicht die gewesen, welche für Hevelius, Riccioli usw. im Vordergrunde stand; ihm kam es vor allem auf eine exakte Festlegung der Umdrehungsachse und damit auch der Umdrehungsdauer des Mondes an, und die Karte selber war nur sozusagen ein Nebenprodukt seiner auf ein höheres Ziel gerichteten Arbeit. Auf einen zweiten Plan, den er damit verband, werden wir am Schlusse dieses Abschnittes zu sprechen kommen. Die Vollmondkarte herauszugeben, verhinderte ihn sein frühzeitiger Tod, und erst viel später gelangte sie, Dank dem um die literarische Hinterlassenschaft Mayers hochverdienten Göttinger Physiker Lichtenberg, an die Öffentlichkeit [1]). Dieser Abdruck hatte sich indessen eine ziemlich starke Reduktion gefallen lassen müssen. Sehr viel später ist man dann erst des Originales teilhaftig geworden [2]). So sehr aber auch bedauert werden mußte, daß Mayers umfassende Arbeit nicht so, wie es hatte gehofft werden müssen, der Wissen-

---

Mösting sind im 28. Bande der Beobachtungen der Königsberger Sternwarte (S. 19 ff.) enthalten. Für unseren Endzweck kommt diese Kategorie von Untersuchungen, die mit zu den schwierigsten im Bereiche der messenden Astronomie gehören, nur insoweit in Frage, als sie auch mit der Mondtopographie und damit also auch mittelbar mit den Beziehungen zwischen Mond- und Erdkunde zu tun haben. Auch die Wahl eines lunaren Mondmeridians, bezüglich dessen sich die Fachmänner (R. Wolf, a. a. O., S. 510) nachgerade geeinigt haben, berührt uns hier nur indirekt, weil dieselbe nicht durch Eigenschaften der Mondoberfläche, sondern einzig durch allgemeinere astronomische Erwägungen bestimmt gewesen ist.

[1]) Tob. Mayeri Opera inedita, ed. Lichtenberg, 1, Göttingen 1775.

[2]) Nachdem R. Wolf (a. a. O., S. 498) auf Lichtenberg hingewiesen hat, fährt er fort, es sei der Nachlaß ganz in Vergessenheit geraten gewesen, „bis 1881 Klinkerfues aus Pietät für seinen großen Vorgänger unter dem Titel ‚Tob. Mayers größere Mondkarte nebst Detailzeichnungen‘ photolithographische Nachbildungen von der Mondkarte (45 cm) und von 40 Spezialkarten verschiedener Größe herausgab und damit zeigte, was Mayer, dessen fragmentarische Mitteilungen schon höchst beachtenswert gewesen waren, eigentlich leisten wollte“.

schaft nützlich werden konnte, so war doch der aufwärts führende Weg gewiesen und für die Freunde der Selenographie ein Vorbild von hoher Vollkommenheit hingestellt.

Das 18. Jahrhundert hat freilich diese Bahnen noch nicht erfolgreich betreten, sondern sich im großen und ganzen an die Empirie gehalten, die vor Mayers Auftreten herrschend gewesen war. Auf einige Selenographen zweiten Ranges, welche durch ihre Beobachtungen immerhin manch nützlichen Beitrag lieferten, kommen wir in einer Randnote[1]) zu sprechen. Einen höheren Standpunkt nahm ohne Zweifel J. H. Schröter ein, der den größten Teil seines Lebens (1745 bis 1816) auf der von ihm in Lilienthal bei Bremen erbauten Sternwarte mit selbstgefertigten Spiegelteleskopen von bedeutenden Dimensionen die Mitglieder unseres Planetensystemes beobachtete und von dem, was er sah, in einer ganzen Literatur Rechenschaft ablegte. Zwei stattliche Bände gehören allein dem Monde[2]). Von einem späteren engeren Fachgenossen[3]) ist gegen den fleißigen Mann der Vorwurf erhoben worden, er habe eigentlich nicht viel geleistet, weil er stets nur darauf ausgegangen sei, Veränderungen auf der Mondoberfläche zu entdecken, und die unerläßliche Voraussetzung für solches Tun, eine ganz zuverlässige Mondkarte, habe er für minder wichtig gehalten. Gewiß kommt diesem Tadel einige Berechtigung zu, aber Mädler hat sich viel zu wenig in Schröters Denkart

[1]) J. W. Pastorff (1767 bis 1838) hat in Bodes „Astronom. Jahrbuch" (1827) einige Beobachtungen niedergelegt. Erwähnenswert ist auch noch, aus etwas früherer Zeit, G. B. Carbone, von dem nur äußerst wenig bekannt ist (Mädler, Gesch. d. Himmelskd. 1, 410). „Carbone ist der erste", heißt es dort, „der Hevels Vorschlag, die Mondflecken bei Mondfinsternissen zu beobachten, in Ausführung bringt. Bei der Finsternis vom 1. November 1724 beobachtete er diese nach Ricciolis Karte und bestimmte aus ihnen den Längenunterschied zwischen Lissabon" — wo er vor seiner Reise nach China lebte — „und Paris". Als für jene Zeit sehr beachtenswerte Beiträge zur Mondkunde sind zwei Arbeiten des vielseitigen J. H. Lambert hervorzuheben (Erklärung und Gebrauch der Mondkarte, Bodes Astronom. Jahrb. f. 1776, S. 134 ff.; Über den Gebrauch der Mondkarte bei Sternbedeckungen, ebenda f. 1777, S. 63 ff.).

[2]) Schröter, Selenotopographische Fragmente, 1. Teil, Lilienthal-Helmstedt 1791; 2. Teil, Göttingen 1802. Als Instrument diente zuerst ein Herschelscher, dann ein Newtonscher Reflektor.

[3]) Mädler-Klinkerfues, a. a. O., S. 194.

und Tendenzen hinein versetzt, und des letzteren landschaftliche Detailzeichnungen sind doch, wie Wolf[1]) betont, sehr wohl geeignet, „dem Mondspezialisten manchen wertvollen Anhaltspunkt zu liefern". Weiter unten wird sich an einem konkreten Beispiele zeigen lassen, daß die Hingebung, mit welcher die lunaren Oberflächenformen durch lange Jahre studiert wurden, nicht ohne Frucht geblieben ist.

Während die Mehrzahl der Mondkundigen ihr Augenmerk auf die Konstruktion von Karten richtete, machten sich auch frühzeitig Bestrebungen geltend, diesen Mondgloben zur Seite zu stellen. Schon De la Hire scheint an einem solchen gearbeitet zu haben[2]), und Tob. Mayers Skizzen waren auf Streifen gezeichnet, welche später, in der Form sphärischer Zweiecke, über eine massive Kugel gespannt werden sollten[3]), indem man die beiden Spitzen jeden Zweiecks an den Polen befestigte. Die Segmente scheinen hierauf in die Hände zweier Göttinger Kollegen und Freunde Mayers übergegangen zu sein; zuerst in die des Mathematikers A. G. Kaestner und hierauf in die des Physikers Lichtenberg, der sie, wie man aus einer seiner Äußerungen schließen muß, farbig weiter ausführte und zweifellos eine Veröffentlichung bezweckte, mit der es aber dann bedauerlicherweise nichts wurde. Und auch über einer zweiten künstlichen Mondkugel des 18. Jahrhunderts waltete ein Unstern. Ein sonst nicht näher bekannter Engländer Russel forderte in den neunziger Jahren zur Subskription auf einen Mondglobus auf[4]), dessen Streifen, alle merkwürdigen Mondgebilde zur Anschauung bringend, bereits fertiggestellt seien. Was aus demselben geworden, weiß man nicht, aber daß er nicht im bloßen Vorbereitungstadium geblieben, sondern zugleich mit erläuternder Beschreibung[5]) ins Publikum gekommen ist, wird durch zwei

---

[1]) R. Wolf, a. a. O., S. 499; Geschichte der Astronomie, S. 237.

[2]) Ebenda, S. 498.

[3]) Vgl. darüber: Fiorini-Günther, Erd- und Himmelsgloben, ihre Geschichte und Konstruktion, S. 127 ff., Leipzig 1895.

[4]) J. Russel, Proposals for Publishing by Subscription a Globe of the Moon, Archiv für die reine und angewandte Mathematik 2, 112 ff.

[5]) Derselbe, A Description of the Selenographia, an Apparatus for exhibiting the Phenomena of the Moon, London 1797.

Zeugnisse, durch Lalande[1]) und durch eine andere Notiz[2]), wohl außer Zweifel gestellt. Es ist sehr zu beklagen, daß von den Mondkugeln De la Hires, Mayers und Russels keine greifbare Probe auf die Nachwelt sich vererbte, so daß das 19. Jahrhundert hier wieder ganz von vorne anfangen mußte.

Eine kurze Übersicht über das Maß positiven Wissens, über welches man um 1800 auf dem Gebiete der lunaren Orographie verfügte, wird bei diesem Abschluß einer Periode am Platze sein. Die unruhige Oberfläche der sichtbaren Hälfte war in ihren Grundzügen bekannt; Ebenen, Einzelberge, Gebirgsketten hatte man unterscheiden gelernt. Daneben war aber auch schon van Langren und Hevelke auf jene Radialleisten aufmerksam geworden, welche bei günstiger Beleuchtung als von einem höheren Berge allseitig auslaufend wahrgenommen werden, und für welche nachmals die Bezeichnung der Strahlensysteme üblich geworden ist. Aber auch die ersten Rillen waren schon durch Schröter verdienstlicherweise (S. 64) dem orographischen Besitzstande einverleibt worden; jene geheimnisvollen, zunächst noch als ganz geradlinig vorausgesetzten Linien, die noch der Mondphysik von heute zu erklären nicht völlig gelungen ist. Die rein äußerliche Ähnlichkeit vieler Mondberge, vor allem der von Wällen eingeschlossenen Kegelberge mit den Stratovulkanen der Erde, hatte sich zu gebieterisch aufgedrängt, um verkannt werden zu können, wie ja auch der Danziger Astronom (S. 57) den *Vesuv* auf den Mond versetzt hatte. Auch machten sich hier und da Stimmen vernehmbar, es kämen auf unserem Satelliten sogar aktiv-vulkanische Erscheinungen vor. Doch halten wir es für zweckmäßig, die einschlägigen Mitteilungen erst bei späterer Gelegenheit (12. Abschnitt) zu besprechen; dann nämlich, wenn die Frage der Mondveränderungen zur systematischen Erörterung zu stellen ist.

Auch sonst waren im Verlaufe der zwei Jahrhunderte, mit denen sich dieser Abschnitt beschäftigt, Untersuchungen aller Art über physikalische, den Mond betreffende Fragen angestellt worden. Das Leuchten des Mondes faßte man ja im allgemeinen

---

[1]) Lalande, Bibl. Astron., S. 858.

[2]) Vgl. Berliner Astronomisches Jahrbuch für 1811, Berlin 1808, S. 266. Aus dem Nachlasse des bekannten Grafen Hahn (1741 bis 1805) wird von den Erben eine „Mondkugel von Russel in London" Liebhabern zum Kauf angeboten.

(vgl. S. 27) zutreffend als die Wiedergabe des von der Sonne erborgten Lichtes auf, aber es schien doch daneben nicht unmöglich, daß auch noch ein gewisses Eigenlicht die Reflexion subsidiär beeinflussen könnte, und so verglich auch bereits der erste Schriftsteller über die neu hervortretende Lehre von der Phosphoreszenz den Mond mit jenem Körper, der damals als der am stärksten selbstleuchtende betrachtet wurde, mit dem Bologneser Leuchtsteine[1]). Mit den von der Katoptrik gebotenen Hilfsmitteln untersuchten Aquilonius[2]), Hevelius[3]) und Kästner[4]) den Reflexionsvorgang selbst, der uns im 10. Abschnitt unter modernem Gesichtspunkte wieder begegnen wird, und eine kleine Anzahl von Forschern suchte sich auch über eine etwaige Wärmewirkung des Mondlichtes (vgl. S. 50) Klarheit zu verschaffen. Erfolg konnten die angestellten Versuche natürlich noch nicht haben[5]). De la Hire und Graf Ehrenfried v. Tschirnhaus (1651 bis 1708) vereinigten die Mondstrahlen in den Brennpunkten großer Hohlspiegel, ohne daß ein dort aufgestelltes Thermometer eine Änderung seines Standes erfuhr, und daran änderte sich selbst dann nichts, als der zweitgenannte eine Brennlinse zur Anwendung brachte, mit welcher er bereits stattliche Wirkungen, wie die Verflüchtigung kleiner Diamanten, zuwege gebracht hatte.

---

[1]) Liceti, Lithophosphorus seu de lapide Bononiensi, Udine 1640.

[2]) Aquilonius (Aiguillon), Libri sex Opticorum, Antwerpen 1613, S. 417 ff.

[3]) Hevelius, Selenographia, S. 130.

[4]) A. G. Kästner, De objecti in speculo sphaerico visi magnitudine apparente, Novi Commentarii Gottingenses 8, 114 ff. Auch später noch greift er eben dieses Problem wieder auf (Anfangsgründe der angewandten Mathematik, 2. Teil, S. 129 ff., Göttingen 1781). Hier zeigt er auch, daß und wie man die wahre Gestalt der Lichtgrenze auf der Mondhalbkugel bestimmen könne; daß dies eine Ellipse sei, hätten Chiaramonti (De phasibus Lunae, Opuscula varia mathematica, Rom 1653) und J. Cassini de Thury (II, Recherche du diamètre de la Lune, Mém. de l'Acad. de Paris, 1739, S. 711 ff.) nachgewiesen. Wie die neuere Wissenschaft mit an sich zwar elementaren, aber doch einen stattlichen Rechnungsapparat erfordernden Mitteln die Beleuchtungsaufgaben zu lösen weiß, zeigt eine Abhandlung von Weinek (Strenge und genäherte Ermittelung der Mondphase, Sitzungsberichte d. Akad. zu Wien, math.-naturw. Kl., II a, 99.

[5]) A. Wolf, a. a. O., S. 514; Gesch. d. Astron., S. 514.

Die Streitfrage, was es mit Wasser und Luft auf dem Monde für eine Bewandnis habe, kam in dem uns hier angehenden Zeitraume nicht zur Ruhe. Einer der ersten, die sich auf Grund tieferen Nachdenkens hierüber vernehmen ließen, war der treffliche Christian Huygens (1629 bis 1695), der in der Hauptsache denselben Standpunkt einnahm [1]), auf dem wir auch in der Gegenwart noch stehen. Daß der Mond Berge und Täler habe, könne man schon mit schwachen Fernrohren konstatieren, aber von Meeren vermöge er wenigstens nichts zu erkennen [2]). Ebensowenig seien allem Vermuten nach Flüsse und Wolken (S. 45) vorhanden. Und damit sei auch klar ausgesprochen, daß der Mond von keiner Lufthülle umgeben sei, wenigstens von keiner solchen, wie sie unserer Erde eignet. Der Hauptgrund, den Huygens ins Gefecht führt, ist der nämliche, der auch in unserer Zeit noch durchschlagende Kraft besitzt; der Mondrand sei so rein und bestimmt, so gar nicht verwaschen gegen den Sternenhimmel abgegrenzt, daß auch nicht an eine schwache Strahlenbrechung gedacht werden könne; wahrscheinlich hatte er auch bemerkt, daß bei Sternbedeckungen der Lichtpunkt momentan hinter dem dunklen Scheibenteile verschwindet, ohne zuvor an Helligkeit irgend zu verlieren. Was über den Anblick, den die Erde für einen Mondbewohner gewähren muß, geäußert wird [3]), erinnert ganz an Keplers „Traum“ (S. 43), den aber der niederländische Gelehrte schwerlich gekannt hat.

Andere Schriftsteller aus der Zeit der Jahrhundertwende waren minder kritisch gesinnt, so z. B. der Philosoph und Mathematiker v. Wolf, dessen Schriften sich einer ganz ungewöhnlichen Verbreitung erfreuten, und der in seinem Streben, keinerlei Verschiedenheit zwischen Erde und Mond gelten zu lassen, einem sicherlich durch teleologische, ebenso wie durch sachliche Leitmotive gleichmäßig bedingtem Streben, Wasser und Luft dem Nachbarkörper nicht absprechen durfte [4]). Wissenschaftlich genauer

[1]) C. Huygens, *ΚΟΣΜΟΘΕΩΡΟΣ*, sive de Terris Coelestibus, earumque ornatu, Haag 1699 (s. S. 4).

[2]) Ebenda, S. 113 ff. Die Oberfläche der angeblichen Meere weise viele Ungleichförmigkeiten auf.

[3]) Ebenda, S. 119. „Sed illud mirabile, quod nocte dieque eodem coeli loco perpetuo velut immobilem Terram haerere vident.“

[4]) C. v. Wolf, Der Anfangsgründe aller mathematischen Wissenschaften, 3. Teil, S. 305 ff., Halle a. S. 1717. „Der Mond ist ein dichter

nahm es mit der Sache J. H. Müller (S. 59), der in einem selbständigen Schriftchen[1]) alle Gründe für und wider einer recht sorgfältigen Prüfung unterzieht und zu dem Schlusse durchdringt: „Atmosphaera circa Lunam prorsus negari non potest." Das war damals wohl das Beste, was sich sagen ließ.

Gänzlich in Abrede wurde die Existenz einer Mondatmosphäre von Tob. Mayer gestellt, der im Anschlusse an seine uns bekannte Abhandlung über die Rotationsachse der Mondkugel auch einen hierher gehörigen Aufsatz publizierte[2]). Ihm pflichtete Kästner[3]) bei; vorher waren auch schon De Fouchy[4]) und Mylius[5]) als Gegner der Wolfschen Ansicht aufgetreten. De la Hire und Delisle hielten, ohne sich damit direkt zugunsten der Mondatmosphäre zu entscheiden, eine gewisse Beugung der Lichtstrahlen beim Vorübergange an der Mondkugel für möglich[6]), aber Du Séjour hielt dem mit Recht entgegen[7]), daß, wenn wirklich eine Diffraktion wahrzunehmen sei, damit auch der Durchgang jener Strahlen durch einen luftförmigen Körper bewiesen werde. Anhänger der mehr positiven Anschauung waren

---

und dunkler Cörper, der viele Berge, Thäler und Meere hat ... Umb den Mond herumb ist eine Elastische und schwere Lufft, darinnen die Dünste aufsteigen und durch Regen oder Thau wieder herunterfallen ... Der Mond ist eben ein solcher Cörper, wie unsere Erde" — was zu beweisen war.

[1]) J. H. Müller, Quaestio curiosa physico-mathematica, an Luna cingatur atmosphaera, Altdorf 1710.

[2]) Tob. Mayer, Beweis, daß der Mond keinen Luftkreis hat, Kosmogr. Nachr. f. 1748, Nürnberg 1750.

[3]) Kästner, a. a. O., S. 139 ff. „Soviel scheint wenigstens gewiß, daß in Absicht auf die Luft und das Wasser der Mond unserer Erde nicht so ähnlich ist, wie ihn der Freyherr v. Wolf, Wilkins u. a. vorgestellt haben." Des letztgenannten Autors, eines besonders überzeugten Pluralitätstheoretikers, war schon oben (S. 4) Erwähnung zu tun gewesen.

[4]) Grandjean de Fouchy, Sur l'atmosphère de la Lune, Mém. de l'Acad. de Paris, 1734, S. 212 ff.

[5]) Mylius, Gedanken über die Atmosphäre des Mondes, Hamburg 1746.

[6]) De la Hire-Delisle, Sur l'atmosphère de la Lune, Mém. de l'Acad. de Paris, 1715, S. 195 ff. Vgl. Kästner, a. a. O., S. 139 ff.

[7]) D. Du Séjour, Observations astronomiques, Mém. de l'Acad. de Paris, 1775, S. 268 ff.

Bianchini[1]), Boscovich[2]) und Leonhard Euler[3]) (1707 bis 1783), dieser übrigens in so bedingter Form, daß man selbst viel später noch die Folgerung, welche er aus gewissen ihm zugänglichen Sonnenfinsternisbeobachtungen zog, nicht für unrichtig erklären durfte. Die Dichte der Mondluft sei nämlich etwa $^1/_{200}$ der Dichte der Erdluft. Auf Lichtbrechung in dieser Atmosphäre war man auch ein Phänomen zurückzuführen geneigt, von welchem der Spanier Ulloa, einer der Teilnehmer an der berühmten peruanischen Gradmessung (1735 bis 1740), in einer eigenen Schrift[4]) Bericht erstattete; er glaubte, das Sonnenlicht durch den Mondkörper hindurch bei einer Finsternis gesehen zu haben. Dieses „Loch im Monde" hat jedoch, wovon später (12. Abschnitt), auch eine andere Deutung erfahren.

Fassen wir zusammen, so können wir die Auffassung, welche sich im Laufe des 18. Jahrhunderts bei den kompetenten Beurteilern herausgebildet hatte, etwa in der Weise kennzeichnen: Die physische Übereinstimmung des Mondes und der Erde ist eine sehr große, in bezug auf die Gestaltung der Landoberfläche sogar eine fast absolute. Daß dagegen eine irgendwie dichtere Lufthülle unserem Begleiter abgehe, war mehr und mehr allgemeine Überzeugung geworden, und daß, wenn von Luft höchstens minimale Spuren nachweisbar seien, es sich mit dem Wasser nicht anders verhalten könne, leuchtete von selbst ein. Selbstverständlich war mit der Erkenntnis, daß dem Monde der Gegenwart tropfbare und elastische Flüssigkeiten gänzlich oder nahezu gänzlich abgesprochen werden mußten, noch nicht festgestellt, daß beide diesem Weltkörper immer gemangelt hätten. Nach dieser Seite hin blieb somit der Konjekturalastronomie noch ein weiter Spielraum eröffnet.

---

[1]) Bianchini, a. a. O., S. 5; vgl. S. 19.

[2]) R. Boscovich, De Lunae atmosphaera, Wien 1753.

[3]) L. Euler, Sur l'atmosphère de la Lune prouvée par la dernière eclipse annulaire du Soleil, Mém. de l'Acad. de Berlin, 1748, S. 103 ff.

[4]) Don Antonio Ulloa, El eclipse de Sol con el anillo refractario de sus rayos; la luz de este astro visto del través del cuerpo de la Luna, ó antorcha solar en su disco, Madrid 1779.

Sechster Abschnitt.

Die lunare Pluralitätshypothese.

Der erste Abschnitt dieser Schrift hat den Begriff der Pluralitätshypothese näher umschrieben und deren literarische Geschicke insoweit zu schildern versucht, als es sich um die Frage der Bewohnbarkeit der Himmelskörper im allgemeinen und um die einzelner unter ihnen, nur den Mond ausgenommen, handeln durfte. Jene Ausnahme ward mit Vorsatz gemacht, um dann, wenn erst die Selenographie selbst in ihren Anfangsstadien erledigt wäre, auf die von ihren Fortschritten bis zu einem gewissen Grade abhängigen Versuche, die Phantasie mit jenen wissenschaftlichen Errungenschaften zu vergesellschaften, wieder zurückzukommen. So soll sich denn dieser Abschnitt als eine Art Nachtrag zu den bisherigen Ausführungen in ihrer Gesamtheit darstellen. Doch werden wir uns gestatten, der Vollständigkeit halber auch gleich noch in das 19. Jahrhundert hinüberzugreifen, welches ja doch hier ganz an die Vergangenheit anknüpft und, soweit überhaupt von originellen Gedanken zu berichten. ist, nur in Einzelheiten die modernen Anschauungen sich geltend machen läßt. Auch davon kann kaum die Rede sein, daß etwa die zum Teil tief einschneidenden Bereicherungen unseres selenographischen Wissens, welche, wie wir bald sehen werden, die neueste Zeit uns gebracht hat, von namhaftem Einflusse auf das Grenzgebiet gewesen wären, auf dem sich wissenschaftliche und poetische Gestaltung in oft überraschenden, ja krausen Formen durchdringen.

Plutarch (dritter Abschnitt) und Kepler (vierter Abschnitt) sind uns als diejenigen Autoren bekannt, die die Erdähnlichkeit des Mondes so bestimmt auffaßten, um über die Möglichkeit, derselbe könne die Wohnstätte denkender Wesen sein, in allem Ernste zu philosophieren. Wenn der „Traum“ den Seleniten sehr lange Beine und die Gabe zuschreibt, sehr lange und sehr tief tauchen zu können [1]), so fehlte ihm für diese kurios klingenden Meinungen nicht ein Scheingrund, und auch die Bezeichnung der Mondgeschöpfe als „umgekehrte Fliegen“, die bei Tage absterben, um

[1]) L. Günther, a. a. O., S. 20.

bei Nacht wieder Leben zu gewinnen[1]), wußte er in seiner Art zu rechtfertigen. Streifen wir Keplers Spekulationen über die Mondgeschöpfe das phantastische Gewand ab, so bleibt ein ganz verständiges Ergebnis übrig: Gibt es Organismen auf dem Monde, so sind dieselben jedenfalls ganz anders als wir Menschen beschaffen. In dieser Form erinnert dann die Pluralitätslehre des großen deutschen Astronomen ganz an das, was ein anderer Geistesgewaltiger viel später gesagt hat. Ganz kurz vor seinem Tode, am 21. Mai 1854, schreibt K. F. Gauß (1777 bis 1854) an seinen Freund Humboldt[2]): „Jeder, der die Tatsachen kennt, wird Mondbewohner, falls es solche gibt, für ganz anders gebaut halten müssen, als die Erdbewohner, aber es wäre voreilig, deshalb dem Monde mir nichts dir nichts alle Einwohner abzusprechen; die Natur hat mehr Mittel, als der arme Mensch ahnen kann.“ Ein „Schlaraffenland“ im Sinne Lucians (S. 35) wird er aber schwerlich sein.

Mit Unrecht fällt Humboldt über Huygens' „Kosmotheoros“ ein nicht eben günstiges Urteil[3]), indem er dem Werke, von dem es übrigens auch eine deutsche Bearbeitung gibt[4]), nachsagt, es enthalte „im Grunde doch nur Träume und Ahnungen eines großen Mannes“ über die Pflanzen-, Tier- und Menschenwelt der verschiedenen Gestirne. Wir betonten schon früher (S. 4), daß der „Weltbeschauer“ in der hierher gehörigen Literaturgattung einen hohen Rang einnimmt, und wie außerordentlich zutreffend er die Natur des Mondes schildert, davon konnten wir uns erst vor kurzem (S. 67) überzeugen. Ausdrücklich hebt er (a. a. O.) hervor, dieser luft- und wasserlose Weltkörper könne nicht, wie das z. B. Xenophanes gewollt habe, Tiere und Pflanzen beherbergen — wenigstens nicht annähernd solche, wie sie auf der

---

[1]) In den Noten zum „Somnium“ führt Kepler (L. Günther, a. a. O., S. 142) ein Volk „aus einer nördlichen Provinz Skythiens“ an, welches die lange Winternacht tot (d. h. wohl im Schlafe), den Sommer dagegen bei voller Gesundheit zubringe.

[2]) Briefe zwischen A. v. Humboldt und Gauß, herausgegeben von Bruhns, S. 73, Leipzig 1877. Der große Mathematiker stand, als er dies schrieb, unmittelbar vor seinem Tode, es war sein letzter Brief.

[3]) A. v. Humboldt, Kosmos **3**, 21.

[4]) Weltbeschauer, oder vernünftige Mutmaßungen über die himmlischen Erden und deren Beschaffenheit, Leipzig 1767.

Erde vorkommen [1]). Von den um Juppiter und Saturn kreisenden Nebenplaneten dürfte wohl, meint er, dasselbe wie vom Erdmonde gelten. Gegenüber diesen so durchaus rationellen Bemerkungen, welche Humboldt anscheinend entgingen, kann es doch nicht als ein Übelstand ins Gewicht fallen, wenn Huygens [2]), mit Berufung auf Cusa, Bruno (S. 3), Tycho Brahe und Kepler, die sämtlich den Planeten — und teilweise sogar der Sonne und den Fixsternen — Bewohner zugeschrieben hätten, die Möglichkeit bejaht, es könne sich so verhalten, und mit dieser einige in ihrer Art konsequente Schlußfolgerungen verbindet.

Von dem Engländer Wilkins hatten wir schon früher (S. 4) zu sprechen. Pluralist strengster Observanz, trat er mit Entschiedenheit für das Vorhandensein lebender Wesen auf dem Monde ein, der ja in jeder Hinsicht nur als eine kleine Erde angesehen werden müsse [3]). Dasselbe Thema behandelte ein anderer englischer Bischof, Goodwin, in mehr humoristischer Prägung [4]). Sein Held, Herr Dominic Gonsalez, hat sich Gänse abgerichtet, die ihn im Laufe von zwölf Tagen von der Erde zu ihrem Begleiter hintragen. In etwas abgeänderter Einkleidung hat dieser Gedanke einer Mondreise vor allem auch bei den Franzosen Anklang gefunden, wie aus einer Reihe literarischer Erzeugnisse hervorgeht, denen allen ja gerade kein höherer Wert innewohnt, die aber als Zeugnisse des herrschenden Geschmackes der kultur- und wissenschaftgeschichtlichen Bedeutung nicht ermangeln. Zwei Tendenzen vereinigen sich; man will unter dem Deckmantel der Belehrung satyrische Streiflichter auf die Zeitverhältnisse fallen lassen, und so bewegt sich das 17. Jahrhundert ungefähr in demselben Gleise, welches auch das 18. Jahrhundert noch beibehielt, indem nur gelegentlich, wie Montesquieus „Lettres Persannes" bekunden, das astronomische Milieu durch ein geographisches ersetzt wird. Aus den späteren Jahrzehnten ist sogar ein Bühnenstück von Gherardi [5]) vorhanden, welches

---

[1]) Huygens weist (a. a. O., S. 117 ff.) auch auf seinen griechischen Vorläufer hin: „Quod idem Plutarcho in mentem venisse video in eo, qui de Facie in orbe Lunae est, dialogo". Der vorurteilsfreien Stellungnahme des Griechen wurde oben (S. 29) gedacht.

[2]) Huygens, a. a. O., S. 4 ff.

[3]) Zoeckler, a. a. O., 2. Abteilung, S. 55.

[4]) Goodwin, The Man in the Moon (posthum), London 1638.

[5]) E. Gherardi, Arlequin l'Empereur daus la Lune, Paris 1684.

allerdings ganz handgreiflich die politischen Größen Frankreichs zur Zielscheibe nimmt. Mehr wissenschaftlichen Anstrich haben die Erzählungen[1]) des Jesuiten P. Daniel, eines Gegners der gegen 1700 zu höchstem Einflusse aufgestiegenen Philosophie des Cartesius.

In eine etwas frühere Zeit fällt die „Mondreise" eines der originellsten Schriftsteller jener an Gegensätzen so reichen Periode, des mit Degen und Feder gleich vertrauten Savinien Cyrano de Bergerac[2]) (1619 bis 1655). Sein Büchlein[3]) läßt ersehen, daß dieser merkwürdige Mensch, der sich seine gelehrte Bildung im Umgange mit dem trefflichen Peter Gassendi (S. 54) erworben hatte, auch von den hierarchisch-kommunistischen Ideen Campanellas[4]) (S. 42) einigermaßen beeinflußt war. Was der Weltenfahrer auf dem Monde sieht, zeugt nicht von besonderer, die Gedankengänge der anderen Pluralisten überragender Einbildungskraft; die wichtigste Erfahrung, die er mit heimbringt, ist wohl die, daß die Seleniten eigentlich in ihrer jetzigen Wohnstätte keine Aborigener, sondern teils von der Sonne, teils von der Erde her dort eingewandert sind. In unseren Tagen ist das Gedächtnis dieses astronomischen Romanes unter einem anderen Zeichen, nämlich unter dem aeronautischen[5]), erneuert worden, denn

---

[1]) Daniel, Voiage du Monde de Descartes, Paris 1691; Suite du Voiage du Monde de Descartes, Amsterdam 1696.

[2]) Vgl. über ihn: La Grande Encyclopédie **13**, 711, Paris s. a.

[3]) Cyrano de Bergerac, Histoire comique ou Voiage dans la Lune, s. l. e. a. Lebret hat dazu eine Einleitung verfaßt. Später erschien eine etwas veränderte Neuausgabe: Histoire comique des états et empires de la Lune, Paris 1649.

[4]) Die von Rätseln nichts weniger denn freie Gestalt des Philosophen hat Amabile (Fra Tommaso Campanella e la sua congiura, i suoi processi e la sua pazzia, Neapel 1883) allseitig gezeichnet. Jener huldigte, so oft er sich auch im Gegensatze zu kirchlichen Institutionen befand, gleichwohl in seinem schon (S. 42) zitierten Hauptwerke (Civitas Solis, Utrecht 1643), wesentlich dem Staatsideale einer päpstlichen, allerdings demokratisch gemilderten Universalherrschaft.

[5]) Unter diesem Gesichtspunkte wird auf ihn neuerdings mehrfach hingewiesen (Führer durch die historische Abteilung der Internationalen Luftschiffahrt-Ausstellung, S. 6, Frankfurt a. M. 1909). In dieser ganz musterhaft vollständigen, von Wahl und Liebmann zusammengebrachten Sammlung ist unter Nr. 20 auch das auf Cyrano zurückgehende Schrifttum zu finden. Man kann diesem das Zeugnis nicht versagen, daß er bei Gassendi eine gute Schule durchgemacht

in der Auswahl der Hilfsmittel, deren Anwendung die Fahrt nach dem Monde ermöglichen soll, zeigt sich Cyrano de Bergeracs Abenteurer demjenigen Goodwins, von dessen primitiver Ausrüstung oben die Rede war, weitaus überlegen. Es unterliegt keinem Zweifel, daß Fontenelle, als er sein uns erinnerliches Werk (S. 3) schrieb, aus Cyrano geschöpft hat, und dasselbe ist anzunehmen bei F. Voltaire (1694 bis 1778), der in einem Jugendwerke[1]) den Siriusbewohner „Mikromegas" auf einem Kometen die Himmelsräume durchwandern läßt, wobei er, der ja in seinen jüngeren Jahren ein warmer Bewunderer der Newtonschen „Naturphilosophie" und ein sehr geschickter Popularisator derselben war[2]), mit den schon sehr geförderten Einsichten des astronomischen Zeitalters immer im Einklange zu bleiben trachtet.

In dem Maße, in welchem, wie der vorige Abschnitt darzulegen suchte, die Mondoberfläche mehr und mehr als ganz ungeeignet zum Wohnsitze solcher Organismen sich herausstellte, die irgend mit den Menschen verglichen werden können, in gleichem Maße nahm die Neigung der Pluralitätstheoretiker ab, gerade den Mond sich zum Tummelplatze ihrer Phantasie auszusuchen, und wir haben im ersten Abschnitte gesehen, daß andere Planeten ein weit passenderes Arbeitsfeld für Träume und geistreiche Parallelen darboten. Dieser Seitenzweig der Mondliteratur beginnt

---

hat, denn er deutet schon vor De Lana, den man mit einigem Rechte als den eigentlichen Begründer der Ballonfahrten angesprochen hat (P. B. Wilhelm, An der Wiege der Luftschiffahrt, 1. Teil, Hamm i. W. 1909), Ideen an, die zwar tatsächlich unrealisierbar sind, aber doch ein gewisses Verständnis für den Kern des Problemes verraten. Zwei Möglichkeiten faßt er ins Auge; entweder soll sich der Luftreisende mehrere mit Tau gefüllte Glasphiolen um den Leib binden und dann zu warten, bis die Sonne den Tau erwärmt und zum Aufsteigen gezwungen hat, oder er soll sich als Tragemittel eine Kombination von Gefäßen herstellen, die mit Rauch gefüllt werden, der nach oben drängt. Der älteste diesen Namen verdienende Luftballon, die Montgolfière, ist schließlich durch ein Agens, welches mit dem zuletzt erwähnten grundsätzlich übereinstimmt, nämlich durch erhitzte Luft, zum Aufsteigen gebracht worden; Cyrano suchte folgerichtig nach Stoffen, die spezifisch leichter als die Luft wären.

[1]) A. F. de Voltaire, Epître à Uranie, Paris 1722.

[2]) Vgl. S. Günther, Geschichte der Naturwissenschaften 2, 16, Leipzig 1909. Voltaire stand damals unter seinen Landsleuten, die ausnahmslos für Cartesius und gegen Newton Partei nahmen, fast allein.

zu verdorren. Lediglich um einer bibliographischen Pflicht zu genügen, mögen in einer Note[1]) einige der hiermit zusammenhaltenden Unterhaltungsschriften zusammengestellt werden. Auch der Belehrungszweck ist nicht zu unterschätzen bei den einschlägigen Novellen Vernes[2]), denen der Fachmann manchen für den Unterricht recht brauchbaren Wink zu entnehmen vermag[3]). Mit dem Monde selbst jedoch haben es dieselben nur sehr nebenher zu tun, denn die Frage, ob es der Menschenkunst und Menschenkraft unter den günstigsten Verhältnissen gelingen könnte, Projektile so weit zu schleudern, daß sie die Anziehungssphäre der Erde hinter sich lassen, steht weitaus im Vordergrunde. Die wenigen Angaben, welche die im Spitzgeschosse eingeschlossenen Reisenden über den Mond machen können, solange der sie bergende Körper zum unfreiwilligen Trabanten des ersteren geworden ist, entbehren der wissenschaftlichen Färbung[4]) ganz und sind bloßes Phantasieprodukt.

Daß die neuere Mondforschung solchergestalt den Kontakt mit der Poesie mehr und mehr verloren hat, wird man kaum als einen Nachteil bezeichnen können. Sie bedarf einer derartigen Unterstützung nicht und hat sich, wie nunmehr zu zeigen, zu einem hohen Grade der Vollendung aus eigener Kraft erhoben;

---

[1]) E. A. Poe, Hans Pfaals Mondfahrt, übersetzt von H. und A. Moeller-Bruck (7. Band der Gesamtausgabe von Poes Werken), Minden 1888; H. G. Wells, Die ersten Menschen im Monde, übersetzt von Greve, Minden 1890; O. Hoffmann, Mac Milfords Reisen im Universum, von der Terra zur Luna, Roda 1892.

[2]) Jules Verne, Von der Erde zum Mond, Wien s. a.; Die Reise um den Mond, ebenda s. a.

[3]) Als eine solche Episode ist z. B. die auch von R. Wolf (a. a. O., S. 503) als sehr beachtenswert angemerkte hervorzuheben, welche sich auf die Erlebnisse der Reisenden beziehen, sobald sie in die Nähe des „neutralen Punktes" zwischen Erde und Mondes kommen, jenes Punktes also, für den (s. S. 14) die Anziehungskräfte beider Weltkörper genau gleich geworden sind, so daß ein der ihn haltenden Hand entgleitender Körper überhaupt nicht fällt, weil es für ihn momentan kein Oben und Unten gibt.

[4]) Es ist geradezu bedauerlich, daß der bei allen Extravaganzen doch fast immer ernst zu nehmende Autor hier einmal dem Sensationsbedürfnis seiner Leser allzusehr Rechnung trägt und den Mond von Fabelwesen bevölkert sein läßt, die zwar auf der Erde als paläontologische Merkwürdigkeiten vorkommen, ihrem Trabanten aber wohl zu keiner Zeit seiner Vorgeschichte angehört haben dürften.

sei es, daß sie sich nur der auch den Astronomen der früheren Zeit verfügbaren optischen Hilfsmittel bediente, sei es, daß sie auch andere Untersuchungsmethoden ihren Zwecken dienstbar machen lernte. Jedem dieser beiden Entwickelungsstadien soll eine besondere Betrachtung zuteil werden.

Siebenter Abschnitt.

Die teleskopische Mondbeobachtung im 19. und beginnenden 20. Jahrhundert.

Schröters Arbeiten (S. 63) gehören zum kleineren Teile bereits dem 19. Jahrhundert an, aber das Bedürfnis, den Mond im ganzen darzustellen, lag ihm, der sich in mühevoller Detailarbeit erschöpfte, weniger nahe, und so kam er auch nicht darauf, sich die Frage vorzulegen, ob denn für die Topographie des Mondes schon eine ausreichende Grundlage geschaffen sei — eine Frage übrigens, die schon viel früher ein sonst wenig bekannter Astronom Schön gestellt hatte[1]). Für dieselbe fand sich auch noch in den ersten Jahrzehnten des neuen Jahrhunderts keine befriedigende Beantwortung, denn der Mann, der sich noch während Schröters Lebenszeit der Selenographie zu widmen begann und die treffliche Gelegenheit, die ihm seine Sternwarte Bogenhausen (nächst München) gewährte, in seiner Art hingebungsvoll ausnützte, befand sich ebenfalls nicht auf der richtigen Fährte. Spürte sein Vorgänger konsequent physischen Veränderungen nach, so standen für Franz v. Paula Gruithuisen (1774 bis 1852) Arbeitsleistungen der von ihm ohne weiteres als existierend angenommenen Seleniten im Vordergrunde[2]), und eine Menge Dinge, die er an sich ganz richtig sah, brachte er mit dieser seiner Lieblingshypothese in Verbindung[3]). Man ist dann

---

[1]) A. E. Schön, Sind die bisherigen Landcharten vom Monde richtig?, Leizig 1755.

[2]) Gruithuisen, Naturgeschichte des gestirnten Himmels, S. 194 ff., München 1836.

[3]) „Der originelle Gruithuisen wollte sogar Kulturen, Städte, Kanäle usw. auf dem Monde sehen, ja er machte den Vorschlag, auf

wohl in der Geringschätzung des fleißigen, auch anderen Problemen gegenüber (S. 16) selbständiger Auffassung zugeneigten Beobachters, der eben nur, wie Kepler (S. 49), der optischen Kraft seiner Rohre viel zu viel zutraute, wieder zu weit gegangen und hat übersehen, daß er tatsächlich manch neues wahrnahm. In neuester Zeit bahnt sich eine zutreffendere Würdigung Gruithuisens an.

Trotzdem wird man mit Wolf[1]) bekennen müssen, daß eine neue Ära für die Mondtopographie erst in den dreißiger Jahren eingeleitet wurde. Ein reicher Liebhaber der Sternkunde, der Bankier Wilhelm Beer (1797 bis 1850), erbaute sich in Berlin ein Observatorium, auf welchem er selbst mit seinem Freunde Johann Heinrich Mädler (1794 bis 1874, damals Lehrer in Berlin und nachher Professor der Astronomie in Dorpat) zuerst verschiedene Planeten in ausdauerndster Arbeit verfolgte, wofür zwei inhaltreiche Schriften[2]) Zeugnis ablegen. Der Mond aber wurde seit 1834 mehr und mehr Mädlers Domäne, obwohl auch Beer stets an den Beobachtungen Anteil nahm; beide zusammen gaben die berühmte Generalkarte[3]) und ein größeres Handbuch der Mondkunde[4]) heraus, dem sodann Mädler allein[5]) eine kürzere Beschreibung der Mondoberfläche folgen ließ. Was die Karte anlangt, so darf in ihr die erste zielbewußte und zugleich das Vorbild entschieden überholende Weiterführung der Leistung Mayers anerkannt werden, wenn auch die viel verbreitete Meinung, es sei nun endgültig ein Schlußstein in die Selenographie eingesetzt, nach und nach als irrig sich herausstellte[6]). In einem bestimmten

---

der Erde, zur Einleitung einer Korrespondenz mit den Mondbewohnern, den pythagoreischen Lehrsatz durch große Runkelrübenfelder darzustellen" (R. Wolf, a. a. O., S. 506).

[1]) Ebenda, S. 499.

[2]) Beer-Mädler, Physikalische Beobachtungen des Mars in der Erdnähe, Berlin 1830; Beiträge zur physischen Kenntnis der himmlischen Körper im Sonnensysteme, ebenda 1842.

[3]) Mädler-Beer, Mappa Selenographica, ebenda 1834 bis 1836.

[4]) Mädler-Beer, Der Mond nach seinem kosmischen und individuellen Verhältnisse, oder allgemeine Selenographie, ebenda 1837.

[5]) Mädler, Kurzgefaßte Beschreibung des Mondes, ein Auszug aus der größeren Selenographie, ebenda 1837.

[6]) Der erste Astronom des Zeitalters, F. W. Bessel (1784 bis 1846), gab von der Mädlerschen Generalkarte nachstehende Charakteristik (Populäre Vorlesungen, herausgegeben von Schumacher,

Punkte hat Mädler auch als Nachfolger Galileis unser lunares Wissen vorwärts gebracht; der Höhenmessungsmethode, die wir schon kennen (S. 38), substituierte er nämlich eine andere, zuverlässigere Resultate liefernde, oder richtiger gesagt, er änderte eine von Olbers herrührende, von Schröter häufig angewandte Berechnungsweise [1]) ab und bestimmte mit ihrer Hilfe eine größere Anzahl von Höhenkoten [2]). Dadurch wuchs unsere Einsicht in die orographischen Verhältnisse des Mondes nicht nur absolut, sondern es wurde auch das Ziehen von Vergleichen zwischen jenen und denen der Erde erleichtert und zuverlässiger gemacht. Daß dennoch auch die Folgezeit gar manches zu tun fand, kann angesichts der verwirrenden Fülle der lunaren Erhebungsformen nicht wundernehmen.

Indem wir über ein auf absichtliche Täuschung der Laienkreise berechnetes Pamphlet [3]) kurz hinweggehen, müssen wir zeitlich ein wenig zurückgreifen, um der stillen und verdienstlichen Tätigkeit eines Mannes gerecht zu werden, der die Bedürfnisse der Selenographie ebenfalls sehr klar erkannt hatte. Wilhelm Gotthelf Lohrmann (1796 bis 1840) hatte schon

---

S. 613 ff., Hamburg 1848): „Der Maßstab der Karte bringt 16 deutsche Meilen auf jeden Zoll. Spezieller, als man ein Land der Erde, nach dem Maßstabe eines Zolles für 16 Meilen dargestellt, in einer Entfernung von 13 Zollen erkennen kann, können also die Mondkarten nicht sein. Eine Karte, welche ganz Frankreich auf einem Quartblatte darstellt, ist so speziell, als die Mondkarten sein können". Diese Grenze, welche Bessel noch für ziemlich unüberschreitbar gehalten zu haben scheint, ist allerdings in späteren Jahren ganz gewaltig hinausgerückt worden.

[1]) Th. Olbers (1758 bis 1840) hatte das Berechnungsverfahren zugunsten seines Freundes Schröter ersonnen (Selenotopogr. Fragm. 1, 89 ff.). Eingehend schildert es, nebst Mädlers daraus gezogenen Näherungsformeln, R. Wolf (a. a. O., S. 501 ff.).

[2]) Die nunmehr verfügbare Liste übertraf an Vollständigkeit weit, was Schröter und W. Herschel bekannt gemacht hatten. Der letztgenannte hatte diesem Gegenstande eine seiner frühesten Arbeiten gewidmet (Astronomical Observations relating to the Mountains of the Moon, Philosophical Transactions, 1780, S. 520 ff.).

[3]) Gemeint ist eine anonym gedruckte, sicheren Kennzeichen zufolge aber von dem nach Amerika ausgewanderten Franzosen Nicollet (S. 61) abgefaßte Schrift (Herschels höchst merkwürdige Entdeckungen am Kap, Hamburg 1836); ein den Namen John Herschels schnöde mißbrauchendes, von Unwahrheiten strotzendes Machwerk.

vor Mädler mit dem zielbewußten Studium der Mondoberfläche begonnen, und seine erste Veröffentlichung [1]) ließ Großes erwarten, aber leider sah er sich nicht in der Lage, so, wie er begonnen, weiter zu arbeiten, und erst sehr viel später wurde durch andere Mondforscher das gewaltige Material ans Licht gebracht, welches der Dresdener Astronom in aller Stille zusammengebracht hatte. F. W. Opelt [2]) machte damit den Anfang, und Julius Schmidt [3]) (1825 bis 1884) folgte nach; auch eine Schrift von M. Opelt [4]) geht großenteils auf Lohrmanns Arbeiten zurück. Durch Schmidt ist aber überhaupt in die Lehre vom Monde ein völlig neues Ferment hineingetragen worden.

Schon während seiner mehrjährigen Wirksamkeit in einer Privatsternwarte bildete er sich zu dem hervorragenden Mondforscher aus, als welchen ihn die Fachwelt übereinstimmend anerkannte, und als er zum Direktor der neu errichteten Sternwarte zu Athen berufen worden war, setzte er seine Beobachtungen erfolgreich fort. Aus der früheren Epoche stammt eine über Mädler in manchen Dingen hinausgehende Selenographie [5]), aus der späteren eine treffliche Karte [6]). Schon aber waren neue Kräfte erstanden, durch welche abermals ein Fortschritt von nicht unerheblicher Tragweite herbeigeführt werden sollte. Der Schwerpunkt der Mondforschung erscheint jetzt für einige Zeit nach England verlegt, wo sich, wie dies im Vaterlande genossen-

---

[1]) Lohrmann, Topographie der sichtbaren Mondoberfläche, 1. Teil, Dresden 1824. Es sind vier künstlerisch schön ausgestattete, die zentralen Partien der Mondscheibe abbildende Blätter, deren Wert auf sehr genauer Positionsbestimmung von 20 als besonders gut kenntlich ausgelesenen Kraterbergen beruht.

[2]) F. W. Opelt, Selenographische Ortsbestimmungen in Lohrmanns Topographie der sichtbaren Mondoberfläche, Dresden-Leipzig 1824.

[3]) Lohrmanns Mondkarte in 25 Sektionen und 2 Erläuterungstafeln, herausgeg. von J. Schmidt, Leipzig 1878. Eine neue Auflage dieses wertvollen Kartenwerkes ist dann (ebenda 1892) unter der Obsorge von H. Ebert erschienen.

[4]) M. Opelt, Der Mond, Leipzig 1879.

[5]) J. Schmidt, Der Mond, ein Überblick über den gegenwärtigen Umfang und Standpunkt unserer Kenntnisse von der Oberflächengestaltung und Physik dieses Weltkörpers, Leipzig 1856.

[6]) J. Schmidt, Karte der Gebirge des Mondes, nach eigenen Beobachtungen entworfen, Berlin 1878.

schaftlichen Zusammenschlusses leichter geschehen konnte, eine eigene „Selenographical Society" bildete[1]), um die Herstellung einer auch den höchsten Anforderungen genügenden Mondkarte zu betreiben. Ihr gehörten an: der Ingenieur James Nasmyth (1808 bis 1890) und der Berufsastronom James Carpenter (geb. 1840), die mit einer neuen, überaus sorgfältigen Darstellung in Wort und Bild hervortraten[2]), und diese wurde ziemlich bald auch durch die Mühewaltung des deutschen Selenologen Hermann J. Klein (geb. 1842) der deutschen Literatur einverleibt[3]), weil, wie er in der Einleitung sagt, die Verfasser „mit bewundernswerter Sorgfalt" die Details nach dem Fernrohre gezeichnet, nach den Zeichnungen Modelle hergestellt und diese dann unter schräger Beleuchtung photographiert haben, wodurch also eine ungemein große Naturwahrheit erreicht werden mußte. So hat denn dieses Werk in seinen beiden Ausgaben des ungeteilten Beifalles aller Sachverständigkeiten sich zu erfreuen gehabt[4]), und das an sich sehr nützliche Buch von Proctor[5]) wurde dadurch in den Schatten gestellt. Dagegen folgte sehr rasch eine weitere vorzügliche Selenographie in dem wiederum von Klein deutsch bearbeiteten Werke von Edmund Neison[6]) (geb. 1851), dessen Atlas aus 22 Karten der sichtbaren Mondoberfläche von je 61 cm Durchmesser besteht. Wir werden dieselbe und besonders auch die durch sie inaugurierten Verbesserungen der lunaren Gebirgsbezeichnung noch genauer kennen lernen. Den hohen Grad

---

[1]) R. Wolf, Geschichte der Astronomie, S. 669.

[2]) Nasmyth-Carpenter, The Moon considered as a Planet, a World and a Satellite, London 1874.

[3]) H. J. Klein, Der Mond als Planet, Welt und Trabant, Leipzig 1880. Im Anschlusse an diese Ausgabe hat G. Leipoldt (Zeitschrift für wissenschaftliche Geographie 3, 20 ff.) eine sehr vollständige Übersicht über die Ergebnisse und Ansichten der beiden Briten gegeben.

[4]) Um so entschiedener muß Verwahrung dagegen eingelegt werden, daß Fauth (a. a. O., S. 23) den beiden Autoren einen der schwersten Vorwürfe macht, die einem Freunde der Wahrheit überhaupt gemacht werden können; sie hätten es nicht vermocht, „sich so weit kritisch zu bezwingen, daß sie nicht im voraus ihre Lieblingsidee eines lunaren Vulkanismus in die prächtigen Reliefs mit übertragen hätten".

[5]) R. Proctor, The Moon, London 1873.

[6]) E. Neison, The Moon and the Conditions and Configurations of its Surface, London 1876; deutsche Ausgabe von H. J. Klein, Braunschweig 1878.

von Originalität, der Nasmyth-Carpenter auszeichnet, wollte Neison allerdings nicht erreichen; er stützt sich großenteils auf Mädlersche Vorarbeiten (S. 77), fügt aber zu den von ihnen gebotenen kartographischen Einzelheiten manche neue hinzu.

Von französischen Gelehrten war es hauptsächlich Gaudibert, der sich um die Vervollkommnung der Vollmondkarte bemühte [1]); seine in Deutschland weniger bekannten Arbeiten hat uns erst Ladislaus Weinek (geb. 1848) näher gebracht [2]). Ihm, der uns im nächsten Abschnitte wiederum begegnen wird, dankt man auch eine Reihe wertvoller Mondzeichnungen [3]). Mit ihm ist aber auch die teleskopische Mondforschung, die uns vorläufig allein beschäftigt, zu den Beobachtern deutscher Abstammung zurückgekehrt. Seit 1890 hat Philipp Fauth in Landstuhl bei Kaiserslautern mit bescheidenen Hilfsmitteln, die er aber sehr gut zu verwerten wußte, unausgesetzt den Mond im Auge behalten, und seine früheren Veröffentlichungen [4]) ließen ihn bereits als einen gründlichen Kenner der Oberfläche unseres Satelliten erkennen. Durch Anwendung Zeißscher Objektive, welche die raumdurchdringende Kraft seines Fernrohres namhaft zu erhöhen gestatteten, gelang es dem fleißigen Arbeiter, in der Genauigkeit seiner Beobachtungen immer weiter zu schreiten. Es wird uns noch wiederholt Gelegenheit werden, ihrer Erwähnung zu tun.

Von Fachastronomen haben in den letzten Jahrzehnten wesentlich zwei die unmittelbare Mondbeobachtung mit dem Fernrohre kultiviert, L. Weinek in Prag (s. oben) und Julius Franz in Breslau (geb. 1847). Der letztere faßte seine und anderer Studien

---

[1]) C. M. Gaudibert-C. Flammarion, Carte générale de la Lune, Paris 1885.

[2]) L. Weinek, Die Fortschritte in der Selenographie, Himmel und Erde 1, 557 ff.

[3]) Anhang zu den Jahrgängen 46 bis 48 der Beobachtungen auf der Prager Sternwarte, Prag 1890.

[4]) Publikationen des Observatoriums zu Landstuhl, I, Leipzig 1893; II, ebenda 1895 (letztere auch unter dem Sondertitel: Neue Beiträge zur Begründung einer modernen Selenographie und Selenologie). Andere Aufsätze Fauths sind in verschiedenen Zeitschriften erschienen.

zusammen in einer kleinen Schrift[1]), die einen sehr guten Überblick über den Mond als Objekt der astronomischen Forschung — nicht bloß hinsichtlich seiner physischen Beschaffenheit — gewährt und auch uns für die hier in Betracht kommenden Zwecke von großem Nutzen gewesen ist.

Achter Abschnitt.

Die Mondphotographie und die physikalische Mondforschung überhaupt.

Die junge Disziplin der Astrophysik verfügt über zwei gewichtige Hilfsmittel zur Durchführung ihrer Absichten; Spektroskopie und Astrophotographie haben in ihr während des kurzen Zeitraumes eines Halbjahrhunderts einen neuen, selbständigen und vollen Bürgerrechtes sich erfreuenden Bestandteil der Astronomie entstehen lassen. In unserem konkreten Falle zwar durfte von der spektralanalytischen Untersuchung des Mondlichtes ein besonderes Ergebnis nicht erwartet werden, weil ja unser Trabant nur erborgtes Sonnenlicht zurückstrahlt. Daß es sich so verhalte, hat denn auch W. Huggins[2]) (geb. 1824) außer Zweifel gestellt. Um so bedeutsamer wurde der andere Zweig der Astrophysik, so schwierig es auch anfänglich schien, gute Lichtbilder des anscheinend seiner Nähe halber die günstigsten Verhältnisse darbietenden Weltkörpers zu erhalten. Daß auch die Wärmelehre der Mondphysik eine neue Seite abzugewinnen verstand[3]),

[1]) J. Franz, Der Mond, Leipzig 1906 (Aus Natur und Geisteswelt, 90. Bändchen).

[2]) Vgl. hierzu: R. Wolf, Geschichte der Astronomie, S. 671.

[3]) Wir wissen (S. 66), daß es lange Zeit nicht geglückt war, im Mondlichte auch nur die geringsten Spuren kalorischer Wirkung zu erkennen. Es wurde dies erst möglich, als es dem Direktor des Vesuv-Observatoriums bei Neapel, Macedonio Melloni (1798 bis 1854), gelang, die feinfühligste aller thermometrischen Vorrichtungen, seinen neuen Thermomultiplikator, in den Dienst der bisher für unlöslich erachteten Aufgabe zu stellen (Lettre à M. Arago sur la puissance calorifique de la lumière de la Lune, Comptes Rendus de l'Acad. Franç. des sciences 27, 541 ff.). Von ihm und seinen Mitarbeitern Betti,

soll, weil diese Seite uns hier ferner liegt, nur beiläufig angeführt werden.

Schon einer der ersten Erfinder der neuen Kunst, auf geeignet präparierter Platte Bilder eines Gegenstandes festzuhalten, ging im Einverständnis mit E. Arago (1786 bis 1853), der selber schon solche Versuche angestellt hatte, daran, Mondbilder aufzunehmen, ohne daß aber gleich ein voller Erfolg sich erzielen lassen wollte. Dies war L. J. M. Daguerre[1]) (1789 bis 1851). Allein schon ein Jahr später, 1840, nahm J. W. Draper (1811 bis 1882) in Neu York sich der wenig aussichtsreich erscheinenden Sache an und brachte auch glücklich auf Silberplatten eine Abbildung zuwege. Es folgte rasch W. C. Bond, der unter Mitwirkung eines Berufsphotographen, Whipple, und unter Anwendung eines ausgezeichneten Merzschen Refraktors von 38 cm Öffnung echte Mondphotogramme herstellte, nachdem er sich ursprünglich noch hatte mit Daguerreotypien begnügen müssen, und ebenso waren bereits in den fünfziger Jahren Humphrey in Nordamerika und Barkowski in Königsberg in Preußen glücklicher in der Anfertigung der lunaren Lichtbilder[2]). Als derjenige jedoch, der, sowie der gesamten Sternphotographie, so gerade auch diesem Teile derselben den kräftigsten Anstoß erteilte, muß der Engländer Warren de la Rue (1815 bis 1889) bezeichnet werden, der seit 1852 mit Kollodiumplatten arbeitete

---

Mossotti und L. Nobili (1784 bis 1835), wurde dargetan, daß das in einem Hohlspiegel konzentrierte Mondlicht, auf ein sensitives Thermoelement fallend, in der Tat eine Ablenkung der Magnetnadel bewirkte. Der Versuch ist mehrfach wiederholt und variiert worden; zumal der berühmte Lord W. Rosse (On the Radiation of Heat from the Moon, the Law of its Absorption by own Atmosphere, and of its Variation in amount with her Phases, London 1873) und der in England lebende deutsche Astronom Böddiker (Die Wärmestrahlung des Mondes bei totalen Verfinsterungen, Naturw. Rundschau 7, 30 ff.) sind hier zu nennen. Die später zu erörternde Frage, wie sich wohl die Temperaturverhältnisse auf dem Monde selbst gestalten mögen, wird durch diejenige nach der Art und Weise, wie sein Licht sich thermisch betätigt, nicht näher berührt.

[1]) Es kommen nachstehende Arbeiten in Betracht: Nouveau moyen de préparer la couche sensible des plaques destinées à recevoir les images photographiques, Paris 1844; Comptes Rendus de l'Académie Française 8, 172, 361; 9, 250.

[2]) R. Wolf, Handbuch usw., S. 500; Fauth, a. a. O., S. 27.

und namentlich auch dadurch die Expositionsdauer erheblich steigerte, daß er die Kamera mit dem parallaktisch aufgestellten Fernrohre verband und so beide der scheinbaren täglichen Umdrehung der Himmelskugel sich anpassen ließ [1]). Mit ihm wetteiferten seit 1860 die beiden Amerikaner L. Rutherfurd (geb. 1816), der auch die Stereoskopaufnahme des Mondes kräftig förderte [2]), und H. Draper [3]) (1837 bis 1882), über deren große Verdienste wir Fauth [4]) sprechen lassen wollen. Rayet und Ellery vermochten trotz der sonstigen Leistungsfähigkeit ihrer Spiegelteleskope diese Erfolge nicht zu übertreffen, und nur der

---

[1]) Über diese Anfangsstadien einer neuen wissenschaftlichen Technik informiert sehr gut Hnatek (Die Himmelsphotographie und ihre Fortschritte, Beilage zur Allgem. Zeitung 1896, Nr. 119). Es sollte indessen auch nicht verschwiegen werden, daß der oft mit Unrecht getadelte Gruithuisen als einer der zeitlich frühesten Verfechter des neuen Gedankens zu bezeichnen ist (Über Mondabbildung durch Daguerreotypie, Astronomisches Jahrbuch für physische und naturhistorische Himmelsforscher und Geologen **4**, 23 ff., 1841). Von da — welch gewaltiger Aufschwung bis zu den Errungenschaften, wie sie Berberich (Die Himmelsphotographie in den letzten 25 Jahren, Naturw. Rundschau **25**, 1 ff., 17 ff.) charakterisiert. Wie hätte man damals ahnen können, daß es dereinst nach J. Scheiner (Photographie der Gestirne, Naturw. Rundschau **13**, 311) mit Recht heißen werde: „Die photographische Platte bildet für den Forscher ein vielseitigeres, empfindlicheres Organ, als es sein körperliches Auge ist."

[2]) Von Rutherfurd gibt es eine deutsch geschriebene Abhandlung (Anfertigung von Photographien des Mondes und Sonnenspektrums, Wien 1866, Berichte d. k. k. Akademie der Wissenschaften, math.-phys. Kl., **53**, 219 ff.).

[3]) Vgl. Drapers eigenen Bericht über sein Verfahren (Reflect Telescope for Astronomic Photography at Hastings near New York, Rep. of the British Assoc., 1860).

[4]) Fauth, a. a. O., S. 27 ff. „Henry Draper in Hastings am Hudson, der die Erfahrungen des Chemikers, Physiologen, Photographen, Optikers und Konstrukteurs mit Gelehrsamkeit in einer Person verband, machte sich 1860 einen metallenen Hohlspiegel, 1861 einen solchen aus Glas mit versilberter Spiegelfläche, jeden 40 cm groß, und photographierte mit beispiellosem Erfolge. Eine Mondaufnahme von 30 mm aus dem Jahre 1836 konnte bis zur Größe der Mädlerschen Karte von 3 Fuß Durchmesser ausgedehnt werden, ohne unkenntlich zu sein.... Rutherfurd in Cambridge (Nord-Amerika) machte schon 1857 die Wahrnehmung, daß zwischen dem gewöhnlichen und dem für die lichtempfindliche Platte in Betracht kommenden Bildabstande eine Differenz von 18 mm bestand; unter Berücksichtigung dieses Umstandes

von dem klaren Himmel Argentiniens begünstigte Gould kam ihnen gleich [1]). Was sonst noch in den nächsten Jahrzehnten auf diesem Spezialgebiete durch Secchi, Janssen, Lockyer u. a. erreicht ward, ging nicht über das auch den älteren Hilfsmitteln noch zugängliche Genauigkeitsmaß hinaus; erst das Jahr 1888 markiert den Beginn eines neuen Entwickelungsstadiums der photographischen Monderkundung.

Damals wurde nämlich die berühmte Lick-Sternwarte, die nicht sehr weit von San Francisco auf beherrschender Höhe errichtet ist, mit einem gigantischen astrophotographischen Fernrohre ausgerüstet, welches, wenn die größte Leistung von ihm verlangt wird, eine Mondscheibe von 13 cm Durchmesser liefert; trotz der unvergleichlichen Klarheit der kalifornischen Luft kann im allgemeinen allerdings dieses Maß der Vergrößerung nicht Platz greifen, wenn man sehr feine Bilder bekommen will. Von den Astronomen dieses Observatoriums wurden zahlreiche Mondphotogramme gefertigt [2]). Diese verwendete W. Prinz in Brüssel dazu, ohne jedwede Retusche phototypisch vergrößert zu werden [3]), so daß nunmehr ein neues Hilfsmittel zum Studium des Details der Mondlandschaften Platz greifen konnte, die Vermessung ihrer Bilder unter dem Mikroskope. So hat Prinz z. B. vom *Mare Imbrium* und *Mare Humorum* treffliche Abbildungen zuwege gebracht. Ein einigermaßen abweichendes Verfahren ist zu gleichem

---

kamen denn auch 1858 schon Mondbilder zustande, die sich auf 13 cm vergrößern ließen.... Ein größeres Objektiv von 28,5 cm und einem Bildabstande von 4,25 m lieferte 1864 eine Abbildung des Vollmondes, die auch bei Vergrößerung auf 18 cm noch scharf begrenzte Einzelheiten behielt."

[1]) Fauth, a. a. O., S. 29.

[2]) Publications of the Lick Observatory 3, 1894.

[3]) W. Prinz, Agrandissement de photographies lunaires, Brüssel 1894. Die Zeitschrift „Ciel et Terre" enthält seit dem Jahre 1889 zahlreiche Aufsätze des genannten Gelehrten über den gleichen Gegenstand, insbesondere auch sachliche Auseinandersetzungen mit Weinek und Lagrange. Seinen etwas skeptischen Standpunkt bezüglich der Sichtbarmachung von Mondobjekten in der Photographie bringt Prinz (Les mesures topographiques lunaires relévées sur les photographies comparées aux Documents de Lohrmann et de Mädler, Bull. de l'Acad. Roy. de Belgique (3) 29, 527 ff.) zur Geltung. Zu vergleichen ist auch F. Folies Studie (Sur les agrandissements des photographies lunaires, Brüssel 1898).

Zweck von Weinek (S. 81) ersonnen und speziell an den Tafeln der Lick-Publikationen erprobt worden[1]). Man betrachtet das Photogramm im durchscheinenden Lichte mit einer guten Lupe und ermöglicht ein ganz korrektes Nachzeichnen, indem man jene in zwei aufeinander senkrechten Richtungen über die in kleine Quadrate geteilte Platte hinwegführt und in gleichabständigen Punkten einstellt. Dadurch wird das, was sozusagen latent auf der Platte sich befindet, derart vergrößert, daß eine ganze Anzahl von lunaren Gebilden hervortritt, von deren Existenz weder das Fernrohr noch auch das Lichtbild als solches Kenntnis gegeben hatte. Immerhin war, nachdem die Prager Messungen die Tatsache festgestellt, auch der kalifornische Astrophysiker Holden imstande, in seinen Negativen dieselben Objekte zu identifizieren[2]). In ähnlicher Weise haben dann auch die Gebrüder Henry (Paul und Prosper) sehr gute Resultate erzielt[3]). Man kann behaupten, daß diesem Verfahren irgend ein distinkter Raumteil auf dem Monde, der eine Längenausdehnung von 2 km Linearausdehnung besitzt, sich nicht mehr entzieht; ja es wird diese Sichtbarkeitsgrenze sogar noch einigermaßen nach unten zu überschritten werden können. Immerhin ist klar, daß selbst bei Anwendung dieser so außerordentlich feinen Methode Artefakte von derjenigen Größe, wie sie bisher Menschen herstellten, und wie sie in ehrlicher Naivität Gruithuisen (S. 76) sehen zu können gewähnt hatte, nicht erkennbar werden; Städte freilich, wenn es solche gäbe, wären jetzt nachweisbar geworden.

Über die sonstigen Leistungen im Bereiche der Mondphotographie soll hier nur ein summarischer Bericht erstattet werden. Der von dem amerikanischen Meteorologen S. P. Langley (1834 bis 1904) gehegte Plan, eine neue große Mondkarte ausschließlich

---

[1]) Übersichtlich gibt das Wesen der astrophotographischen Methoden mit spezieller Bezugnahme auf den Mond wieder Witt (Photographie und Mondforschung, Himmel und Erde 5, 38 ff.).

[2]) H. J. Klein, Jahrbuch der Astronomie und Geophysik 2, 31. Leipzig 1891.

[3]) Ebenda 4, 21, Leipzig 1893. Hierzu äußert sich Prinz (Ebenda 6, 57, Leipzig 1895) wie folgt: „Die Kopie auf Glas eines Licknegativs wird ganz erheblich übertroffen von einer Photographie der Gebrüder Henry zu Paris, welche diese nach einer Aufnahme vom 27. März 1890 herstellten. . Das kleinste auf diesem Bilde klar und deutlich sichtbare Objekt hat einen Durchmesser von etwa 1,2″ oder 2300 m.“

auf photographischem Wege entstehen zu lassen, hat bislang eine Verwirklichung nicht gefunden [1]). Sehr gute Mondbilder haben dagegen die Sternwarten von Bonn, Wien und besonders von Chicago geliefert [2]). Die beiden Pariser Astronomen M. Loewy (geb. 1833) und P. H. Puiseux (geb. 1855) sind seit geraumer Zeit damit beschäftigt, die Idee Langleys in ihrer Art zu verwirklichen [3]); es wird von den selenogonischen Ansichten, die sie hierbei gewonnen, später die Rede sein müssen. J. N. Krieger, ein Liebhaber der Sternkunde, der mehrere Jahre lang in einem Vororte Münchens seine Beobachtungen angestellt hatte, siedelte zu Beginn der neunziger Jahre nach Triest über, um unter dem reinen Himmel Istriens jene Tafeln herzustellen, die seinen Triester Atlas [4]) erfüllen; sein frühzeitiger Tod hat die Weiterführung des unter günstigen Auspizien unternommenen Werkes bedauerlicherweise verhindert. Die stattlichsten Hilfsmittel standen jedoch dem an der Harward-Sternwarte (Cambridge, N.-A.) angestellten William Pickering (geb. 1858) zu Gebote. Von einer wohlhabenden Liebhaberin der Sternkunde, Miss Bruce, unterstützt, brachte er auf der britischen Antilleninsel Jamaica ein Fernrohr von ungeheuren Dimensionen so an, daß es selbst zwar eine hori-

---

[1]) Langley, Report of the Secretary of the Smithsonian Institution, S. 16, Washington 1894.

[2]) Franz, a. a. O., S. 125; Fauth, a. a. O., S. 32.

[3]) Loewy-Puiseux, L'Atlas lunaire de l'Observatoire de Paris, Compt. Rend. de l'Acad. Franç. **126**, 1539 ff.; Bulletin Astronomique **16**, 290 ff. Die Arbeiten gehen weniger auf die Herstellung der Karten als auf die aus ihnen zu ziehenden Konsequenzen ein. Der zweitgenannte hat unlängst auch seinen Erfahrungen zur Abfassung eines Buches verwertet, welches seiner Tendenz nach zu dem gegenwärtigen manchen Vergleichspunkt darbietet (La Terre et la Lune; Forme extérieure et Structure interne, Paris 1908). Über dasselbe, das uns begreiflicherweise noch mehrfach Stoff zu Zitaten geben wird, erstattete einen eingehenden kritischen Bericht H. Ebert (Beitr. zur Geophysik **10**, Litber., 93 ff.).

[4]) J. N. Krieger, Mondatlas, entworfen nach Beobachtungen an der Pia-Sternwarte, I, Triest 1898; Fauth, a. a. O., S. 35. Alsdorf (Über den Triester Mondatlas von J. N. Krieger, Sirius **31**, 129 ff., 176 ff.) charakterisiert das Werk als eine andere Mittel verwertende Fortführung des Schröterschen Planes (S. 63), Landschaftszeichnungen größeren Stils zu liefern. Man kann an ihm die gegenseitigen Vorzüge von Photographie und reiner Nachzeichnung, zumal auch hinsichtlich der Lichtunterschiede, sehr gut studieren.

zontale Lage beibehielt, dagegen aber durch einen parallaktisch (S. 84) bewegten Spiegel die Mondlichtstrahlen so zugesandt erhielt, daß die Platte sie aufnehmen konnte. Achtzig so gewonnene Abbildungen der einzelnen Mondesteile wurden in einem Atlas zusammengestellt [1]). Nachmals hat Pickering, von dessen reger Beobachtungsarbeit und kühnen Hypothesen dieses Buch noch mehrfach zu berichten haben wird, sein Observatorium auf einen Vorberg der Anden nahe der chilenischen Stadt Arequipa verlegt, um unter noch günstigeren Luftverhältnissen die Feinheit seiner optischen Hilfsmittel ausnützen zu können [2]). Zweifellos sind von dorther noch wichtige Aufschlüsse zu erwarten.

Daß freilich auch der Mondphotographie Schranken gezogen sind, die zwar hinausgerückt, schwerlich indessen ganz beseitigt werden können, ist jedem Kenner des Lichtbildverfahrens deutlich. Ein schwer in die Wagschale fallendes Moment ist das, daß keine Emulsion absolut homogen über die Platte verteilt ist, sondern sich aus einzelnen Körnern zusammensetzt, von denen jedes ein Stückchen Mondoberfläche verdeckt [3]). Daß Fauth, der

[1]) Derselbe bildet Nr. 51 der vom Harward-Observatory regelmäßig publizierten Beobachtungsbände (Annales of the Observatory of the Harward College).

[2]) Ebenda 32, 1 ff. („Visual and Photographic Observations on the Lunar Surface").

[3]) Hierüber gewährt volle Belehrung J. Scheiner (Über die Bedeutung der photographischen Methoden in der Astronomie, Himmel u. Erde 1, 612 ff.). Des ferneren sind von aktueller Bedeutung Weineks Arbeiten: Die Photographie in der messenden Astronomie, Halle a. S. 1879; Selenographical Studies, based on Negatives of the Moon taken at the Lick Observatory, Publications of the Lick Observatory of the University of California 3, Sacramento 1894. Die allgemeinen Fragen, auf deren richtige Beantwortung es bei der Abschätzung des Wertes von Astrophotogrammen ankommt, und die nur in unserem Falle besonders akut werden können, weil ein kompaktes Korn von minimalem Durchmesser den Mondobjekten gegenüber doch schon eine respektable Größe besitzt, sind wiederholt und einläßlich behandelt worden (O. v. Struve, Die Photographie im Dienste der Astronomie, St. Petersburg 1886; Mouchez, La photographie astronomique à l'Observatoire de Paris et la carte du ciel, Annuaire du Bureau des Longitudes, 1887; Th. v. Konkoly, Praktische Anleitung zur Himmelsphotographie, Halle a. S. 1887). Die Fixsternphotographie, welche M. Wolf zur höchsten Vollendung gebracht hat, behauptet den erwähnten, beim Monde am stärksten hervortretenden Schwierigkeiten gegenüber einen weit unabhängigeren Standpunkt.

Zu Seite 89.

Tafel III

2.

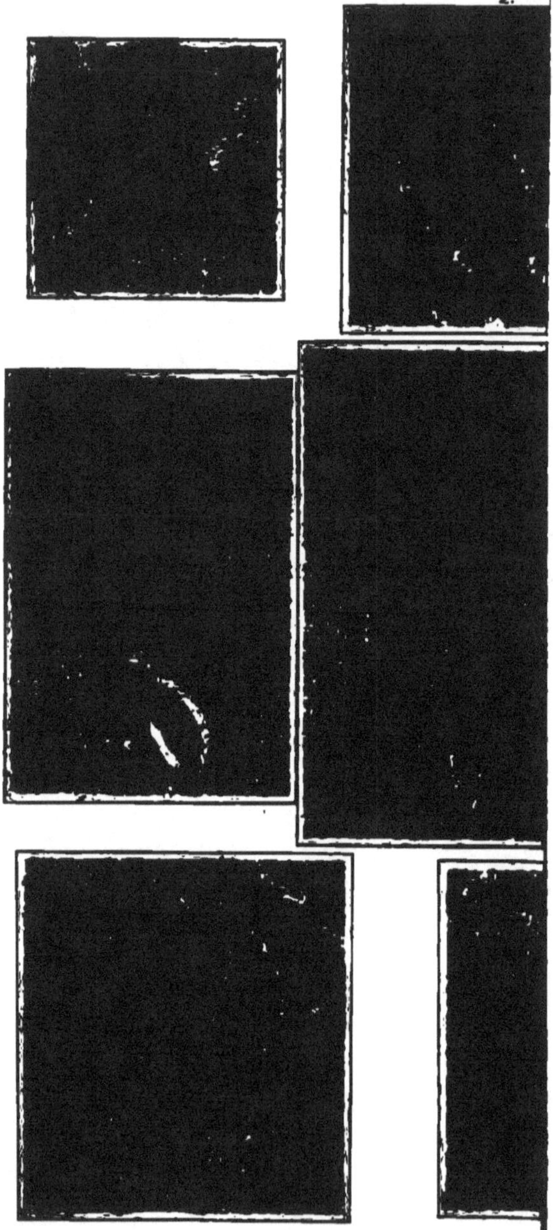

Günther, Vergleichende Mond- und Erdkunde.

es in der direkten Beobachtung der minutiösesten Einzelheiten zu hohem Geschicke gebracht hat, das bewaffnete Auge der Platte vorzieht [1]), ist wohl begreiflich; man sieht, versichert er, am Okular klarer, wahrer und viel feiner. In der Tat möchte es sehr bedenklich erscheinen, wollte man die eine Art und Weise, in die landschaftlichen Mysterien des Nachbargestirnes einzudringen, gegen die andere zurücksetzen; hier gilt in voller Schärfe das hodegetische Leitprinzip, daß nicht nur ein bestimmter Weg, mit Ausschluß jedes anderen, zum Ziele führt. Eine stete Kombination der rein teleskopischen und der topographischen Mondforschung gewährt allein die Aussicht dazu, die weit geförderten Erkenntnisse der Gegenwart noch mehr zu vervollkommnen. Wir geben nach Weinek in Tafel III eine Probe dessen, was ein gutes Photogramm uns zu zeigen vermag [2]).

Beide Verfahrungsweisen haben auch zusammengewirkt, um uns in den Besitz von Mondgloben und Mondreliefs zu setzen, und wir wollen an dieser Stelle, beim Abschlusse des methodisch-geschichtlichen Teiles, nicht versäumen, auch diesen Veranschaulichungsmitteln eine kurze zusammenhängende Besprechung zu widmen. Daß schon das 18. Jahrhundert die Konstruktion derselben sehr ernstlich ins Auge gefaßt und sie teilweise auch durchgeführt hatte, ist uns bekannt (S. 64); das 19. ist ihm gefolgt, aber der Sinn der Aufgabe verschob sich in dem Maße, in welchem das selenotopographische Wissen sich erweiterte [3]). Nicht sowohl Mondkugeln, die den gewöhnlichen Erdgloben zur Seite zu stellen wären, suchte man zustande zu bringen, sondern plastische Darstellungen entweder der ganzen sichtbaren Mondoberfläche oder einzelner Partien derselben standen nunmehr im Vordergrunde. Solche wurden von Wilhelmine Witte, Dickert und Riedl v. Leuenstern ausgeführt [4]), konnten aber, da an eine Reproduktion der Kunstwerke nicht gedacht ward, weiterer Verbreitung

---

[1]) Fauth, a. a. O., S. 35.

[2]) Es empfiehlt sich natürlich auch, von den Mondphotogrammen Diapositive anzufertigen und sie im Projektionsapparate zu untersuchen. Siehe hierüber Prinz (Nouvelles photographies de la Lune prises aux observatoires de Mount Hamilton et de Paris, Brüssel 1890; separat aus dem Dezemberheft der Zeitschrift „Ciel et Terre").

[3]) Vgl. Fiorini-Günther, a. a. O., S. 127 ff.

[4]) Vgl. über diese Reliefgloben Mädler (Gesch. der Himmelsk. 1, 512 ff.).

nicht teilhaftig werden, ebensowenig wie jenes Gipsmodell des Ringgebirges *Copernicus*, welches 1859 von dem Genfer S. Mognetti auf Grund einer von Secchi herrührenden Zeichnung ausgeführt wurde [1]). Über didaktische Zwecke werden solche Modelle wohl kaum je hinausgehen; nur die von Nasmyth und Carpenter (S. 80) in Anwendung gebrachte Verwertung der Mondplastik hat dieser auch eine gewisse höhere Bedeutung gesichert.

Neunter Abschnitt.

Die Mondoberfläche auf Grund der Gegenwarterkenntnis betrachtet.

Wie seit der Griechenzeit, welche sich lediglich auf die bloße Betrachtung der Mondscheibe hin eine Vorstellung von deren wirklicher Natur zu machen suchte, nach und nach unser tatsächliches Wissen und unsere Einsicht in die Analogien zwischen den beiden so innig verbundenen Himmelskörpern Erde und Mond zunahm, haben die früheren Abschnitte darzulegen gesucht. Zur Zeichnung eines zusammenfassenden Bildes war die Gelegenheit vorläufig aber noch nicht gegeben. Jetzt dürfte der Moment gekommen sein, das Wesen der physischen Beschaffenheit unseres Satelliten in seinen einzelnen Erscheinungsformen zu charaktesieren.

Der Mond stellt sich uns dar als eine exakte Kugel, deren Halbmesser (S. 38) ungefähr $^{3}/_{11}$ Erdhalbmesser beträgt. Eine Abplattung hat sich noch von keinem Beobachter konstatieren lassen; die neueste und genaueste Absuchung des Mondrandes hat keine Abweichung von der Kreisform ergeben [2]). Gleichwohl

---

[1]) R. Wolf, a. a. O., S. 500.

[2]) Franz (a. a. O., S. 43) bemerkt dazu: „Alle Messungen der Mondfigur von Wichmann, Schur und Hartwig haben den Umriß der Mondscheibe bis auf die überragenden Randberge als völlig kreisförmig ergeben.“ Und eben zu diesem Ergebnis sah sich Hayn im Verlaufe einer mühevollen Untersuchung geführt (Die Rotation und Gestalt des Mondes, Abhandl. d. kgl. sächs. Ges. d. Wiss., Math.-phys. Kl., **27**, Nr. 9; **29**, Nr. 1; **30**, Nr. 1). Mit dieser Arbeit ist gleichzeitig

sind wir deshalb, weil der Mond wie eine Kugel aussieht, nicht gezwungen, anzunehmen, er müsse nun auch in aller Strenge eine solche sein, denn ein ovaler Körper, der die Eigenschaft hat, daß ein von unserem Auge an ihn gelegter Berührungskegel mit ihm stets eine Kreislinie gemein hat, muß uns den gleichen Eindruck machen. Und so verhält es sich ja bekanntlich (S. 37) beim Monde, der uns, von den unwesentlichen Schwankungen (S. 61) abgesehen, immer nur die nämliche Seite zukehrt. Gehen wir von der Evolutionshypothese (S. 22) aus und denken wir uns, dieser Weltkörper sei durch ebendieselben Entwickelungszustände hindurchgegangen, die wir für die Erde annehmen zu müssen glauben, indem nur seiner Kleinheit halber der Fortgang von einem Zustande zum anderen sich verhältnismäßig sehr rasch vollzogen habe, so liegt uns der Schluß nahe: Damals, als die Erstarrung der äußeren Mondpartien vollendet war, müssen bereits Revolutions- und Rotationsdauer gleich gewesen sein. Die zuerst von Kant[1]) ausgesprochene, von J. K. F. Zöllner [1834 bis 1882 [2])] weiter ausgeführte Hypothese, es finde beim Monde eine Nichtkoinzidenz des Schwerpunktes und geometrischen Mittelpunktes statt, scheint sich nach den neuesten Messungen nicht bestätigen zu wollen. Man brachte dieselbe in Verbindung mit der uns bereits bekannten Annahme, daß der Mondkörper kein

---

eine solche von Przybyllok zu zitieren (Das Profil der Randpartien des Mondes, Mitteilungen der Sternwarte zu Heidelberg 11). Aus der Vergleichung eigener Messungen mit denjenigen von Battermann, Hartwig und Hayn erhellte, daß es zwar an Höhendifferenzen im Rande keineswegs fehlt, daß sie aber nur auf Rechnung dessen, was man die Rauhigkeit der Mondoberfläche nennen könnte, zu setzen sind. In einer für weitere Kreise bestimmten Schreibart berichtet über Hayns Ergebnisse Santifaller (Über die Rotation und Gestalt des Mondes, Natur und Kultur, 6. Jahrg., S. 458 ff).

[1]) J. Kants Schriften zur physischen Geographie, herausg. von F. W. Schubert, Leipzig 1839, S. 406.

[2]) Zöllner, Über die Natur der Kometen, Beiträge zur Geschichte und Theorie der Erkenntnis, S. 275, Leipzig 1883. Der Leipziger Physiker, der in seinem Enthusiasmus für Kant hier und da etwas weit ging, erblickte eine unwiderlegliche Bestätigung der erwähnten Annahme in einem Briefe, den 1854 der berühmte Gothaer Astronom P. A. Hansen (1795—1874) an einen englischen Fachgenossen geschrieben hatte. Die Entfernung der beiden Punkte, die beide auf der größten Achse des Mondes liegend vorausgesetzt wurden, glaubte man auf annähernd 60 km veranschlagen zu können.

reiner Rotationskörper, sondern von abweichender Gestalt sei, und damit hat es wohl auch seine Richtigkeit, wenn auch freilich die Abweichung von der Sphärizität nicht entfernt so groß ist, wie man ehedem glaubte. Daß ein in flüssigem oder doch noch ganz plastischem Zustande befindlicher Weltkörper unter anderem auch

Fig. 8.

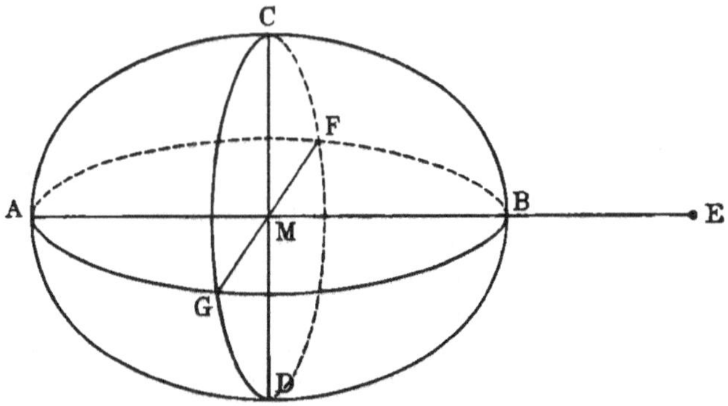

die Form eines dreiachsigen Ellipsoids annehmen kann, ist durch die Untersuchungen von Jacobi[1]) und Roche[2]) festgestellt worden, und zwar scheint sich die Herausbildung dieser Gleichgewichtsfläche, die den Mond (um M), begrenzt, in folgender Weise vollzogen zu haben[3]). Die größte Achse AB ($= 2a$) geht in ihrer

---

[1]) C. G. J. Jacobi, Über die Figur des Gleichgewichtes, Ann. d. Phys. u. Chem. **33**, 229 ff.

[2]) Roche, Mémoire sur les figures éllipsoidales qui conviennent à l'équilibre d'une masse fluide soumise à l'attraction d'un point éloigné, Compt. Rend. de l'Acad. Franç. **24**, 515 ff. Auch das die „Gleichgewichtsfiguren einer rotierenden Flüssigkeitsmasse" behandelnde (18.) Kapitel in dem uns (S. 18) bekannten Werke G. H. Darwins (S. 286 ff.) ist hier zu Rate zu ziehen.

[3]) Nach Darwin (a. a. O., S. 248 ff.) hat der Mond in primordialer Vergangenheit seine Umdrehung um die Erde in ganz unverhältnismäßig kürzerer Zeit ausgeführt, so daß also, falls es damals schon Menschen auf unserem Planeten gegeben hätte, diese der ganzen Mondoberfläche im Verlaufe weniger Stunden ansichtig geworden wären. Die weiche Masse des Trabanten unterlag aber einer sehr starken Flutreibung, wie solche auch gegenwärtig noch auf der Erde die aus der Zusammenziehung des sich abkühlenden Erdballes entspringende Verkürzung des Sterntages kompensiert. Als die Materie immer zäh-

Verlängerung ungefähr [1]) durch den Erdmittelpunkt E (Fig. 8) hindurch; die Achse GF ($= 2b$) ist die jeweilige Berührende der Mondbahn, und die dritte Achse CD ($= 2c$) stellt die Umdrehungsachse dar. Alsdann muß $a > b > c$ sein. Die Differenzen $(a - b)$ und $(b - c)$ sind aber gar nicht groß, und infolgedessen müssen auch die drei Hauptträgheitsmomente nur ganz wenig voneinander verschieden sein, was wiederum für ein fast vollständiges Zusammenfallen des geometrischen und statischen Mittelpunktes spricht.

Was nun die Messung jener Achsendifferenzen anbetrifft, so ist man bei deren Ermittelung im Sinne zweier grundsätzlich anders gearteter Methoden zu Werke gegangen. Mainka [2]) bestimmte durch eine Serie von Beobachtungen die Breite der Mondsichel, die, wenn der beleuchtete Körper ellipsoidisch und nicht rein sphärisch geformt ist, auch nicht genau die gleichen Bogenwerte aufweisen kann. Anders zuerst Franz [3]). Er hielt sich an die auffallende Wahrnehmung, welche Warren De la Rues Mondstereoskopbilder machen lassen; aus ihnen scheint nämlich ein bedeutendes numerisches Übergewicht von a über b und c zu folgen. Ersetzte man jedoch den zu Täuschungen Anlaß gebenden Gesichtseindruck durch genaue photogrammetrische Prüfung, so reduzierten sich die Differenzen ganz bedeutend, und zwar war das Gesamtergebnis dieses [4]): „Der Mond ist durchschnittlich nach der Erde zu ein wenig verlängert, wie es erforderlich ist, damit er ihr immer dieselbe Seite zukehrt, aber nur um einen kaum merkbaren Betrag, nämlich um die halbe Höhe der höchsten

---

flüssiger ward, müssen diese Reibungswiderstände stetig zugenommen haben, und damit ging eine Verlangsamung der Umdrehungsdauer Hand in Hand, bis der Zustand von heute herauskam. Und gleichzeitig wandelte sich die Mondkugel in ein Mondellipsoid um.

[1]) Wie erwähnt (S. 61), ist der Punkt, in dem die Richtung von AB die Erdoberfläche trifft, nicht konstant; wäre er es, so hätte es zur Festlegung des lunaren Anfangsmeridians im Sinne Tob. Mayers keiner Übereinkunft bedurft.

[2]) Mainka, Untersuchungen über die Verlängerung des Mondes, Publikationen der Sternwarte zu Breslau 2, 1903.

[3]) Franz, Über die Figur des Mondes, Breslau 1900. Die Verlängerung des Monddurchmessers, also der Betrag von $(a - c)$ wäre danach nur wenig über ein Tausendstel der Größe $1/3\,(a + b + c)$.

[4]) Franz, Der Mond, S. 45.

Mondberge. Die Abplattung [1]) an den Polen kann nur halb so groß sein.“

Darüber, daß der Mond weder Wasser noch Luft besitzen kann, haben wir uns in den bisherigen Erörterungen bereits ausgesprochen, und es ergibt sich auch noch Gelegenheit, dieser Frage näher zu treten, wenn von der physischen Beschaffenheit einzelner Mondregionen — „Meere“, Rillen — zu sprechen sein wird. Nachdem für die unserem Forschen allein zugängliche Seite des Weltkörpers die Akten schon so gut wie geschlossen waren, wurde doch noch mehrfach die Möglichkeit erwogen [2]), daß vielleicht auf der Gegenseite beide Stoffe sich angesammelt haben könnten. Jener Brief Hansens an Airy, dessen oben (S. 91) gedacht wurde, diente der Hypothese zu einer gewissen Stütze; was sich zu ihren Gunsten geltend machen läßt, hat Valentiner [3]) hervorgehoben. Allein nachdem, wie soeben dargelegt ward, das Bestehen der Ungleichungen $a > b > c$ zwar als theoretisch richtig nachgewiesen, aber als praktisch durchaus gleichgültig erkannt worden ist, muß auch die Erwartung aufgegeben werden, daß das unsichtbare Halbellipsoid sich von dem sichtbaren in irgend nennenswerter Weise unterscheide, und Aragos optische Beweisführung [4]) vermöchte uns kaum mehr neues zu bieten. Allerdings hat Pickering später nochmals eine Belebung der unhaltbar

---

[1]) Wenn das Mondellipsoid nicht durch Umdrehung entstanden ist, so tritt an die Stelle des einen Abplattungswertes eine Dreizahl solcher Werte: $\alpha_1 = \frac{a - b}{a}$, $\alpha_2 = \frac{a - c}{a}$, $\alpha_3 = \frac{b - c}{b}$. Allein wenn b und c fast völlig gleich sind, gilt dies auch für α_1 und α_2, während α_3 verschwindend klein wird.

[2]) Franz, a. a. O., S. 47. Selbstverständlich wäre dann auch die Möglichkeit nicht abzustreiten, daß jenseits organisches Leben gedeihen könnte — ein herrliches Arbeitsfeld für Freunde der Konjekturalastronomie.

[3]) Valentiner, Astronomische Bilder, S. 248 ff., Leipzig 1881. Ganz zutreffend wird bemerkt, daß dann, wenn a bedeutend größer als b und c wäre, die atmosphärischen Zustände auf der sichtbaren Mondhälfte einige Ähnlichkeit mit denjenigen bekunden würden, welche wir von hohen irdischen Bergen her kennen. Auch dort ist die Luft weit weniger dicht als in größeren Tiefen.

[4]) Vgl. A. v. Humboldt, Kosmos 3, 504; dort ist von einem bald erscheinenden — aber niemals erschienenen — Werke Aragos über Photometrie die Rede.

gewordenen Hypothese versucht [1]), allein überzeugend sind seine Schlüsse nicht gewesen. Dafür suchte man aber dieselbe neuerdings in einer ganz anders gearteten Modifikation auferstehen zu lassen; mit welchem Erfolge, soll jener Abschnitt dartun.

Eine nicht mit Vermutungen, sondern mit den zuverlässigeren Hilfsmitteln der Analysis ihr Ziel anstrebende Prüfung der Frage nach dem Vorhandensein einer Mondatmosphäre gründete Bessel (S. 77) auf die Strahlungsverhältnisse [2]). Er fand, daß man die Dichte der Mondluft unter den günstigsten Verhältnissen gleich $^1/_{968}$ der mittleren Dichte unserer Erdluft setzen könne. Indem man noch eine größere Zahl von Sternbedeckungen in Betracht zog, wurde dieser kleine Bruch noch um mehr als das Doppelte vermindert und auf $^1/_{2000}$ angesetzt [3]). Eine theoretische Betrachtung, die von den Grundlehren der Thermodynamik ausgeht, führt zu übereinstimmendem Resultate [4]), und Neisons Berechnung der Horizontalrefraktion des Mondes [5]) fällt zwar ein wenig günstiger aus, allein nach unseren Begriffen ist doch eine Luft, deren Dichte auf die der Erdatmosphäre bezogen, gleich 0,0025 zu setzen wäre, tatsächlich keine Luft mehr. Ob sich nicht aus der mächtigen Erstarrungsrinde gelegentlich irgendwelche Gase losringen, wie J. Schmidt [6]) auf Grund gewisser

[1]) Annals of the Observatory of the Harward College 32, 1 ff. Als Pickering in Arequipa (S. 88) das Hervortreten des Jupiter vor die Mondscheibe, die ihn verdeckt hatte, beobachtete, wies das Spektrum des Planeten ein dunkles, senkrecht zu den Streifen verlaufendes Band auf, worin er die Einwirkung des — vielleicht gefrorenen — Wasserdampfes auf der Nachtseite des Mondes erkennen zu sollen glaubte. Die Gefahr, daß irgend eine zufällige, vielleicht physiologisch-optische Täuschung für das Phänomen verantwortlich zu machen sei, ist groß genug, um der einmaligen Beobachtung eine große Tragweite abzusprechen.

[2]) Bessel-Schumacher, Vorlesungen usw., S. 618; Astronomische Nachrichten, Nr. 236.

[3]) Franz, a. a. O., S. 60.

[4]) Ebenda, S. 62 ff. Seinen Schwerkraftsverhältnissen zufolge kann der Mond spezifisch leichtere Gase, selbst wenn sie sich auf ihm gebildet haben sollten, gar nicht zurückhalten; Sauer- und Stickstoff würden ihn verlassen, um sich im Weltraume zu zerstreuen.

[5]) Neison-Klein, a. a. O., Kap. 2.

[6]) J. Schmidt, Karte der Gebirge des Mondes usw., S. 46 ff. Der verdienstvolle Beobachter hatte gesehen, daß der Grund eines Kraters eine mattgraue Färbung aufwies, und führte diese auf eine in der Höhlung vor sich gehende Gas- oder Dampfbildung zurück. Vgl. Abschnitt 12.

Lichterscheinungen für möglich hielt, muß natürlich dahingestellt bleiben.

Die Temperaturverhältnisse auf dem Monde müssen, da das kalmierende und regulierende Moment einer Lufthülle so gut wie ganz fehlt [1]), außerordentlich extreme sein, je nachdem die Sonne während eines halben Momentes ununterbrochen über und während des anderen halben Momentes ununterbrochen unter dem Horizonte eines bestimmten Ortes steht. Die älteren Versuche (S. 66) eines Lord Rosse, J. Herschel, Ericsson, Young usw. [2]), numerische Werte auszumitteln, können auf Zuverlässigkeit kaum Anspruch erheben. Die thermometrischen Messungen im infraroten Mondspektrum, dem die größte Wärmeenergie des Mondlichtes entsprechen würde, sind viel zu unsicher, um darauf folgenreiche Schlüsse von der Art, wie wir sie später kennen lernen werden, zu begründen. Die exakteste Methode, die uns zurzeit bekannt ist, dürfte diejenige sein, welche neuerdings von Very [3]) zur Anwendung gebracht wurde. Es spielt dabei die Ermittelung der sogenannten Albedo [4]) oder spezifischen Leuchtkraft der einzelnen Mondstellen ihre Rolle. Zöllner [5]) hatte dafür den

---

[1]) Die Fähigkeit unserer terrestrischen Lufthülle, Wärmeenergien aufzuspeichern, könnte immerhin wenigstens die mittägige Hitze noch verstärken, zum wenigstens länger zurückhalten.

[2]) Hierüber ist zu vergleichen das Werk von Neison-Klein, S. 24 ff.

[3]) F. W. Very, The probable Range of Temperature on the Moon, Astrophysical Journal 8, 199 ff., 265 ff.

[4]) Mondhelligkeiten werden bekanntlich durch Reflexion bedingt; man kann somit die Albedo als die Kraft der Lichtreflexion bezeichnen. Nach Zöllner verhalten sich diese Zahlenwerte für die einzelnen Mitglieder unseres Sonnensystems, wie folgt: Uranus : Jupiter : Saturn : Neptun : Mars : Erdmond : Merkur = 0,64 : 0,62 : 0,62 : 0,50 : 0,46 : 0,27 : 0,12 : 0,11. Daß die meisten äußeren Planeten relativ hell erstrahlen, verdanken sie ihrer dichten Wolkenhülle, die dem Monde gänzlich abgeht. Mars und Merkur haben ungleich weniger Wolken und stehen deshalb dem Begleiter der Erde hinsichtlich ihrer Reflexionsfähigkeit näher.

[5]) Zöllner, Grundzüge einer allgemeinen Photometrie des Himmels, S. 53 ff., Berlin 1861. In jüngster Zeit sind die Messungen von Zöllner und Bond durch Stebbins und F. C. Braun mit vervollkommneten Apparaten, unter denen das Selenphotometer obenan steht, wieder aufgenommen worden (Kleins Jahrb. d. Astron. u. Geophys., 19. Jahrg. (1908), S. 36; Astrophysical Journal 26, 326 ff.). Der Mond ist jenem zufolge zwischen erstem Viertel und Vollmond heller als zwischen Vollmond und letztem Viertel, weil die Osthalbkugel gegenüber der Westhalbkugel mehr dunkle Flecke aufweist.

Durchschnittswert 0,12 gefunden; Very rückt denselben etwas höher hinauf und gibt dafür 0,157 an, während er für ein „Mare“ (S. 57) im Mittel auf 0,09 herabsinkt und bei sehr stark reflektierenden Lokalitäten auf 0,23 ansteigt. Der nächste Abschnitt wird uns nötigen, dieses photometrische Problem in einer anderen Gedankenverbindung wieder aufzunehmen. Für jetzt bleiben wir bei Verys wichtigsten Daten stehen, die auch an und für sich schon den Eindruck der Wahrscheinlichkeit erwecken. Während des Mondtages liegt die Mitteltemperatur fast durchweg merklich über dem Gefrierpunkte des Wassers, und es ist sehr wohl denkbar, daß sie unter dem Einfluß kontinuierlicher Besonnung den Siedepunkt erreicht oder übertrifft. Schon während des Niederganges der Sonne muß aber rasche Abkühlung eintreten, und es ist nicht abzusehen, weshalb nicht während der langen Nacht Temperaturgrade bis zu — 150°, ja bis zu — 200° sich ergeben sollen. Hingegen ist es ganz unzulässig, dem Monde eine sich immer gleich bleibende Temperatur nahe ihrem absoluten Nullpunkte (— 273°) zuzuschreiben.

Von den drei Hauptabteilungen, in welche die Physik der Erde zerfällt, d. h. von den Theorien der Atmo-, Hydro- und Lithosphäre, sind, wie wir jetzt wissen, zwei für den Mond überhaupt nicht vorhanden, und die Selenologie hat sich nur mit einer einzigen, mit der Lehre von der festen Oberfläche, zu beschäftigen. Es konkurrieren folglich zwei Disziplinen miteinander, die Seitenstücke der tellurischen Orographie und Geologie. Die folgenden Abschnitte haben sich vorzugsweise mit dem zweitgenannten Analogon zu befassen; das zuerst erwähnte muß jedoch zuvor seine Erledigung gefunden haben. Und so soll es jetzt unsere nächste Aufgabe sein, eine möglichst zutreffende Beschreibung der Oberflächenformen des Mondes zu geben, so wie sich unsere Kenntnis derselben durch die in den geschichtlichen Abschnitten geschilderten Arbeiten gestaltet hat.

Die lunare Höhenmessung stand bei diesen nicht in letzter Linie; seit Galilei (S. 36) ist sie durch Schröter (S. 63), Mädler (S. 77) u. a. so gefördert worden, daß die Anzahl der recht genau bekannten Höhenzahlen als eine stattliche bezeichnet werden darf. Auf eine grundsätzliche Schwierigkeit, welche sich der Vergleichung dieser Werte entgegengestellt hat, ist schon (S. 38) hingewiesen worden; dem Monde gebricht es an jenem Normalniveau, das sich auf der Erde von selbst darbietet [1]); uns ist es leicht, absolute Ziffern zu geben, wogegen wir uns bei den Monderhebungen mit relativen zu bescheiden und nur darauf zu sehen haben, daß der kürzeste Abstand eines Gipfels von der nächst benachbarten ebenen Fläche normiert werde. Auf eine nicht zu unterschätzende Gefahr, die sich aus dem Mangel einer konstanten Bezugsfläche ergibt, hat frühzeitig schon Secchi [2]) hingewiesen. Trotzdem ist es anhaltender Beobachtungstätigkeit gelungen, auch nach dieser Seite hin einige Abhilfe zu schaffen; Hayn (S. 90) definiert als Radius des mittleren Randniveaus denjenigen der unzählig vielen Radien, welcher sämtlichen Sternbedeckungen gleichmäßig entspricht. Über die hierdurch gekennzeichnete Gleichgewichtsfläche erhebt sich um genau 4000 m der Krater *Moesting* A [3]), den schon Bessel als den geeignetsten Fixpunkt der Mondoberfläche, d. h. als denjenigen betrachtet hat, durch den also auch der Anfangskreis der Längenzählung, der aus einer anderen Betrachtung (S. 60) hervorging, immer wieder neu gefunden werden könnte. Die selenographischen Koordinaten von *Moesting* A, die wir den geographischen nachbilden, sind folgende: $long\, e = 5^0\, 10'\, 19''$, $lat\, a = -2^0\, 11'\, 3''$. Der Krater zählt zu den hellsten Punkten der Mondoberfläche, der von fünf anderen lichtstarken Kratern und einer gleichfalls hellen Bergspitze rosettenförmig umgeben ist. „Sein Ort ist seit 1888 bis auf $^1/_{20}$ seines Durchmessers genau bekannt und genauer als jeder andere Punkt der Mondoberfläche. Dadurch ist ein fester Punkt auf dem Monde

---

[1]) Zwar fallen die einzelnen Geoidflächen, welche durch die Spiegel bestimmter Meeresteile repräsentiert sind, nicht vollkommen zusammen, aber die Abstände der einzelnen Flächen voneinander verbleiben doch in Bruchteilen eines Meters (Czuber, Das geometrische Nivellement, Technische Blätter **23**, Heft 2 u. 3).

[2]) A. Secchi, Sur la profondeur des cratères lunaires, Compt. rend. de l'Acad. Franç. **48**, 89 ff.) Beim Krater *Copernicus* und auch sonst liegt der tiefste Punkt der Einsenkung über dem Nachbargelände.

[3]) Nicht Maestlin, der Lehrer Keplers (S. 37), ist gemeint, wie J. Schmidt bei Eintragung der Namen in seine Mondkarte irrtümlich angenommen hat. Der Name *Moesting* ist von dem Altonaer Astronomen H. A. Schumacher, Gauß' Freund und Korrespondenten, eingeführt worden, der dem der Astronomie sehr gewogenen dänischen Premierminister jener Zeit, einem besonderen Gönner der damals ihren Weltlauf beginnenden Zeitschrift „Astronomische Nachrichten", eine Ehre erweisen wollte.

gegeben, auf dem man fußen kann, und der zur Grundlage der Vermessung der Mondoberfläche seitdem gemacht worden ist [1])". Damit ist auch der hochwichtige Zweck erreicht, bei Randdurchgängen die aus Irradiation (Netzhautüberreizung) und persönlicher Gleichung entfließenden Fehler eliminieren zu können; man mißt die Distanz Stern—*Moesting* A, und da man weiß, wie weit dieser vom Mondmittelpunkte absteht, so ist die Messung vollendet [2]).

Wir tun nun wohl am besten, wenn wir die Mondgebilde so, wie dies von seiten der Astronomen seit geraumer Zeit geschah,

---

[1]) Franz, a. a. O., S. 41.

[2]) Die allerneueste Zeit hat ein Hilfsmittel exakter lunarer Messung, welches zwar schon lange bekannt ist, vorher aber keiner so hohen Wertschätzung sich erfreute, zu weit größerer Bedeutung gebracht, nämlich die Stereoskopie. Was man vor zehn Jahren von derselben wußte und halten zu dürfen glaubte, läßt uns ein Schriftchen von Prinz ersehen (De l'emploi des photographies stéréoscopiques en sélénologie, Brüssel 1900). Es ergab sich bei der Vergleichung der vom Autor, von Common, den Gebrüdern Henry, Loewy-Puiseux und Burnham aufgenommenen Bilder, daß Glasstereoskopen den anderen entschieden vorzuziehen waren. Ursprünglich wurde nur daran gedacht, einen recht plastischen Eindruck von einzelnen charakteristischen Mondgegenden zu bekommen, und dieser Zweck wurde auch so vollkommen erreicht, daß manche topographische Einzelheiten sich erst jetzt dem Beobachter darstellten, dem sie beim direkten Betrachten der Mondscheibe entgangen waren. Von einigen solchen Erkenntnissen, die man dem Stereoskope zu danken hatte, wird noch zu sprechen sein. Die höhere Vollendung dieses Verfahrens hat dann aber erst Pulfrich angebahnt, dem die großartigen Hilfsmittel des Abbe-Zeißschen Institutes in Jena zu Gebote standen. Zurzeit liegt von ihm nur eine vorläufige Notiz vor (Neue stereoskopische Methoden und Apparate, S. 68 ff., Berlin 1903—1909), welche einem auf dem 1902 in Göttingen versammelten Astronomenkongreß gehaltenen Vortrage (Über die bis jetzt mit dem Stereokomparator auf astronomischem Gebiete erhaltenen Versuchsergebnisse, Vierteljahrsschr. der Astronomischen Gesellschaft, 37. Jahrg., 3. Heft) entnommen ist. Die Abfassung der Mondoberfläche mit jenem neuen Instrumente (Stereokomparator) ergab in der Hauptsache Bestätigungen dessen, was Franz (S. 81) bei seiner Ausmessung der Lick-Photogramme gefunden hatte. Man konnte ein förmliches Nivellement durchführen und ein System von Durchdringungskurven jener Oberfläche mit einer Schar äquidistanter Flächen konstruieren. Wir werden in Abschnitt 12 dieser Messungen, für die sich neuerdings auch besonders H. Ebert und S. Finsterwalder in München interessieren, nochmals zu gedenken haben.

in Kategorien einteilen und die typischen Züge einer jeden erläutern, indem wir zugleich, soweit das eben möglich ist, die gestaltlichen Beziehungen zu gewissen Modalitäten des Erdreliefs hervorheben. Um die selenographischen Begriffe zu fixieren, verweisen wir zugleich auf Fig. 9, eine Nachbildung der von Mainka

Fig. 9.

und Franz [1]) ausgearbeiteten lunaren Höhenschichtenkarte. Niemand wird erwarten, daß mehr als ein erster Versuch vorliegt, ein ungeheures Material in solcher Form übersichtlich darzustellen, allein der Zweck, die Höhen- und Tiefenverhältnisse zum einheit-

[1]) Franz, a. a. O., S. 46; Fauth, a. a. O., S. 42.

lichen Ausdrucke zu bringen, wird doch dadurch in anerkennenswerter Weise erreicht.

a) Flächen, die nach der Analogie terrestrischer Wasseransammlungen benannt sind. Wir erfuhren (S. 67), daß erst in der zweiten Hälfte des 18. Jahrhunderts die Überzeugung sich durchrang, wirkliche Analogien zwischen den stehenden Gewässern der Erdoberfläche und jenen dunklen Mondstellen, die auch Kepler (S. 46) nach einiger Unsicherheit als etwas vom sonstigen Festlande Verschiedenes gelten ließ, dürften nicht angenommen werden. Es war jedoch ganz vernünftig, daß die Folgezeit an der von Hevelius und Riccioli (S. 57) gewählten Nomenklatur festhielt, und so sehen wir denn auf einer genauen Mondkarte die nachstehenden sonderbaren, einzig einem phantastischen Einfalle des Namengebers zuzuschreibenden Bezeichnungen [1]): *Oceanus Procellarum*, *Mare Humorum*, *Mare Imbrium*, *Mare Frigoris*, *Mare Serenitatis*, *Mare Vaporum*, *Mare Tranquillitatis*, *Mare Foecunditatis*, *Mare Crisium*, *Mare Nectaris*, *Sinus Medius*, *Sinus Aestuum*, *Lacus Somniorum*, *Lacus Mortis*, *Palus Nebularum*, *Palus Putretudinis* [2]). Was soll nun die heutige Wissenschaft mit diesen schlecht reflektierenden, tief gelegenen Flächen anfangen, aus denen großenteils isolierte Kuppen aufragen?

Ihre Färbung ist durchaus keine gleichartige [3]), überhaupt nicht eigentliche Färbung. Reines Grün, gelbliches Grün, mattes Schwarz, sind konstatiert worden, und sicherlich hängt diese Farbentönung nicht bloß von dem Neigungswinkel der auffallenden Strahlen, sondern auch von der besonderen Beschaffenheit der einzelnen Partien ab; auch das subjektive Empfinden des

---

[1]) Franz, a. a. O., S. 70.

[2]) Die Neuzeit hat zu den überkommenen Ausdrücken, wenn sich ein Bedürfnis zeigte, weitere Folgen hinzuzufügen keinen Anstand genommen. So ist z. B. von Franz (Der Westrand des Mondes, Mitteil. d. Sternwarte zu Breslau 2, Nr. 3) eine schärfere Abgrenzung einzelner Räume von schon benannten „Meeren" angeregt worden; es gibt ein „*Mare Australe*" ein „*Mare Marginis*", ein „*Mare Smythii*" (so nach dem schottischen Astronomen Piazzi Smyth genannt) u. dgl. m.

[3]) Franz, a. a. O., S. 86 ff.; Fauth, a. a. O., S. 64 ff. An letzterem Orte (S. 70) wird auch betont, wie schwierig das Unterscheiden von Farbennuancen ausfalle, „wo Licht in Licht aufgelöst scheint". Eine gute Hilfe für die Erkennung von „Farben" in den Lichtabstufungen gewährt Kriegers Atlas (S. 87).

Beobachters wird sehr in Rechnung zu ziehen sein. Einzelne „Meere“ sind von rundlichen, andere von langgestreckten Konturen umschlossen, so daß sie Zungen und Fjorde in das angrenzende Bergland hinein entsenden. Man wird kaum fehlgehen, wenn man, ohne irgend auf entwickelungsgeschichtliche Fragen einzugehen, rein morphographisch die Vermutung ausspricht, die „Meere“, „Seen“ und „Sümpfe“ seien den Tief- und Flachländern der Erdoberfläche vergleichbar [1]).

b) Kratermeere. Da auch auf dem Grunde mehrerer Kraterberge kleinere Flächen von sehr geringer Albedo zu finden sind, die folglich dem Beobachter ganz den gleichen Eindruck, wie die „Maria“, machen, so läge es anscheinend nicht ferne, beide Formen als durchaus gleichwertig und genetisch zusammengehörig zu betrachten. Die äußere Ähnlichkeit darf indessen nicht den Ausschlag geben, und so haben wir wahrscheinlich in den Kratermeeren [2]) besondere Oberflächenformen anzuerkennen, die in gewisser Hinsicht den Übergang zu den Gebirgstypen vermitteln. Zu diesen soll nunmehr übergegangen werden.

Die von Mädler [3]) gestellte und von Fauth [4]) wieder aufgenommene Forderung, die Mondterminologie solle sich mit neutralen, rein morphographischen Benennungen begnügen, ist grundsätzlich richtig, und es ist ihr auch von den Fachmännern nach Möglichkeit Rechnung getragen worden. Ganz ließ es sich aber nicht verhindern, daß manches Wort schon eine gewisse Ursächlichkeit anzudeuten schien; es sei nur an den Begriff Krater erinnert, der nun einmal auf der Erde für unzertrennlich mit vulkanischen Vorgängen verbunden angenommen wird. Große Mühe um die Herstellung einer konsequenten, in sich geschlossenen Formen-

---

[1]) Die seit einigen Jahren wichtiger gewordene Frage nach der Verteilung der „Meere“ und der gegensätzlichen Landschaften auf der Mondoberfläche steht in ursprünglichem Zusammenhange mit den Vorstellungen, welche man sich über deren tektonische Leitlinien gebildet hat, und soll deswegen erst im 11. Abschnitt zur Diskussion gestellt werden.

[2]) Franz, a. a. O., S. 84 ff.

[3]) Mädler, Der Mond usw., S. V ff. „Erscheinungen sollten immer in Ausdrücken beschrieben werden, welche keine Meinung über ihre Ursachen involvieren.“

[4]) Fauth, a. a. O., S. 60 ff.

nomenklatur hat sich Neison [1]) (S. 80) gegeben, und ihr wird sich dann auch unsere gedrängte Überschau anschließen. Die einzelnen Bergklassen können also, wie folgt, nebeneinander gestellt werden.

c) Bergketten (Mountain-Ranges). Hierher gehören in aller Strenge nur Hevelkes *Alpen* und *Apenninen* (S. 57). Erstere fallen in ihrem Innern zu einem Tale von auffallender Geradlinigkeit ab [2]). *Rhipäen*, *Kaukasus*, *Haemus*, *Altai* und *Karpaten* mögen ebenfalls hierher gerechnet werden; doch gehören sie auch bereits dem von Franz stipulierten allgemeineren Formenkreise der

d) Bergrücken (Mountain Ridges) an, die wir von den vorgenannten nur insoweit getrennt wissen wollen, als statt einer Kammlinie eine breitere Fläche in die Erscheinung tritt. Der *Taurus* ist ein Prototyp dieser Abteilung; ebenso eine von Hevelius zwischen einer Reihe angrenzender Meere unterschiedene und *Sarmatia Asiatica* zubenannte Region. Daß eine schroffe Scheidung zwischen c) und d) nicht angängig ist, leuchtet von selber ein. Nach Neison eignet den durch Bergrücken ausgezeichneten Gebieten, die sich mitunter als verzweigte Hügellandschaften darstellen, der Charakter einer gewissen Wildheit.

e) Isolierte Berge (Peaks). Hierher gehören die meisten der sogenannten „Berge" des Hevelius, sofern sie nicht bereits unter c) und d) rubriziert sind [3]).

---

[1]) Neison-Klein, a. a. O., S. 74 ff. Wir sehen in diesen meist sehr deutlichen Bezeichnungen durchaus kein Spiel mit Worten, sondern einen sehr ernst gemeinten und gewiß nicht mißglückten Versuch, der Formenmannigfaltigkeit der Natur mit den Mitteln der Sprache beizukommen.

[2]) Franz, a. a. O., S. 78. Siehe auch die instruktive Karte des Alpentales bei Fauth (a. a. O., S. 112).

[3]) Gegen seine eigene Regel, deren Berechtigung wir vollkommen zugestanden haben, verstößt Fauth selbst, wenn er (S. 68) sagt: „Wo auf der Erde ein Berg unvermittelt aus der Fläche aufragt, ist er immer ein Vulkan oder war ein solcher." Wäre das wahr, so liefe man von vornherein Gefahr, jedem Mondpik eine vulkanische Entstehung zuzuschreiben. Allein der Satz trifft nicht zu; wir weisen nur auf zwei ganz schlagende Beispiele für das Gegenteil hin, auf den Hesselberg im südlichen Franken und auf den Hohen-Asperg im nördlichen Württemberg. Beide sind „Restberge", Zeugen dereinstiger viel größerer Ausdehnung des Fränkisch-Schwäbischen Jura.

f) Wallebenen; eine Mittelform zwischen den „Meeren“ und den wirklichen Kratern. Das wichtigste Unterscheidungsmerkmal liegt in der Größe, indem die Flächendimensionen einer Wallebene bis zu 240 km ansteigen.

g) Ringgebirge (Ring Plains). Eine elliptisch oder kreisrund begrenzte kleinere Fläche, die von einem Walle umgeben ist, während aus ihrem Innern ein für sich bestehender Zentralberg aufragt, wird als Ringgebirge angesprochen; als Bergring (Mountain Ring) gilt eine minder vollkommene, schon einigermaßen der Zerstörung ihres Gürtels anheimgefallene Wallebene.

h) Krater im engeren Sinne. Eine gewisse Verwandtschaft mit den Erhebungen, welche seit alter Zeit die Vulkanologie als Krater — wörtlich Mischkrug, κρατήρ — kennt, berechtigt zur Wahl dieses Namens für die Mondgebirge von typischer Kreisform, deren Durchmesser zwischen 7 und 20 km zu variieren pflegt. Ein Mondkrater sieht aber anders aus als etwa der Krater eines normalen Stratovulkanes, des Vesuvs, des

Fig. 10.

Fig. 11.

Piks von Tenerife. Die äußere Böschung ist sanft und die innere steil; soweit stimmt die Ähnlichkeit, aber zwischen dem Gürtelringe weitet sich eine flache Ebene, aus der nicht selten ein Zentralberg in die Höhe steigt, so wie Fig. 10 und 11 dies schematisch darstellt. Zumeist sind Umfassung und Innenebene hell, und zwar nimmt die Helligkeit mit der Höhe zu[1]); eine Ausnahme tritt dann ein, wenn man es mit einem Kratermeere (S. 102) zu tun hat. Das Vorkommen einer größeren Anzahl von Zentralbergen — *Copernicus* hat deren drei — ist seltener. Auch kommen zwei- und dreifache Ringmauern vor. Miniaturkrater (Craterlets bei Neison), deren Diameter oft bis nahe an 1 km herabgehen mag, sind über die ganze Mondfläche ausgesäet. Dann, wenn die Böschung so sanft wird, daß sich die Innenfläche kaum über das Umland erhebt, spricht man von Kratergruben (Crater

[1]) Franz, a. a. O., S. 80. Zahlreiche Profile bildet auch Fauth (a. a. O., S. 52) ab. Gewiß befindet er sich im Rechte, wenn er meint, der an sich große Ätnakrater würde, befände er sich auf dem Monde, für unsere besten Fernrohre unerkennbar bleiben.

Pits), und mitunter sinkt sogar erstere in die umgebende Ebene ein — man hat eine Depression. Auch der Sammelbegriff Krater entbehrt somit nicht einer mannigfaltigen Differentiierung.

Die Kreisform der Begrenzung ist wohl häufiger, als es zuerst den Anschein hat, keine vollkommene; polygonale Randlinien kommen nicht selten vor. Riccioli[1]) und Keill[2]) (1671 bis

Fig. 12.

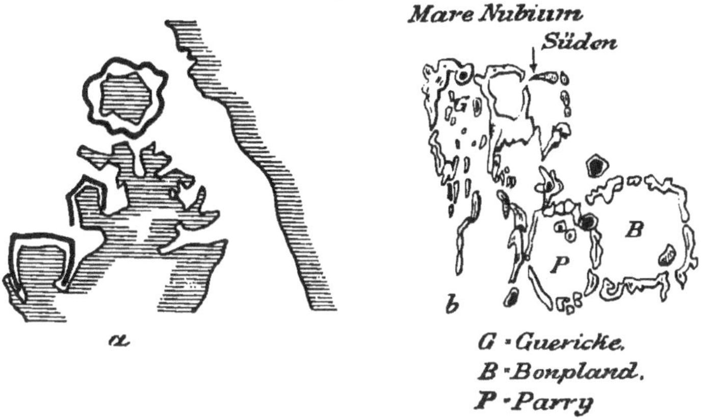

1721) sind zuerst, wie J. Phillips[3]) erinnert, auf diese Tatsache aufmerksam geworden, und der seinerzeit unter den Vertretern der geologischen Katastrophenlehre hervorragende J. B. Élie de Beaumont (1798 bis 1874) benützte dieselbe[4]) zur Konstatierung einer morphographischen Analogie zwischen Mond- und Erdkratern. Nach Prinz[5]) wird in Fig. 12a und b die Parallele

[1]) Riccioli, a. a. O., 1, 20. „Demum quaedam, quae plerumque rotundae notantur, nonnunquam tamen, nimirum in plenilunio, hexagonicae fiunt."

[2]) J. Keill, Introductio ad veram physicam et veram astronomiam, Oxford 1739; die angehängte Mondkarte kommt hier in Betracht.

[3]) J. Phillips, Notice of some Parts of the Surface of the Moon, Philos. Transact. 148, 339 ff.

[4]) Élie de Beaumont, Comparaison entre les masses montagneuses annulaires de la Terre et de la Lune, Compt. rend. de l'Acad. Franç. 16, 1032.

[5]) Eingehend erörtert diese und verwandte Fragen Prinz (Esquisses sélénologiques, Brüssel 1893). Er verweist auch auf eine hierher gehörige, ihren Stoff den Sandwichinseln entnehmende Abhandlung

anschaulich gezogen; a entspricht einer Gruppe von Kraterseen auf der Nordinsel von Neuseeland, b dem Tripel der Mondkrater *Guericke*, *Bonpland* und *Parry*. Auch die schöne Karte, die Fauth [1]) vom gewaltigen Ringgebirge *Copernicus* entwirft, weist eher auf ein Vieleck, als auf eine geometrische Ovallinie hin. Demzufolge wird die Selenologie, sobald sie von der bloßen Beschreibung zur Erklärung fortschreitet, auch an diesem Phänomen der polygonalen Umrandung nicht achtlos vorübergehen dürfen (s. unten in Abschnitt 11).

Schon Schröter [2]) hat einen Anfang mit der Morphometrie der Kraterbecken zu machen gesucht; er gewann die Überzeugung, daß die Volumina des Randwalles und des Hohlraumes ungefähr gleich seien, womit also ausgesprochen wäre, daß der Krater aus der Mondfläche selbst herausgehoben ist und weder von außen her noch aus größerer Tiefe wirkende Kräfte bei seinem Aufbau beteiligt waren. Franz [3]) ist der Ansicht, daß eine einfache Schätzung die Richtigkeit dieses Erfahrungssatzes bestätige. Nun ist aber nicht bloß eine oberflächliche Schätzung, sondern eine

---

des berühmten amerikanischen Geologen J. D. Dana (1813—1895), deren Titel (On the Volcanoes of the Moon, Amer. Journ. of Science 2, 335 ff.) schon ersehen läßt, daß die von ihrem Verfasser an den Hawaii-Vulkanen gesammelten Erfahrungen für die Probleme des lunaren Vulkanismus nutzbar gemacht worden sind. Die Vulkane der Sandwichinseln hat unter dem erwähnten morphographischen Gesichtspunkte namentlich auch betrachtet W. Lowthian Green (The Volcanic Problem from the Point of View of Hawaiian Volcanoes, Honolulu 1884; The Earths Surface Feature and Volcanic Phaenomena, Honolulu 1887). Da die Originale schwer zugänglich sind, so ist man W. Prinz zu Dank verpflichtet für seine Hinweise auf Greens Arbeiten in einer größtenteils einem anderen Zwecke gewidmeten Monographie (L'hypothèse de la déformation tétraédrique de la Terre de W. L. Green et de ses successeurs, Brüssel 1901). Wir werden auf diese Fragen später in Abschnitt 10 zurückzukommen haben. Unter den neueren Forschern hat Gwyn Elger (Configuration of Lunar Formations, Journal of the British Astronomical Association 3, 314 ff.) die Polygonalgestalt als charakteristisch bezeichnet, und Stuyvaert (Notes sélénologiques, Annales de l'Observatoire Royal de Belgique 1883, 1884) gab in diesen Aufsätzen mehrere Beispiele für diese — uns später noch eingehend beschäftigende — Perimeterform.

[1]) Fauth, a. a. O., S. 102.

[2]) Schröter, a. a. O., S. 178 ff.

[3]) Franz, a. a. O., S. 81.

Berechnung, wenn dieses Wort in unserem Falle anwendbar erscheint, wirklich ausgeführt worden, und zwar hat Ebert[1]), dem wir sie verdanken, nicht nur diese, sondern auch andere Maßverhältnisse den besten Mondkarten entnommen und verglichen. Bezeichnen wir speziell mit k das Zahlenverhältnis, in dem der Kubikinhalt der Austiefung und derjenige der Umwallung zueinander stehen, so unterscheidet Ebert die folgenden Möglichkeiten:

$k = \infty$. Bloße Einsenkung ohne Spur von Randerhöhung; Mare auf der Erde, Depressionen als Grenzfall der Kratergruben (S. 104) auf dem Monde.

$k > 1$. Der Hohlraum wiegt an Volumen vor.

$k = 1$. Normales Ringgebirge.

$0 < k < 1$. Der Gürtelwall wiegt an Volumen vor.

$-1 < k < 0$. Ein teilweise ausgefülltes Ringgebirge, wie es auf der Erde als Norm, auf dem Monde unverhältnismäßig seltener, z. B. aber beim *Wargentin*[2]), vorkommt.

$k = -1$. Völlig glattes Ebenenstück.

Die Relation $k = 1$ wird nun wirklich sehr oft und mit solcher Annäherung konstatiert, daß man annehmen darf, die unvermeidlichen und zahlreichen Fehler der Beobachtung könnten keine wesentliche Einwirkung üben. Der Nutzen dieser morphometrischen Untersuchung für das Studium morphologischer Fragen wird sich uns später offenbaren.

Genaue Zahlenangaben über die Lage merkwürdiger Krater und ihre Dimensionen findet man bei Franz, der auch über Doppel- und Zwillingskrater das Erforderliche mitteilt[3]); jene

---

[1]) H. Ebert, Über die Ringgebirge des Mondes, Satzungsberichte der physikalisch-medizinischen Sozietät zu Erlangen **10**, 171 ff.

[2]) Dieser Krater wird auch von Franz ausdrücklich als nicht unter die Schrötersche Regel fallend bezeichnet. Er nimmt eine gewisse Ausnahmestellung unter den Ringgebirgen ein, weil er bis zum Rande angefüllt ist; sein ebenes Innere erhebt sich, ohne jeden Zentralberg, über die Umgebung. In gleich entschiedener Ausprägung ist kein zweiter Mondkrater namhaft zu machen.

[3]) Franz, a. a. O., S. 83. Zwei sehr charakteristische Repräsentanten dieser Gattung bildet auch Fauth (a. a. O., S. 93) ab; *Airy* d und *Copernicus* A sind Musterbeispiele. Auch *Torricelli* und die „geradezu flaschenförmig in die Länge gezogene Senke *Hypatia*“

haben eine gemeinschaftliche Wallgrenze, diese dagegen hängen durch eine Art Engpaß direkt miteinander zusammen. Es gibt auch Krater, die sich aus noch mehr Teilen zusammensetzen, wie *Anaximander* und *Meton*. Auch auf dem Gürtel können Krater sitzen, die man also zweckmäßig als Wallkrater bezeichnen wird; ihr morphographisches Verhalten zeigt, daß sie immer später als der sie beherbergende Wallring entstanden sind, daß sie mithin die Rolle parasitärer Krater spielen.

Bei allen bisherigen Typen war es erlaubt, eine Parallele zwischen ihnen und gewissen uns von der Erde bekannten Oberflächenformen zu ziehen. Mochte der Vergleich auch ab und zu nicht vollständig stimmen, wie die meisten Vergleiche, so konnte ihm doch durchaus nicht der Vorwurf gemacht werden, ganz heterogene Dinge zusammengebracht zu haben. Nun aber bleiben uns noch zwei lunare Formenreihen übrig, denen wir zunächst gar kein terrestrisches Analogon zur Seite zu stellen befähigt sind. Es sind die Strahlensysteme und Rillen.

i) Die Strahlensysteme. Von einer Anzahl von Kratern gehen allseitig, oder doch nach vielen Richtungen diese eigenartigen leuchtenden Streifen aus, die zumal dem Vollmonde eine bestimmte Signatur verleihen. Ihre Anzahl ist nicht gering; 14 besonders ausgezeichnete Systeme führt Franz[1]) nach ihrer selenographischen Lage und nach der Länge der ihnen zugehörigen Strahlen auf, die im allgemeinen dem Verlaufe größter Kreise folgen, teilweise aber auch, so bei *Copernicus* und *Olbers* a, Krümmungen erkennen lassen. Das schönste, auch für schwache Vergrößerung erreichbare System ist das, welches

---

gehören hierher; *Torricelli* ist ein Wallring von 20 km Durchmesser, und an jenen fügt sich ein weiteres etwa halb so großes Anhängsel an, so daß ein birnenförmiges Gebilde entsteht. Unwillkürlich fühlt man sich an Doppeldolinen des Karstes gemahnt (Günther, Handb. d. Geophysik 2, 933).

[1]) Franz, a. a. O., S. 93ff. Aus der Schilderung Fauths (S. 74ff.) geht hervor, daß eine objektive Detailbeschreibung mit Schwierigkeiten zu kämpfen hat. „Es ist gerade so, als ob jemand auf einem blaß crêmefarbigen Reliefglobus radiale, flüchtig über die Höhen streifende Pinselstriche gemacht hätte, so daß etwa alle hervorstehenden Rücken und Teile der Ebene, welche zwischen ihnen in geringe Berührung mit dem Pinsel gekommen wären, Spuren der weißen Farbe behalten hätten.“

das Ringgebirge *Tycho* zum Ausgangspunkte zu haben scheint. Ein Mondphotogramm, auf dem diese Partie sich gut von der Umgebung abhebt, sieht sich wie ein Erd- oder Himmelsglobus an, von dessen Pole die Meridiane sich überallhin verzweigen; die Ähnlichkeit mit einer zersprungenen Kugel, wie wir sie nach Prinz in Fig. 13 abbilden, ist sehr groß; davon wird weiter unten noch zu sprechen sein. Es lassen sich da 10 Lichtstreifen deutlich unterscheiden, die eine mittlere Länge von 60° erreichen; an absoluter Länge kommen ihnen am nächsten diejenigen des Kraters *Stevin*, deren Endpunkte bis zu 40° vom Zentrum entfernt sind. Da, wo Durchkreuzungen mehrerer Systeme stattfinden, beginnt natürlich eine gewisse Undeutlichkeit; es kommt aber auch vor, daß Lichtlinien, die von einer der unsichtbaren Mondhälften ausstrahlen, in die sichtbare hinüberreichen[1]). Mehrmals beginnen die Strahlen unmittelbar an dem Wallringe, dem sie zugeordnet sind, aber dann und wann, und zwar besonders bei *Tycho*, liegt zwischen dem Krater und dem Ursprunge des Strahlenkranzes ein dunkler Ring von nicht unbeträchtlicher Breite[2]). Was neben ihrem Aussehen diese Gebilde besonders interessant erscheinen läßt, ist der Umstand, daß sie neben einer gewaltigen Längen- und sehr kleinen Breitendimension so gut wie gar keine Raumdimension wahrzunehmen ermöglichen; eine irgend namhafte Höhe über das durchzogene

Fig. 13.

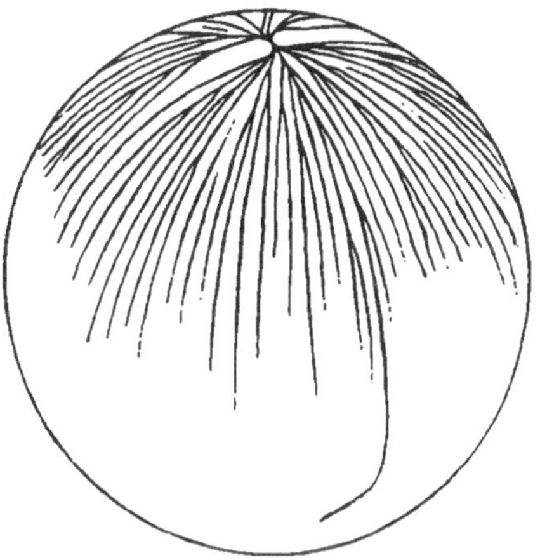

[1]) Der Ursprungskrater muß jenseits des nördlichen Teiles von *Otto Struve* hart an jener Grenzlinie liegen, über welche hinaus die abgewandte Hemisphäre auch durch das Maximum der Libration (S. 37) nicht mehr sich zu zeigen vermag.

[2]) Monographisch handelt von *Tycho* H. J. Klein (Das Strahlensystem des *Tycho* auf dem Monde, Sirius 20, 146 ff.).

Gelände erreichen sie nicht, weil sie gar keinen Schatten werfen, und Vertiefungen können es auch nicht sein, indem die dem Rande näheren in keinem Librationsstadium eine Verdeckung erleiden. Ihre Lichtintensität ist durchaus keine gleichförmige. Je genauer sich die Mondforschung diesen Objekten zugewandt hat, um so mehr lernte man einsehen, daß die früher angenommene Regelmäßigkeit in deren Struktur eigentlich nicht existiert. Jedenfalls ist ihr Vorkommen kein so seltenes, wie die ältere Periode der Selenographie notgedrungen zu konstatieren hatte, denn die hell glänzenden Ringe, welche eine Menge auch kleinerer Krater umgeben, mußten bei näherem Zusehen als Aggregate kurzer Strahlenbündel anerkannt werden. Und damit ist auch der Übergang gegeben zu einer anderen Erscheinung, die wohl am zweckdienlichsten hier ebenfalls beigezogen wird.

Fig. 14.

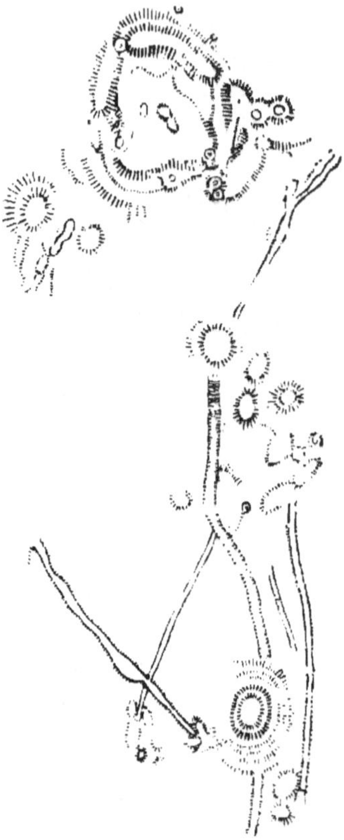

Dies sind jene hellen Flecke[1]), die regellos, einzeln oder gruppenweise, in nicht ganz kleiner Anzahl auf der Mondfläche auftreten und die mit den Strahlensystemen das gemein haben, daß sie nur bei hohem Sonnenstande sichtbar werden und keinen wie immer beschaffenen Niveauunterschied gegen die Umgegend erkennen lassen. Möglich, daß, wenn die raumdurchdringende Kraft der Fernrohre noch mehr gesteigert wird, solche Flecke sich in Systeme

[1]) Franz, a. a. O., S. 96.

Fig. 15.

Fig. 16.

sehr dicht aneinander herangedrängter und nicht weit ausgreifender Strahlen auflösen lassen.

k) Die Rillen. Daß es Schröter war, der die Mondkunde durch die Erkenntnis dieser rätselvollsten aller lunaren Bodenformen bereicherte, mußte früher (S. 65) bemerkt werden; auch die Bezeichnung ist sein Eigentum. Ihre Anzahl ist seitdem von 11 auf mehr denn 1000 angewachsen [1]). Der fleißige Gruithuisen (S. 76) entwarf [2]) bereits ein Rillenbild für eine bestimmte Gegend, welches nach Fauths Urteile [3]) demjenigen in Mädlers „Mappa" vorzuziehen ist. Die Rillen sind tiefe, schluchtartige Furchen, die zwar mehrenteils geradlinig dahinziehen, manchmal aber — vgl. in Fig. 14 die *Hippalus*-Rille — auch eine gebrochene Linie darstellen oder, worauf Weinek aufmerksam machte [4]), einen gewundenen Lauf besitzen. Die *Hyginus*-Rille bringt nach Loewy-Puiseux und Weinek Fig. 15 zur Anschauung. Besonders formenreich erweisen sich die Rillenkomplexe in der Nähe der Krater *Triesnecker* und *Posidonius*; auch *Gassendi* zeichnet sich durch seinen Rillenreichtum aus [5]); das *Triesnecker*-System ist aus den Weinekschen Photogrammen (Fig. 16) gut zu ersehen. Was diese Tiefenlängsgebilde von

---

[1]) So Engelmann in seiner Anzeige des Neison-Kleinschen Werkes (Vierteljahrsschr. d. Astron. Gesellsch. **13**, 25). Schröters Fußtapfen folgte außer Gruithuisen auch Lohrmann, der zuletzt 75 Rillen kannte, wozu Mädler und Kinau noch neue hinzufügten (Franz, a. a. O., S. 99). Ganz gewaltig vermehrte ihre Zahl J. Schmidt, der in seiner Monographie (Die Rillen auf dem Monde, Leipzig 1866) bereits 425 ihrer Lage nach bestimmte; 348 finden sich auf seiner großen Karte (S. 79). Neuerdings sind neben Gaudibert und Neison vor allem L. Brenner, dessen „Astronomische Rundschau" hier zunächst in Betracht kommt, und Fauth als Rillenentdecker tätig gewesen. Letzterer gedenkt (a. a. O., S. 119) auf seiner projektierten Mondkarte von 3,5 m Durchmesser die bis jetzt bekannten Rillen einzutragen, deren dann, und zwar nur für einen Teil der sichtbaren Mondfläche, über 1600 an Zahl sein würden.

[2]) Gruithuisens Zeichnung von 1814 gibt H. J. Klein (Durchmusterung des gestirnten Himmels **1**, 144) wieder.

[3]) Fauth, a. a. O., S. 157.

[4]) Astronomische Beobachtungen an der k. k. Sternwarte zu Prag in den Jahren 1889, 1890 und 1891, Prag 1893. Weinek nimmt auch auf die von Pickering in Arequipa (S. 88) gemachten Wahrnehmungen betreffs der gewundenen Rillen Rücksicht.

[5]) Fauth, a. a. O., S. 116 ff.

den Tälern[1]) (S. 103) und Strahlensystemen am meisten unterscheidet, das ist ihr absolut launenhafter Verlauf; man kann keinen irgendwie in die Augen fallenden Anfangs- oder Endpunkt ausfindig machen, und durch die sich ihnen in den Weg stellenden Berge gehen sie hindurch, ohne sich stören zu lassen. Oft bleibt ihre Breite allenthalben die gleiche; nicht selten spitzen sie sich auch an den Enden zu. Alles in allem haben sie[2]) noch die meiste Ähnlichkeit mit Sprüngen in einer anfänglich halbflüssigen und langsam erhärtenden Masse[3]).

Hiermit beschließen wir unsere Aufzählung der topographischen Eigentümlichkeiten der Oberfläche unseres Trabanten. Daß es keine leichte und vor allem keine sicheren Erfolge versprechende Aufgabe ist, sich mit diesen morphographischen Besonderheiten nunmehr auch unter dem morphologischen Gesichtspunkte auseinanderzusetzen, leuchtet ein. Allein der größte Fehler wäre es, vor dieser Verpflichtung deshalb zurückzuschrecken, weil die Beobachtung uns sonder Zweifel noch sehr viel neuen Tatsachenstoff für die Zukunft in Aussicht stellt. Wo in aller Welt hätte ein Fortschritt in der Erkenntnis sich anders als etappenmäßig, und unter steter Korrektur anscheinend gut beglaubigter Ermittelungen, vollzogen und vollziehen können?

---

[1]) Der Gegensatz zwischen Tälern und Rillen wird von Fauth derart bestimmt, daß erstere flach und breit, die letztgenannten dagegen schmal und tief sind. Eine wirkliche Tiefenmessung scheint sich das feine Geäder, welches die ganze Mondscheibe durchsetzt, gar nicht gefallen zu lassen. Fauths (a. a. O., S. 118) „Bergadern", die in den „Meeren" stellenweise die Rillen ersetzen, müssen doch als eine kausal verwandte Bildung gelten; in der Note 3 dürften die nämlichen Formen gemeint sein.

[2]) Franz, a. a. O., S. 97.

[3]) Die Frage, ob gleichmäßig alle Richtungen bei diesen eigentümlichen Bodenfurchen vertreten oder ob einige, so Nord-Süd und West-Ost kaum je nachweisbar sind, ist wegen der Einwirkung, welche die Beleuchtungsverhältnisse ausüben können, noch als einigermaßen kontrovers zu betrachten (H. J. Klein, Verschiedene Typen der Mondrillen, Sirius 32, 7 ff., 27 ff.). Die Gebilde, welche die französische Terminologie als „collines" kennt, sind den Rillen („rainures") vielfach ähnlich; sie begegnen uns wieder im 11. Abschnitt.

Zehnter Abschnitt.

Der lunare Vulkanismus.

Auch ohne es zu wollen, mußten wir in den vorgängigen Abschnitten wiederholt Anleihen bei der Terminologie der Lehre von den Erdvulkanen machen. Das würde selbst der nicht zu vermeiden in der Lage sein, der für seine Person einen ganz verschiedenen Standpunkt einnimmt, weil eben rein äußerlich, morphographisch, betrachtet die Übereinstimmung der Formen eine zu große ist, um übersehen oder verkannt werden zu können. Schon von frühester Zeit an ist diese Analogie aber auch als eine innere, als eine kausale angesehen worden, und erst verhältnismäßig spät haben gegenteilige Ansichten sich eine gewisse Beachtung errungen. Da nun in dieser Schrift der geschichtliche Entwickelungsgang immer gewahrt wird, so ist es wohl auch am Platze, die Lehre vom Mondvulkanismus in ihren einzelnen Etappen so vorzuführen, als wäre sie die einzig zulässige, während diejenigen Interpretationen des Mondbildes, welche teilweise oder ganz in anderen Richtungen sich bewegen, einer besonderen Erörterung aufbehalten werden sollen. Es wird dabei in den Grundzügen der gleiche Weg der Darstellung, wie bei einer früheren Gelegenheit [1]), beschritten werden.

Der Gedanke, vulkanische Ereignisse seien auf unsere Erde beschränkt, kann wohl von keinem Kenner planetarischer Wechselbeziehungen aufrecht erhalten werden, am wenigsten natürlich von einem Anhänger der Evolutionshypothese, wie wir sie im zweiten Abschnitt zu zeichnen versucht haben. Denn wenn wir die als normativ anerkannte Definition Poulett Scropes [2]) entsprechend im kosmologischen Sinne verallgemeinern, können wir sagen: Als vulkanische Erscheinung wird jedes Ausstoßen fester, flüssiger oder gasförmiger Massen aus Öffnungen in der Rinde eines erkaltenden Weltkörpers betrachtet. Vielleicht dürfen wir sogar das Wort Rinde durch Oberfläche schlechtweg ersetzen, denn auch die Sonnenprotuberanzen gehören in diese Klasse

---

[1]) Vgl. Günther, Handb. d. Geophysik 1, 125 ff.

[2]) Poulett Scrope, On Volcans, London 1825; deutsche Ausgabe, besorgt von Klöden, Berlin 1872.

von Phänomenen, ohne daß doch von verfestigten Teilen der Außenschicht unseres Zentralkörpers gesprochen werden könnte [1]). Ja, es hindert uns nichts, auch über unser Planetensystem hinauszugehen und, nach dem Vorgange Tschermaks [2]), einen kosmischen Vulkanismus als den allgemeineren Erscheinungskomplex gelten zu lassen. Die naive Vorstellung [3]), in den Meteoriten

---

[1]) Indem der Amerikaner Libbey die Flammen, welche unaufhörlich aus dem Feuersee Kilauea auf Hawaii emporzucken, spektroskopisch prüfte, kam er ganz ungesucht auf den Vergleich mit den solaren Wasserstofferuptionen und bezeichnete erstere als Erdprotuberanzen (Himmel und Erde 7, 193ff.).

[2]) Tschermak, Über den Vulkanismus als kosmische Erscheinung, Sitzungsber. d. Akad. zu Wien, math.-naturw. Kl., 75, 1. Abteil., S. 151ff. Gemeinverständlich stellt den Inhalt dieser Abhandlung ein Artikel dar: Die Bildung der Meteoriten und der Vulkanismus, Sirius 8, 202ff. Jeder Meteorit ist ein Bruchstück, entstanden aus einer größeren Masse durch deren Zertrümmerung. Wahrscheinlich sind viele kleine Gestirne durch Explosionen, die wir als mit vulkanischen Eruptionen gleichwertig ansehen dürfen, vollkommen zerstäubt worden; feine Steinsplitter und runde Körnchen setzen die meisten Meteorite, ob Stein- oder Eisenmeteorite, zusammen. Jene Klümpchen, Chondrite genannt (von χόνδρος, Klumpen), kommen auch in den vulkanischen Tuffen der Erde vor. Alle Himmelskörper sind wahrscheinlich durch eine vulkanische Phase hindurchgegangen; die größeren haben sie überstanden, während die kleineren dabei zugrunde gingen. Tschermak selbst ist dann nochmals auf die Frage eingegangen (Die Bildung der Meteorite und der Vulkanismus, Sirius 9, 149ff.). Es wird die Möglichkeit der Sprengung eines Weltkörpers erörtert, die man nicht mit Stanislas Meunier (Géologie comparée, S. 296, Paris 1895) mit einfacher Zerbröckelung identifizieren sollte.

[3]) Diese Idee scheint nach A. v. Humboldt (Kosmos 1, 87ff.) zuerst von einem gewissen Terzago (Musaeum Septalianum, S. 44, Tortona 1664) ausgesprochen worden zu sein; man könne sich von diesen aus dem Himmel niederfallenden Steinen gar keine Rechenschaft geben, wolle man nicht annehmen, „lunam terram alteram, sive mundum esse, ex cujus montibus divisa frusta in inferiorem nostrum hunc orbem delabantur". Als dann, worüber wiederum Humboldts genauer Bericht nachzusehen ist, Olbers diese Frage sachlich erörterte, begannen auch andere Gelehrte die Möglichkeit, daß der Mond seine Emissionsprodukte bis zur Erde schleudern könne, näher zu untersuchen. Brandes in Deutschland, Laplace und Poisson in Frankreich sind hier zu nennen; auch Arago, Berzelius und L. Smith verhielten sich halb und halb zustimmend. Wie man hierüber zu urteilen habe, kann aus der früher (S. 14) durchgeführten Bestimmung des neutralen Punktes ersehen werden, jenes Punktes nämlich, der auf der

habe man Auswürflinge aktiver Mondvulkane zu erblicken, kann schon längst nicht mehr mit dem Ernste diskutiert werden, den dereinst Fachleute von hohem Rufe dem Probleme entgegenbrachten. Aber was in der kosmologischen Gegenwart nicht mehr möglich ist, kann in der kosmologischen Vergangenheit sich sehr wohl zugetragen haben [1]). Die neuere Meteoritenforschung hat uns genötigt, diese Weltkörperchen in zwei sehr voneinander verschiedene Gruppen zu sondern [2]); die eine derselben hat man mit aufgelösten, nunmehr in Meteorschwärme aufgelösten Kometen zu identifizieren, während die andere kosmische Individuen umfaßt, die mit sehr großer Geschwindigkeit anscheinend regellose Bahnen im Weltraume beschreiben und, in die Attraktionssphäre der Erde gelangt, gelegentlich auf diese herabstürzen. Diese

---

Verbindungslinie der Mittelpunkte von Erde und Mond liegt und von beiden Himmelskörpern das gleiche Maß der Anziehung erfährt. Sein Abstand vom Mondzentrum beträgt, wie dort angegeben,

(384 000 — 345 600 =) 38 400 km.

Man kann leicht berechnen, welches die den Mondprojektilen durch die Kraft des Ausbruches verliehene Anfangsgeschwindigkeit sein müßte, um mit stetig und gleichförmig sich vermindernder Beschleunigung einen Weg von solcher Ausdehnung zurückzulegen. Kein Feuerberg der Erde, auch der allergewaltsamste nicht, kann auf eine Triebkraft Anspruch machen, wie sie erforderlich wäre, um derartige Geschwindigkeiten zu ermöglichen, und noch weit undenkbarer erschiene dies bei Mondvulkanen, falls solche überhaupt in der Jetztzeit existierten.

[1]) Hierüber bemerkt H. Ebert (Die Mondmare, Umschau, 13. Jahrg., S. 273): „Die ganze Mondoberfläche macht einen so toten und ausgestorbenen Eindruck, daß, wenn doch noch Reaktionen des Inneren gegen die Mondoberfläche vorkommen sollten, diese jedenfalls nicht imstande sind, Eruptionsprodukte mit solcher Gewalt herauszuschleudern, daß sie aus dem Anziehungsbereiche des Mondes heraustreten könnten. Aber früher, etwa zu jener Zeit, da der Mond sich von der Erde loslöste, können bei diesem jedenfalls höchst tumultuarischen Prozesse flüssige Magmamassen verspritzt und in den eiskalten Weltraum hinausgeschleudert worden sein, wo sie dann infolge der raschen Abkühlung glasig erstarrten und als Schwärme von Glasmeteoriten herumirren mußten, um gelegentlich regenschauerartig auf die Erd-, wie nicht minder auf die Mondoberfläche wieder niederzustürzen." Die Temperatur des Intrastellarraumes liegt sicherlich tief unter —200°.

[2]) Vgl. Berberich, Sternschnuppen und Meteore, Naturw. Rundschau **6**, 478 ff.; Herkunft der Kometen, ebenda **9**, 476 ff. Die sehr hellen Meteore, die sogenannten Feuerkugeln, müssen anscheinend durchweg der nicht-kometarischen Gruppe zugerechnet werden.

letzteren entsprechen der Tschermakschen Definition (s. oben) und scheinen winzige Bruchstücke weit entfernter Massen zu sein, welche sich noch in sehr jugendlichem kosmogonischen Stadium befinden[1]).

Über diese Phase seiner Entwickelung ist nun freilich der relativ sehr kleine und deshalb auch frühzeitig der Erstarrung verfallene Erdmond längst hinausgekommen. Dagegen jedoch, daß Spuren dieses Zustandes zurückgeblieben sein können, wird auch von denen grundsätzlich nichts eingewendet werden, die ihresteils die Mondgebilde nicht als vulkanisch angesehen wissen wollen. Wir wollen also nun im einzelnen den Versuch machen, zu ermitteln, inwieweit die uns bekannten Oberflächenformen einer Erklärung durch vulkanistische Hypothesen zugänglich sind. Der irdische Vulkanismus muß selbstverständlich bei dieser Tätigkeit unseren Führer abgeben; jedoch dürfen wir keinen Augenblick der in den vorhergehenden Abschnitten besprochenen Tatsachen uneingedenk sein, denen zufolge auf dem Monde die physischen Verhältnisse eben doch sehr viel anders als auf unserem Planeten gelagert sind.

In erster Linie ist der Mangel jedweder tropfbaren Flüssigkeit auf ersterem zu berücksichtigen. Allerdings operiert die moderne Vulkanologie überhaupt nicht mehr so viel mit der Einwirkung des Wassers auf subterrane Glutherde, wie dies die früheren Richtungen zu tun gewohnt waren, allein jene Explosionsvorgänge, welche man in unseren aktiv gewordenen feuerspeienden Bergen ununterbrochen sich vollziehen sieht, und auf welche doch wohl die im engeren Sinne vulkanischen Erdbeben[2]) zurückgeführt werden müssen, sind ohne Vorhandensein wenn auch kleinerer Wassermengen nicht recht erklärbar. Jene Stratovulkane, in deren Aufschüttung und Vergrößerung sich die vulkanische Aktion der Gegenwart zu erschöpfen scheint, sind deshalb auf dem Monde überhaupt nicht vorauszusetzen, und damit ist allen Analogien bereits eine sehr in die Augen fallende Schranke gesetzt. Freilich haben wir nicht das Recht zu sagen, es habe

---

[1]) Verweisen möchten wir auch auf eine Kapitelüberschrift bei Daubrée-Gurlt (Synthetische Studien zur experimentellen Geologie, Braunschweig 1888, S. 465). Sie lautet: „Die einheitliche Zusammensetzung des Weltalls durch die Meteore bestätigt."

[2]) Günther, Handb. d. Geophysik 1, 478 ff.

sich etwas Ähnliches auf dem Monde niemals abspielen können, denn vor ungeheuer langen Zeiträumen kann es dort ebenfalls etwas Wasser, sicherlich aber nur in bescheidenen Mengen, gegeben haben, weil eine namhafte Wasserbedeckung, derjenigen vergleichbar, welche die Erde in allen geologischen Zeitaltern aufzuweisen hatte, ganz andere Spuren zurückgelassen haben müßte. Wir werden somit doch nur diejenigen terrestrisch-vulkanischen Vorkommnisse zum Vergleiche heranzuziehen berechtigt sein, bei denen das Wasser keine irgend einflußreiche Rolle spielt.

Ob man auch so weit zurückgreifen soll, die früheste Jugendperiode des Mondes als eines selbständigen Körpers mit in Betracht zu ziehen, mag zweifelhaft erscheinen. Allein da ein bekannter amerikanischer Astronom eben dieses Anfangsstadium unseres Trabanten direkt mit den Grundfragen des Vulkanismus in Verbindung gebracht hat [1]), wird es auch für uns an dieser Stelle nicht nur erlaubt, sondern direkt angezeigt erscheinen, diese Dinge ebenfalls jetzt schon im Zusammenhange zu behandeln. In gewissem Sinne kann man den Satz auszusprechen wagen: Die Bildung des Erdmondes gehört zu den Betätigungen der kosmisch-vulkanischen Energie. Vorausgesetzt natürlich, daß man sich überhaupt auf den Standpunkt der Evolutionisten, der erweiterten Laplaceschen Hypothese stellt. Denn auf so schematische Art, wie es diese ursprünglich (S. 17) sich zurechtlegte, ist die Loslösung des Mondes von der Erde auf keinen Fall vor sich gegangen, daß zuerst ein Ring infolge der allzu überwiegenden Schwungkraft sich bildete [2]), sodann zerriß und daß endlich diese Bruchstücke sich zu einem um den Mutterplaneten kreisenden Satelliten sämtlich zusammenballten. Ohne kata-

---

[1]) Pickering, The Place of Origin of the Moon — the Volcanic Problem, Journ. of Geology **15**, 23 ff.; L'origine de la Lune et le problème des volcans, Bull. de la Société Belge d'Astron. **12**, 377 ff., **13**, 71 ff. Eine nicht lediglich referierende, sondern die kritische Sonde zielbewußt handhabende Übersicht über die Hauptpunkte der Pickeringschen Theorie gab H. Ebert (Der Ursprung des Mondes und das Vulkanproblem nach William H. Pickering, Beitr. z. Geophysik **10**, Kl. Mitteil., S. 1 ff.).

[2]) Ohne den Anschauungen beider Männer Zwang anzutun, darf man behaupten, daß in der wichtigsten Frage, ob nämlich der Ablösungsvorgang Spuren im gegenwärtigen Antlitz der Erde zurückließ, der Amerikaner einen deutschen Vorgänger gehabt habe, wogegen die

strophale Begleiterscheinungen konnte dieser Akt sich nicht vollziehen. Man braucht auch nicht anzunehmen, so, wie es beim Monde zuging, müsse es bei sämtlichen Begleitern der anderen Planeten zugegangen sein [1]). So ist es denn sehr wohl denkbar, daß die noch in gasförmigem Zustande sich befindende Erde durch die von der Sonne erregten Gezeiten in die lebhafteste Fluktuation versetzt worden war, um ihre bisherige Konsistenz nicht mehr wahren zu können. Nach Darwin waren diese periodischen Bewegungen an sich keine Förderung der Abtrennungstendenz, im Gegenteile; schließlich aber vermochten sie den Prozeß auch nicht zu verhindern, und als derselbe eintrat, war die Verfestigung des Erdnebels bereits bis zu der Grenze fortgeschritten, jenseits deren die Herausbildung flüssiger oder sogar fester Oberflächenpartien ihren Anfang nahm. Dagegen freilich, daß die Panzerdecke der Erde (S. 21) bereits fertig gewesen wäre, als die Lostrennung stattfand, sprechen viele Gründe, deren bedeutsamste kurz skizziert werden sollen. Vor allem sind alle die theoretischen Untersuchungen [2]) über das Hervorgehen neuer, kleinerer Weltkörper aus schon vorhandenen, älteren nur unter der Voraussetzung angestellt worden, daß die Urmasse sich noch im Zustande leichtester Verschiebbarkeit ihrer kleinsten Teile befand, daß also

---

Art der Beantwortung allerdings eine sehr verschiedene ist. H. Habenicht (Grundriß einer exakten Schöpfungsgeschichte, Wien-Pest-Leipzig 1896, S. 115 ff.) möchte „das breite Tal des Atlantischen Ozeans" als die Kerbe aufgefaßt wissen, welche bei der Abtrennung des Ringes, der sich später in den Mond verwandelte, entstanden sei.

[1]) G. H. Darwin-Pockels, a. a. O., S. 389. „Auf den ersten Blick mag zwar die Behauptung unlogisch erscheinen, daß eine Ursache, deren Einfluß auf unseren Satelliten so überwiegend ist, für die Bestimmung der Bahnen aller übrigen Körper des Systems nicht von Bedeutung sein soll... Da demnach" — im Vergleiche mit Saturns Lunarsystem — „das Verhältnis des Mondes zur Erde einzig in seiner Art ist, so kann man leicht zugeben, daß ein Entwickelungsfaktor, der in unserer eigenen Geschichte vorherrschend gewesen ist, überall anders verhältnismäßig unbedeutend war." Vgl. auch G. H. Darwin, On the Tidal Friction of a Planet attended by several Satellites and the Evolution of the Solar System, Phil. Transact. **120**, 489 ff.

[2]) Vorzugsweise kommen in Betracht die Arbeiten von Roche (Mémoire sur les figures ellipsoidales qui conviennent à l'équilibre d'une masse fluide soumise sans mouvement de rotation, Compt. rend. de l'Acad. Franç. **24**, 515 ff.) und von Faye (Sur l'origine du système solaire, ebenda **90**, 637 ff.).

noch kein irgendwie nennenswerter Starrheitsgrad erreicht war, wenngleich, wie vorhin erwähnt, der Eintritt dieses Aggregatzustandes sich vorzubereiten anfing. Damit könnte sich ja auch Pickering begnügen; er geht indessen weiter und wagt sich kühn an die Lösung der Aufgabe, die Erdgegend nachzuweisen, welche dem Monde zum Leben verhalf und somit durch einen beträchtlichen Substanzverlust gekennzeichnet sein muß. Das ehemalige Erdrindenstück, welches heute als Mond mit erborgtem Sonnenlichte unsere Nächte erleuchtet, soll voreinst an dem Orte eingesetzt gewesen sein, welcher nachmals durch den Großen Ozean eingenommen wurde.

Um diese Aufstellung plausibel zu machen, nimmt er eine gewisse Mitteltiefe für dieses ungeheure Erdrindenstück an, multipliziert sie mit dem Areale der Oberfläche des letzteren und gelangt so zu einem Körper, dessen kubischen Inhalt er zum Volumen des Mondes in Parallele stellt [1]). Die Erdpanzerung müßte somit damals, als die Zerreißung erfolgte, schon eine der erwähnten Tiefe entsprechende Mächtigkeit besessen haben, was, wenn man sich den mechanischen Akt vergegenwärtigen will, doch nicht recht glaublich erscheint. Und wie, so fragen wir weiter, hat dann ein in den Weltraum abgeschleudertes unregelmäßiges Prisma von solchen Abmessungen und von ziemlich großer Kohärenz die Gestalt einer fast vollkommenen Kugel (S. 90) gewinnen können? Indem wir bezüglich der zahlenmäßigen Kontrolle der Pickeringschen Schätzungen auf Eberts Notate verweisen, heben wir nur noch ein dort ebenfalls berührtes [2]), jedoch nicht weiter ausgeführtes Moment hervor, welches uns gegen die pazifische Hypothese, wenn dieser Ausdruck gestattet ist, am meisten in die Wagschale zu fallen scheint.

---

[1]) Bei Pickering ist es allerdings die Masse des Mondes, welche mit derjenigen des von einem festen Stoffe ausgefüllten, stark vertieften Stillen Ozeans verglichen wird. Es wird jedoch dadurch ein Element der Unsicherheit vielleicht ohne wirkliche Nötigung in den Kalkul hineingetragen, denn wie soll man die Dichte der Erdrinde für eine so ganz allem Zeitmaßstabe sich entziehende Epoche in Rechnung bringen?

[2]) Mit Recht äußert Ebert (a. a. O.): „Die Pickeringsche Berechnung würde, für die Silurzeit angestellt, vermutlich ganz andere Werte ergeben, als für die Gegenwart."

Allen Geologen und Geographen steht es fest, daß es absolut unzulässig ist, physiognomische Züge der gegenwärtigen Erdoberfläche irgendwie als etwas Dauerndes zu betrachten. Es mag wohl eine geringe Anzahl permanenter, d. h. solcher Erdgebiete geben, die seit der azoischen Zeit entweder nur Festland oder nur Wasser waren [1]), allein davon kann keine Rede sein, daß irgend einer der großen irdischen Ozeane damals, als der Mond vom Erdverbande sich losriß, schon nach seinen Küstenlinien präformiert vorhanden gewesen sei. Wie das Antlitz der Erde aussah, als erstmalig eine größere Anzahl von Erstarrungsschollen das Erdinnere von der Atmosphäre schied, das uns auch nur in rohestem Umrisse zu denken ist uns gegenwärtig versagt und wird uns menschlichem Ermessen zufolge für alle Zukunft versagt bleiben. Unsere eigene Stellung zu der Hypothese Pickerings, der Geist und Findigkeit gewiß nicht abgesprochen werden kann, würde sich, den vorstehenden Erörterungen gemäß, in folgender Weise präzisieren lassen:

Dieselbe macht prinzipiell die Tatsache noch wahrscheinlicher, daß, wie der Freund der Evolutionslehre an sich zuzugeben bereit ist, der Mond infolge energischer, durch die Gezeiten des noch angenähert gasförmigen Erdballes bewirkter Zuckungen von diesem abgestoßen und zum selbständigen Himmelskörper gemacht worden ist. Dagegen kann ein Versuch, diese

---

[1]) Das vor kurzem zum Abschlusse gediehene, 1883 begonnene Fundamentalwerk von E. Sueß, „Das Antlitz der Erde", gewährt die Möglichkeit, den steten Wechsel des festen und flüssigen Elementes auf der Oberfläche unseres Planeten insoweit durch die geologischen Ären hindurch zu verfolgen, als es mit unserem empirischen Wissen verträglich ist. Hierher gehört auch vom gleichen Autor: Über die Asymmetrie der nördlichen Halbkugel, Sitzungsber. d. Akad. zu Wien, math.-naturw. Kl., I, S. 89ff., 1898. Als uralte Kontinentalblöcke können etwa der Kanadische und der Baltische Schild gelten, weil hier auf weite Strecken keine spätere marine Bildung das Kambrium überlagert. Umgekehrt weist das ideale Profil, welches uns die Natur selbst im Grand Cañon (Arizona) vor Augen gestellt hat, sämtliche Schichtenfolgen zwischen Archaikum und Quartär auf, womit dargetan ist, daß hier immer wieder aufs neue Meerestransgression mit Vorfestigungsperioden abgewechselt hat. Vgl. auch Starkie Gardener, The Fallacy of the Theory of Permanence of the Continents, Geolog. Mag. (2) 9, 546ff.; Crosby, On the Origin and Relations of Continents and Ocean Basins, ebenda (2) 10, 241ff.

Katastrophe auf die näheren Umstände prüfen zu wollen, auf einen Erfolg kaum rechnen.

Nach Erledigung dieser Vorfrage wenden wir uns bestimmter der Besprechung der verschiedenen Modalitäten zu, unter denen vulkanische Reaktionen auf dem Monde in die Erscheinung treten können. Nichts wäre natürlich verfehlter, als hier generalisieren zu wollen; gibt es schon für den tellurischen Vulkanismus keine Schablone, so kann eine solche noch weniger bestehen für den lunaren, da die Mannigfaltigkeit der einschlägigen Formen auf dem Monde eine noch weit größere ist. Die Ringgebirge, die Einzelkrater, hauptsächlich aber die „Meere" können unmöglich der nämlichen Erklärung angepaßt werden. Ohne Zweifel besteht zwischen den Kräften, welche auf der Erde und auf ihren Gefährten wirksam waren und auf ersterer noch mächtig hervortreten, auf letzterem hingegen längst ausgetobt haben [1]), kein innerer Gegensatz, allein die näheren Umstände der Kraftbetätigung lassen erhebliche Verschiedenheiten erkennen. Die Kleinheit der Mondkugel, die verhältnismäßig geringe Dichte ihres Materiales (S. 13) und nicht minder die sehr weit voneinander abweichenden Schwereintensitäten genügen, von anderen Dingen ganz abgesehen, um diese Nichtübereinstimmung begreiflich zu machen.

Zu allererst hat man gewiß ein Recht, zu untersuchen, ob nicht unter gewissen Bedingungen der Austritt der Magmamassen auf dem Monde ganz unter den gleichen Verhältnissen sich ereignen konnte, wie er bei denjenigen Vulkanen und Vulkanruinen stattfand, die wir als homogene Vulkane, Domvulkane oder Quellkuppen kennen [2]). Carpenter und Nasmyth sind dieser

---

[1]) Es ist mit diesen Worten angedeutet, daß in der geologisch-selenologischen Gegenwart keinerlei Ausbrüche mehr stattfinden. Die Mehrheit der Fachleute bekennt sich zu dieser Annahme. Immerhin soll die absolute Unmöglichkeit, daß es sich auch anders verhalten könne, von uns nicht postuliert werden. Im 13. Abschnitte wird mit anderen, nahe verwandten Streitfragen auch diese einer besonderen Beleuchtung unterzogen werden müssen.

[2]) Günther, Handb. d. Geophysik 1, 371 ff. Charakteristisch für sie ist, soweit das Außenbild in Betracht kommt, die runde, schild- oder buckelartige Gestalt und für den inneren Bau, wie er durch die Sueßsche Denudationsreihe erschlossen wird, eine auf schalenförmige Absonderung hinweisende Zwiebelstruktur (Supan, Grundzüge der physischen Erdkunde, S. 408, Leipzig 1908).

Auffassung mit Bewußtsein näher getreten [1]), ebenso wie Klein [2]). Wir zeigen in Fig. 17, wie die Eruption möglicherweise sich abgespielt haben kann. In *A* haben wir eine bereits völlig erstarrte Oberflächenschicht vor uns; auch die darunter liegende Schicht *B* ist bereits erstarrt, hat sich aber noch nicht zu einer zusammenhängenden Gesteinmasse verfestigt, sondern ermöglicht durch ein sie allseitig durchziehendes Spaltensystem der in noch größerer Tiefe befindlichen zähen Flüssigkeit *C*, die wir uns — wie auf der Erde — als in einzelnen Nestern oder Behältern angesammelt vorstellen [3]), den Durchgang nach oben. Vielleicht besaß das Magma *C* von Hause aus so viel Energie, um die Deckschicht *A* zu heben; vielleicht auch trat unter diesem Andrange in *A* eine Runzelung ein — jedenfalls ist es zulässig, anzunehmen, daß eine Hohlform entstand, die von der flüssigen Masse ausgefüllt werden konnte [4]). Fig. 17, I versinnlicht diese erste Etappe. Der Auftrieb ließ in sehr vielen Fällen auch dann noch nicht nach, und es mußte so eine Berstung der Schicht *A* eintreten, sei es mehr

---

[1]) Carpenter-Nasmyth-Klein, a. a. O., S. 107 ff.

[2]) H. J. Klein, Über den Bau und die Entstehung der Mondoberfläche, Gaea 12, 65 ff.

[3]) Sehr belehrend ist in dieser Hinsicht ein Meinungsaustausch zwischen De Lapparent und Prinz, einem Gegner und einem Anhänger der in Rede stehenden Grundanschauung über das Wesen des Vulkanismus. Beide haben ihre Meinungen, und zwar unter übereinstimmendem Titel, in belgischen Zeitschriften niedergelegt (Les nouveaux aspects du volcanisme, separat, Brüssel 1905, Lüttich 1906). Ebenso, wie es der Verfasser immer getan (z. B. Handb. d. Geophysik 1, 420), erklärt Prinz den Vulkanismus der Erde für ein „phénomène local et superficiel"; daß es auf dem Monde je anders gewesen wäre, sei höchst unwahrscheinlich. Zitiert wird folgender bezeichnende Ausspruch von Flamache (Y a-t-il un feu central? Bull. de la Soc. Belge d'Astronomie, 1900): „Les phénomènes volcaniques jouent, dans la vie du Globe, un rôle plus effacé d'un violent cyclone, et il n'est pas plus sage de conclure de leur existence au feu central, que de croire qu'il y a un océan de feu derrière les nuages, quand il en sort des éclairs."

[4]) Es wäre dies ein Lakkolith (Sueß, Antlitz der Erde 1, 195). Daß es ähnliche Auftreibungen, Aufblähungen der Außenfläche auch auf dem Monde geben könne, scheint unbestreitbar. Nur ist die Absoluthöhe dieser Erhebungen durchweg eine so geringe, daß wir Erdbewohner uns von ihrer Existenz schwerlich je durch den direkten Augenschein überzeugen können, selbst dann, wenn aus dem angeführten Grunde die Triebkraft des selenitischen Magmas die des terrestrischen bei weitem übertreffen sollte.

zentral (Fig. 17, II), sei es mehr seitlich (Fig. 17, III). Durch den nunmehr klaffenden Riß fand die Magmamasse ihren Weg nach außen, und so türmte sich oberhalb desselben ein Glockenberg (Fig. 17, IV), wenn die jetzt frei gewordene Lava wenig von Flüssigkeiten durchtränkt war, wogegen im Falle stärkerer Imprägnierung mit solchen große Lavafelder das Resultat waren, wie sie uns zumal vom pazifischen Nordamerika her bekannt sind. Die letztere Alternative dürfte auf dem Monde kaum Platz gegriffen haben, weil eben Wasser auf ihm nicht vorhanden oder

Fig. 17.

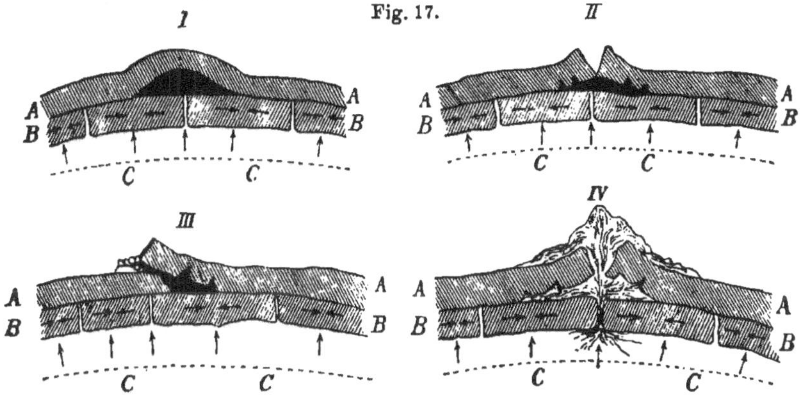

zum mindesten ein sehr rarer Artikel ist. Bei kraterlosen Mondpiks, die unvermittelt vom Boden in die Höhe streben (S. 103), kann diese Art der Bildung als eine recht wahrscheinliche angenommen werden.

Gleichwohl wäre es unzulässig, jeden derartigen Berg ohne Ausnahme in diese Kategorie einer vollständigen Analogie mit den irdischen Quellkuppen einzureihen. In seinem geistreichen Versuche, alle Lunargebilde auf die uns von der Erde her geläufigen vulkanischen Formen zu beziehen, hat E. Sueß[1]) auch noch

---

[1]) E. Sueß, Einige Bemerkungen über den Mond, Sitzungsber. d. Akad. zu Wien, math.-naturw. Kl., 104, II, 21 ff. Im Schlußbande des wiederholt zitierten Fundamentalwerkes (Antlitz der Erde 3, 683 ff.) ist dessen Verfasser auf die frühere Abhandlung zurückgekommen, um an ihr einige Änderungen und Ergänzungen, deren teilweise noch zu gedenken sein wird, anzubringen.

auf eine andere Möglichkeit aufmerksam gemacht, die in der Tat als eine recht naheliegende zuzugestehen ist. Es könnten insonderheit niedrige und schmächtige Kegel, wie sie uns die Verfeinerung der Beobachtungskunst zahlreich kennen gelehrt hat, sehr wohl auch als sogenannte Spratzformen definiert werden. Die Hüttenkunde zeigt uns, wie solche entstehen. Beim Stahlguß treten oft genug Explosionserscheinungen auf, die davon herrühren, daß in der in der „Coquille" emporsteigenden glutflüssigen Metallmasse zwar nicht tropfbare Flüssigkeit, dafür aber das eine oder andere Gas (Wasserstoff, Stickstoff, Kohlenoxyd) enthalten ist, welches danach strebt, sich aus der Umhüllung zu befreien und mithin kontinuierliche Explosionen verursacht. Namentlich das Kohlenoxyd wird als treibende Kraft seine Rolle spielen. Der explosive Akt streut einen Teil der Masse, in deren Innerem er sich vollzieht, weit umher, wodurch bekanntlich in den Hüttenwerken schon manches schwere Unglück angerichtet worden ist; ein anderer Teil dagegen erstarrt beim Aufsteigen und bleibt eben dann als eine Spitzsäule stehen, welche vielfach wieder in sich zusammensinkt, nicht selten aber auch, falls nur die Erkaltung rasch genug erfolgte, in oft bizarrer Form stehen bleibt. Man weiß, daß dergleichen nicht lediglich bei Metall- und Glasflüssen, sondern auch in der freien Natur vorkommt. Auf Hawaii, wo sich die imposantesten Lavaergüsse dem Auge darstellen, hat man solch parasitäre Schornsteine vielleicht am häufigsten wahrgenommen; in Fig. 18 haben wir ein Exemplar derselben vor uns, wie es Scrope (nach Dana) abbildet[1]).

Fig. 18.

[1]) P. Scrope, Volcanos etc., 2. Aufl., S. 73, London 1872.

Bedenkt man, daß die so geringe Schwerkraft auf dem Monde alle Bewegungen begünstigt, die radial nach außen drängen, so kann man die Möglichkeit zulassen, daß mancher zierliche Pik des Mondes durch die Neigung eingeschlossener Gase, ihre Hülle zu sprengen, aufgetürmt worden ist. Es wäre etwa an *Hyginus* zu denken, im Gegensatz zu *Ptolemäus* oder *Wargentin*, welche beide Mondberge, den Sandwichvulkanen[1]) vergleichbar, durch ruhig aufquellende Lavamassen entstanden sein können.

Auf ein anderes Gebiet sehen wir uns geführt, wenn wir die Genese der Strahlensysteme (S. 112) in Erwägung ziehen, deren Typus wir beim Krater *Tycho* am großartigsten ausgeprägt fanden. Der irdische Vulkanismus bietet uns anscheinend kein geeignetes Vergleichsobjekt, und es ist nicht zu leugnen, daß auch bei schärferem Zusehen ein solches nicht leicht auszumitteln ist, denn selbst gegen die von Sueß angeregte Identifizierung erheben sich Bedenken. Eine gewisse oberflächliche Ähnlichkeit verknüpft die Strahlensysteme mit Sprüngen, welche sich an einer Glasplatte wahrnehmen lassen, wenn sie durch einen Stoß getroffen worden ist[2]). Auf diese rein äußerliche Analogie begründeten Carpenter und Nasmyth eine Erklärung[3]), die zunächst einen ganz bestechenden Eindruck zu machen geeignet ist, der peinlichen Frage jedoch nicht standhält. Sie füllten eine dickwandige Hohlkugel von Glas mit Wasser, verstopften die Eingußöffnung hermetisch und setzten diesen Körper hierauf stärkerer Kälte aus. Da das Wasser die Eigenschaft hat, bei $+4^0$ sein Dichtemaximum zu erreichen und bei noch weiter sinkender Temperatur sich wieder auszudehnen, so mußte die Kugel zum Zerspringen gebracht werden, und die Sprünge liefen von dem Punkte geringsten Widerstandes, der zuerst nachgegeben hatte, ganz ebenso als sphärische Radien aus, wie dies die lunaren

---

[1]) Vgl. W. L. Green, Observations sur la dernière eruption du Mauna Loa, de novembre 1880 à août 1881, Compt. rend. de l'Acad. Franç. **93**, 1037 ff.

[2]) Der Stoß muß stark, darf aber auch wieder nicht zu kräftig sein, da beispielsweise eine Gewehrkugel eine Glasscheibe nicht zum Splittern bringt, sie müßte denn bereits außerordentlich matt geworden sein. Auch der Mondvulkanismus würde somit nur dann das Springen bewirken können, wenn die in ihm aufgespeicherte Kraft sich innerhalb gewisser Grenzen hielte.

[3]) Carpenter-Nasmyth-Klein, S. 120 ff.

Strahlenbüschel erkennen lassen. An die Stelle des sich ausdehnenden Wassers waren bei den letzteren also, so glaubten die beiden englischen Mondforscher, sublunare magmatische Sprengkräfte getreten.

Gegen diese Deutung des Bildungsvorganges legte Sueß (a. a. O.) Verwahrung ein, indem er auf eine Beobachtungstatsache hinwies, die wirklich einen entscheidenden Gegengrund in sich schließt. Viele Mondstrahlen laufen durch Ringwälle und andere Gebirgsformationen hindurch, ohne daß diese irgend ein Anzeichen von Bruch oder sonstiger Zertrümmerung wahrnehmen ließen. Das könnte aber nicht der Fall sein, wenn die Mondoberfläche in der betreffenden Gegend eine explosive Zerstörung erlitten hätte; dann müßten weitere Spuren des Vorganges zu sehen sein. Die vollständige Neutralität jedoch, welche alle übrigen Gebilde den sie durchsetzenden Strahlen gegenüber bekunden, scheint zuverlässig darzutun, daß dieser Versuch, dem Mondvulkanismus eine Manifestationsform zuzuschreiben, wie sie auf der Erde gänzlich fehlt, nicht als geglückt hingenommen werden kann.

Nach einer ganz anderen Seite hin war Lamey[1]) die vulkanistische Theorie in den Dienst des vorliegenden Problems zu stellen bestrebt. Auch er denkt an Gasausbrüche, aber eine direkt morphologische Wirkung legt er denselben nicht bei, indem er vielmehr dafür eintritt, die aus der Eruptionsstelle ausgetretenen Gase seien nach allen Richtungen hin ausgeschleudert worden, und bei ihrer Abkühlung hätten sie sich in langen, hell schimmernden Linien über die Mondfläche gelagert. Das gegen Carpenter-Nasmyth geltend gemachte Argument kann ersichtlich diesmal nicht zur Anwendung kommen; andererseits aber wird man sich, um nur den wichtigsten Punkt zu betonen, schwerlich damit befreunden können, daß die Eruption ihre Auswurfstoffe ganz gleichmäßig auf so ungeheure Entfernungen, bis auf mehr

---

[1]) Lamey, Sur les bandes rayonnantes de la Lune, Les Mondes (2) 36, 4 ff. Man könnte auch die etwas chimärische Vermutung Chacornacs (Brief an Guillemin in dessen Werk: La Lune S. 118, Paris 1881) mit einbegreifen, daß Asche — oder gar Schnee — durch vulkanisch-elektrische Strömungen verstreut worden seien. Viel weniger phantastisch ist Shalers Vergleich mit Vulkanrinnen (Investigation of Lunar Phenomena, Ann. of the Astronom. Observatory of the Harvard College, 8, 1876).

als 1000 km, fortzutreiben imstande gewesen sei. Diese letztere Klippe vermeidet der Erklärungsversuch von E. Sueß (a. a. O.). In den Anden hat Domeyko[1]), am Pik von Tenerife hat O. Simony[2]) beobachtet, daß die Fumarolen und andere Stätten der Gasexhalation eine lineare Anordnung aufweisen, so daß also die meist weißlich glänzenden Niederschläge dieser Dämpfe und Gase, aus der Ferne betrachtet, den Strahlensystemen des Mondes einigermaßen ähneln. Auch da wird freilich in der räumlichen Ausdehnung dieser Linien der Hypothese eine ernste Gefahr erwachsen. Noch viel mehr gilt dies für die von Puiseux[3]) ausgesprochene Ansicht, welche mit derjenigen Lameys eine gewisse Familienverwandtschaft aufweist, zugleich aber noch ein Moment herbeizieht, welches wir als besonders fragwürdig hinstellen möchten. Dies ist die Mondatmosphäre, deren Existenz in der Gegenwart der französische Astrophysiker natürlich auch nicht zugibt, die er aber in jenen Zeiten, als noch lebhaftere eruptive Tätigkeit auf unserem Begleiter herrschte, als vorhanden annimmt. Atmosphärische Bewegungen hätten mitgewirkt, die Emissionsprodukte so weit von der Austrittstelle fortzutragen. Man wird aus unseren früheren Angaben über die Luft auf dem Monde (S. 69) schließen, daß selbst in jener frühen Ära, da noch die endogenen Kräfte stärker gegen die Oberfläche reagierten, die atmosphärischen Verhältnisse ganz andere als auf der Erde waren. Daß jemals heftige Stürme über die gerade in Aktion befindlichen Vulkane hinweggeweht und, so wie etwa die zentralasiatischen Orkane den Wüstensand, weit mit sich fortgeschleppt hätten, ist kaum glaubhaft. In den Strahlensystemen teils vulkanische, teils auch subaërische oder äolische Bildungen anzuerkennen, fällt zu schwer, als daß sich diese Doktrin allseitigen Eingang zu verschaffen vermöchte. In den folgenden Abschnitten wird auch noch anderer für die Strahlensysteme in Vorschlag gebrachter Erklärungsversuche zu erwähnen sein.

---

[1]) Domeyko, Mémoire sur les solfatares latérales des volcans dans la chaîne méridionale des Andes de Chile, Annales des Mines (7) 9, 145 ff.

[2]) O. Simony, Über eine naturwissenschaftliche Reise nach der westlichen Gruppe der Kanarischen Inseln, Mitteil. d. k. k. Geograph. Gesellschaft in Wien 33, Tafel VII.

[3]) Puiseux, La Terre et la Lune, S. 140.

Wir ersehen aus dieser Darlegung, daß die lunare Vulkanologie es den Strahlensystemen gegenüber noch zu keiner theoretischen Vorstellung gebracht hat, welche wirklich befriedigte. Das ist auch nicht zu verwundern, denn wir stehen noch in den Anfängen einer induktiven Betrachtung der so heterogenen Mondformen und dürfen folglich nicht erwarten, in solch kurzer Frist der Wahrheit gleich überall nahe gekommen zu sein. Sehr wertvoll wäre es, zunächst einmal darüber Klarheit zu erhalten, ob der Stoff der Radialsysteme ein von jenem anderer Bestandteile der Mondoberfläche verschiedener ist oder nicht. Noch vor kurzem würde eine derartige Fragestellung ziemlich illusorisch erschienen sein, denn wie soll überhaupt eine Analyse der materiellen Beschaffenheit der Außenseite unseres Satelliten ins Werk gesetzt werden? Ehe wir weiter gehen, haben wir also zu prüfen, ob es Mittel gibt, über die stoffliche Beschaffenheit der uns zugewandten Mondseite ein anderes als bloß hypothetisches Urteil zu gewinnen.

Dasjenige umfassende und sichere Mittel, welches zur Begründung einer diesen Namen voll verdienenden Chemie der Gestirne verholfen hat, muß in unserem Falle versagen[1]). Denn die Spektroskopie kann die ihr innewohnende Kraft nur dann betätigen, wenn das zu zerlegende Licht Eigenlicht ist, und das kann beim Monde, der nur reflektiertes Sonnenlicht widerstrahlt, nicht zutreffen (S. 82). Zwischen dem Spektrum des Mondes und dem der Sonne waltet kein erkennbarer Unterschied ob; der Mond ist das, was die Optik als einen weißen Körper bezeichnet. In der Tat erkennt ja auch das bewaffnete Auge an der Mondscheibe zwar die augenfälligsten Lichtunterschiede, aber nur gelegentlich Färbungen (S. 101) in dem Sinne, wie dieses Wort spektralanalytisch zu interpretieren ist. Wie schwer es hält, diese Farbentöne auseinander zu halten, wurde oben (S. 102) hervorgehoben. Jedenfalls sind sie nach Puiseux[2]) unabhängig von der selenographischen Breite (S. 60).

---

[1]) Ebert, Die Mondmare, S. 270.

[2]) Puiseux, Interprétation physique et historique de quelques traits de la surface de la Lune, Compt. rend. de l'Acad. Franç. **148**, 1744 ff.; De la provenience des rudes antithèses dans la couleur et le niveau que l'on trouve sur la Lune, ebenda **149**, 195 ff.

Von der Albedo der einzelnen Mondpartien ist früher (S. 96) gehandelt worden. Wir erfuhren, daß dieser Wert im Mittel etwas kleiner als 2, die spezifische Leuchtkraft des Wassers ist, ebenso aber (S. 101), daß an diese Materie absolut nicht gedacht werden kann. Da ist es natürlich, daß von Manchen an eine Vereisung der Mondoberfläche gedacht ward. Nach Fauth[1]), der selber diese Meinung teilt, wäre Andries[2]) der erste gewesen, der eine dahin zielende Vermutung aussprach. Puiseux (a. a. O.) erklärt sich mit guten Gründen gegen diese zunächst plausibel anmutende Hypothese, indem er vor allem darauf hinweist, daß in solchem Falle die Helligkeit der Polarregionen sich weit entschiedener ausprägen müsse, als es tatsächlich geschieht. Sehr dunkle und sehr helle Stellen berühren sich oft direkt, z. B. bei *Schickard*, *Grimaldi*, *Herodot*; das wäre unverständlich, wenn eine homogene Eisrinde die Mondoberfläche überzöge. Weder an Eis, noch an den wohl auch zu Hilfe genommenen Meteorstaub (s. 13. Abschnitt) ist zu denken, wenn man sich die merkwürdigen Schattierungen in der Nähe der genannten Objekte kausal begreiflich machen will, die geradezu pittoresk wirken. Vorzüglich aber ist das Argument von durchschlagender Kraft, das von den ungeheuren Temperaturschwankungen hergeleitet wird, wie sie Very (S. 97) ermittelt hat. Gesetzt, während der langen Mondnacht habe sich da und dort sogar eine Eisdecke von ziemlicher Mächtigkeit gebildet; könnte sie vor den hohen Wärme-, ja Hitzegraden bestehen, welche unter dem Einflusse der viele Tage dauernden, durch kein atmosphärisches Medium abgeschwächten Bestrahlung zustande kommen müssen. Wir erachten uns befugt, die lunare Glazialtheorie mit Bestimmtheit abzulehnen.

---

[1]) Fauth, a. a. O., S. 122 ff. Es wird hier noch weiter gegangen, als es wohl von seiten anderer Befürworter der Eishypothese geschieht. „Wohl muß die Mondschale ein Eismantel sein; aber unter derselben liegt vielleicht heute noch ein Ozean, dessen Wogen einst gelegentlich durchbrachen oder durchgepreßt worden sind ...“

[2]) P. Andries, Die Beschaffenheit der Mondoberfläche, Sirius, 7, 151 ff. Noch etwas früher habe, so bemerkt Fauth (a. a. O., S. 124), Ericsson eine Erklärung der Oberflächenformen des „vergletscherten“ Mondes zu geben unternommen. Eine dritte Hypothese verwandter Natur ist durch die später uns noch beschäftigenden Arbeiten von Prinz bekannter geworden: Teal, A Theory of Lunar Surfacing by Glaciation, Calcutta 1890.

Von allen Mondlandschaften ziehen in optischer Beziehung am meisten die Aufmerksamkeit auf sich die sogenannten „Meere" (S. 101), weil sie vielfach eine grüne Färbung erkennen lassen und infolgedessen aus der Regel, daß man nur Schattierungs-, nicht aber auch Farbenverschiedenheiten wahrnehme, einigermaßen heraustreten. Hier nun setzt, nachdem die Photometrie uns nicht zu befriedigenden Ergebnissen hinleiten konnte, die Optik mit einem anderen Kapitel hilfreich ein. Dies ist die Lehre von der Polarisation des Lichtes[1]). Wird Licht von einer ebenen Spiegelfläche zurückgeworfen, so ist es polarisiert, d. h. es verliert, wenn es einer zweiten Reflexion unterliegt, einen Bruchteil seiner Helligkeit. Die Polarisation ist im allgemeinen eine unvollständige und erreicht ihr Maximum nur dann, wenn die Zurückwerfung zuerst unter einem Winkel erfolgt ist, der sich als für einen bestimmten spiegelnden Stoff konstant erweist und Polarisationswinkel genannt wird. Gelänge es, diese Winkelgröße für bestimmte Teile jener „Meere" zu ermitteln, so wäre damit über deren stoffliche Beschaffenheit eine Auskunft gegeben, die auf keinem anderen Wege zu erreichen sein würde. Und wirklich ist diese Aufgabe mit einem so hohen Grade von Genauigkeit gelöst worden, daß man jetzt mit Zuversicht behaupten kann, Gesteine von einer ganz bestimmten Zusammensetzung seien auf dem Monde vertreten.

Es sind die Arbeiten von Landerer[2]), welche uns diese wertvolle Einsicht verschafft haben. Auf dem astrophysikalischen Observatorium zu Meudon (nächst Paris) stellte er seine Messungen an, und da ergab sich als durchschnittlicher Wert des Polarisationswinkels der sogenannten „Meere" ein Wert[3]) von 33° 17′ (± 7′). Schon dadurch ist die Möglichkeit, daß sich Eis an jenen Stellen

[1]) Bei den folgenden Erörterungen nehmen wir wiederholt zur Richtschnur eine Abhandlung von H. Ebert (Beitrag zur Physik der Mondoberfläche, Sitzungsber. d. bayer. Akad. d. Wissenschaft, math.-phys. Kl., S. 153 ff., 1909), in welcher zumal das — sit venia verbo — astronomische Experiment zu seinem Rechte gelangt.

[2]) Landerer, Sur l'angle de polarisation de la Lune, Compt. rend. de l'Acad. Franç. **109**, 360 ff.; Sur l'angle de polarisation des roches ignées et sur les premières déductions sélénologiques qui s'y rapportent, ebenda **110**, 210 ff.

[3]) Die eingeklammerte Zahl besagt, daß als Maximalwert 33° 24′, als Minimalwert 33° 10′ ermittelt ward.

vorfinde, endgültig widerlegt [1]). Dafür erwuchs jetzt dem Forscher die Pflicht, sich unter den bekannten irdischen Mineralien nach denjenigen umzusehen, deren Polarisationsverhältnisse sich ganz denen der Flächen der „Meere" anpassen. Als solche entdeckte man die sauren vulkanischen Gläser [2]), unter denen wieder am meisten Obsidian und Vitrophyr in Betracht kommen. Der Polarisationswinkel beträgt bei beiden bzw. 33° 46′ und 33° 18′ (± 2′). Wir haben es mit Laven zu tun, die durch eine sehr rasche Abkühlung in den festen Zustand übergegangen sind und in Konsequenz dessen Glassprödigkeit annahmen. Sie stellen sich ganz wie künstliche Glasflüsse dar — Obsidian von schwärzlicher, Vitrophyr mehr von grünlicher Färbung.

Die These, daß auch der fragliche Teil der Mondaußenseite nichts anderes als erstarrtes Magma sein könne, ist damit schon so gut wie erhärtet. Indessen würde der Beweis zweifellos ein noch überzeugenderer werden, könnte man dartun, daß es im Universum solche Gläser gäbe. Durch F. Sueß [3]) und Ebert [4]), den der bekannte Mineraloge P. Groth auf die entsprechenden Meteorite hinwies, ist diese Ergänzung erbracht worden. Der Erstgenannte hat eingehend die sogenannten Tektite geprüft, deren meteorischer Ursprung ganz sichergestellt ist; sie teilen sich wieder, je nach den Fundorten [5]), in Moldavite, Bilitonite und Australite ein. Am größten ist die Ähnlichkeit zwischen dem Materiale der „Meere" und den Moldaviten; Albedo, Färbung und vor allem der Polarisationswinkel (hier 33° 43′) sind nur ganz wenig unterschieden. Man wird wohl nicht fehlgehen, wenn

---

[1]) Der Polarisationswinkel des Eises beträgt 37° 20′, und die sohin bestehende Differenz von 4° ist Ebert zufolge viel zu groß, um noch in die Fehlergrenze des Messungsverfahrens zu fallen.

[2]) Dieselben werden auch als Sanidineruptivgesteine bezeichnet. Sanidin ist eine Abart des Feldspats.

[3]) F. Sueß, Die Herkunft der Moldavite und verwandter Gläser, Jahrb. d. k. k. Geolog. Reichsanstalt 50, 193 ff., Wien 1901.

[4]) Ebert, a. a. O., S. 175 ff.

[5]) Die Moldavite entstammen der Moldau, dem nördlichen Teile des Königreiches Rumänien, die Australite dem gleichnamigen Kontinente. Für den Namen Bilitonite war die Insel Biliton maßgebend, welche östlich von Sumatra gelegen ist, zu den niederländischen Besitzungen in Hinterindien gehört und als Fundstelle von Meteoriten neuerdings bekannt geworden ist.

man behauptet, es sei von allen Motiven, welche dafür anzuführen sind, daß von lunarem Vulkanismus mit allem Rechte gesprochen werden dürfe, das soeben der Erörterung unterzogene das beweiskräftigste [1]).

Vorläufig ist aber nur ein Ansatz zur Durchführung des vollen Beweises gemacht, denn nunmehr gilt es, sich mit der Frage auseinanderzusetzen, wie man sich die Entstehung der „Meere" auf vulkanischem Wege zu denken habe. E. Sueß wählte die Bezeichnung Aufschmelzungserscheinungen, Ebert die Bezeichnung Überflutungserscheinungen für den Akt, der als der eigentlich formgebende anzusehen ist. Beide Eventualitäten erheischen besondere Untersuchung, die ihnen im folgenden zuteil werden soll.

E. Sueß (a. a. O.) hält dafür, daß man im allgemeinen jede lunare Depression, die man nach der Lehre verflossener Jahrhunderte als „Meer" oder „See" anzusprechen hätte, als Ergebnis

---

[1]) Den hier nur gestreiften Gedanken von einer noch weiter greifenden stofflichen Übereinstimmung im Weltraume, als sie schon durch die Spektralanalyse wahrscheinlich gemacht wird, führt E. Sueß noch weiter aus (Über Einzelheiten in der Beschaffenheit einzelner Himmelskörper, Sitzungsber. d. Akad. zu Wien, math.-naturw. Kl., 96, I). Er glaubt nämlich in den Mangangesteinen die „primären vulkanischen Produkte" anerkennen zu müssen, neben welchen Gneis, Granit und alle der petrographischen Zusammensetzung nach diesen nahestehenden Felsarten mehr als ein durch irgendwelche Metamorphose zustande gekommenes „Erzeugnis zweiter Hand" zu gelten hätten. Durch eine Korrespondenz mit Lockyer wurde Sueß in seiner Überzeugung bestärkt; „die Metalle, welche in den Spektren der Sonne, der Chromosphäre und von α-Cygni in auffallender Weise vertreten sind, sind im großen dieselben, welche die basischen Felsarten begleiten. Mehrere der sauren Felsarten, wie Kalium, Beryllium, Cer, Yttrium, Zinn und Zirkon sind allerdings im Fraunhoferschen Spektrum nachweisbar, aber die solaren Linien sind in jedem dieser Fälle wenig hervortretend (Lockyer-Baxendell, Spectrum of γ Cygni, Philos. Transact. S. 205 ff., 1903; Hale-Adams, Second Paper on the Cause of the Characteristic Phenomena of Sun Spots, Carnegie Institution, Contributions from Solar Observatory of the Mount Wilson, No. 15)". Die Forschungsergebnisse von Sollas, J. H. L. Vogt, Haughton u. a. verarbeitet in wesentlich verwandtem Gedankengange P. Tschirvinsky (Problème actuel de la pétrographie contemporaine lié à la question des méthodes de détermination qualitative de la composition minéralogique des roches, Bull. de la Societé Ouralienne d. Sc. Natur. 28, Januar 1908; Übersetzung von O. Clerc). Im Einklange mit der oben

einer besonderen örtlichen Aufschmelzung, als Aufschmelzungsherd, anzuerkennen habe. Als ein klassisches Beispiel wäre das *Mare Serenitatis* zu nennen. Fassen wir den neu formulierten Begriff näher ins Auge, so haben wir es mit einer etwas veränderten Formulierung des uns geläufigen Wortes Intrusion zu tun. Wenn die von unten aufdrängenden magmatischen Massen nicht bis zur vollen Freiheit gelangen konnten, so blieben sie als erstarrte Eruptivstücke in der Mondpanzerung stecken, als Batholithen oder Lakkolithen, je nach dem Grade der Triebkraft, welche sie von Hause aus zugeteilt erhalten hatten. Wieder in anderen Fällen kam es, wie wir es vorhin im Anschlusse an Nasmyth-Carpenter zu kennzeichnen suchten (S. 125), zu lokalisierten Austritten und zur Bildung einzelner Lavaberge ohne Krater. Eine dritte Möglichkeit besteht darin, daß die Glutflüssigkeit die dünne Oberflächenschicht, welche zeitweise noch ihr Ausbrechen gehindert hatte, sozusagen aufzehrt, so daß eine weite Magmafläche nunmehr an die Stelle des vorher diesen Platz einnehmenden Areales getreten ist. Allgemach erkaltete die Eruptivmasse, und der Fels, in den sie sich umwandelte, nahm jene Struktur der vulkanischen Gläser an, mit welcher wir bekannt geworden sind.

Es steht natürlich frei, ob man sich den vorstehend nur in ganz allgemeinen Zügen geschilderten Prozeß als einen solchen vorstellen will, der sich in majestätischer Ruhe vollzog, oder ob man annehmen will, daß dabei eine Reihe gewaltsamer Begleiterscheinungen mit unterlief. Wahrscheinlich war es von den örtlichen Bedingungen abhängig, ob mehr die eine oder andere Form der Aufschmelzung zur Tat wurde. Jedenfalls besteht kein Hindernis, anzunehmen, daß da und dort die geschmolzene Silikatmasse in lebhafte Wallungen geriet, und daß diese fluktuierenden Bewegungen, nachdem endlich die Erstarrung vollendet war, auch morphographische Spuren hinterließen. Die bekannten Versuche Eberts[1]) gewähren in dieser Hinsicht gute Vergleichspunkte. Es

---

durchgeführten Zweiteilung aller kosmischen Vaganten steht die Ansicht von Daubrée (Les météorites et la constitution du globe terrestre, S. 12, Paris 1886), derzufolge die eigentlich so zu nennenden Meteorite mehr eine planetarische, die Sternschnuppen (vorab die Schwärme) mehr kometarische Abkunft verraten.

[1]) H. Ebert, Ein Vorlesungsversuch aus dem Gebiete der physikalischen Geographie (Bildung der Schlammvulkane und der Mond-

wurde eine sehr flach gekrümmte Schale mit flüssig gemachter Woodscher Metall-Legierung [1]) gefällt, die sich ziemlich rasch wieder in den festen Aggregatzustand zurück versetzte. Die Verfestigung begann an der Peripherie, und nach einiger Zeit bestand sohin der Inhalt der Schale aus einer starren Rand- und einer noch flüssigen Innensubstanz. Ganz unten befand sich ein Loch, welches durch einen Gummischlauch mit dem Rezipienten einer Luftpumpe in Verbindung stand; wenn nun das Spiel der Kolbenzüge begann, so trat eine Art von Ebbe und Flut ein, welche die geschmolzene Masse bald gegen die Randpartien hindrängte, bald wieder von ihnen zurückweichen ließ. Schließlich überflutete der Brei die äußeren Teile der gekrümmten Platte, und im Inneren bildete sich ein Hohlraum ganz nach Art der sizilianischen Schlammvulkane [Makkaluben] [2]).

Wir haben in Fig. 19 ein dem Laboratoriumsversuche und der Wirklichkeit des Mondes — Ringgebirge *Herschel* — entnommenes Bild vor uns, und es wird nicht leicht in Abrede gestellt werden, daß das eine dem anderen faktisch außerordentlich nahe kommt. Manches Kratergrübchen zumal („craterlet“ der Neisonschen Nomenklatur, S. 104) könnte man sich im Sinne einer solchen magmatischen Aufwallung in natürlichster Weise entstanden denken.

Doch sind es immerhin nur gewisse vereinzelte Gebilde, für welche das vollinhaltlich zutrifft, und Ebert (a. a. O.) in erster Linie hat die Notwendigkeit gefühlt, den Gesamtzyklus der einschlägigen Fragen noch umfassender durchzuarbeiten. Als wir

---

ringgebirge), Ann. d. Phys. u. Chem. (3) **41**, 351 ff. Bemerkenswert ist, daß schon Spallanzani (Reisen in beyde Sicilien, Deutsche Ausgabe, **4**, 415, Leipzig 1796) die Mondvulkane als Seitenstücke der Makkaluben betrachtete.

[1]) Diese Metallverbindung zeichnet sich dadurch aus, daß sie überraschend leicht und schnell zum Schmelzen gebracht werden kann.

[2]) Schlammvulkane sind nicht durchweg echtvulkanische, zum Teil vielmehr pseudovulkanische Phänomen. Zu den ersteren dürften die Schlammsprudel der Umgegend von Girgenti gehören, von denen der römische Geograph Solinus berichtet: „Idem ager Agrigentinus eructat limosas scaturigines, et ut venae fontium sufficiunt rivis subministrandis, ita in hac Siciliae parte solo nunquam deficiente, alterna rejectatione terrarum terra evomit.“ Vgl. Günther, Handb. d. Geophysik **1**, 376 ff.

(S. 96) von der wechselnden Albedo einzelner Mondterritorien sprachen, taten wir zugleich der verschiedenen Einwirkungen Erwähnung, welche die solare Beleuchtung gerade auf das Aussehen der „Meere“ ausübt. Man sieht sich dadurch fast gezwungen, diesen Teilen der Mondoberfläche eine gewisse Pelluzidität oder Durchscheinbarkeit beizulegen. Warum es nicht die des Eises sein kann, welcher Stoff zunächst der Erwägung sich aufdrängen möchte, ist bereits (S. 131) gezeigt worden. Glasflüsse sind, wie wir ebenfalls uns vergewissert haben, ganz ungemein viel wahrscheinlicher, und da bietet sich ungezwungen der Gedanke dar: Sollte man nicht einen künstlichen Glasfluß

Fig. 19.

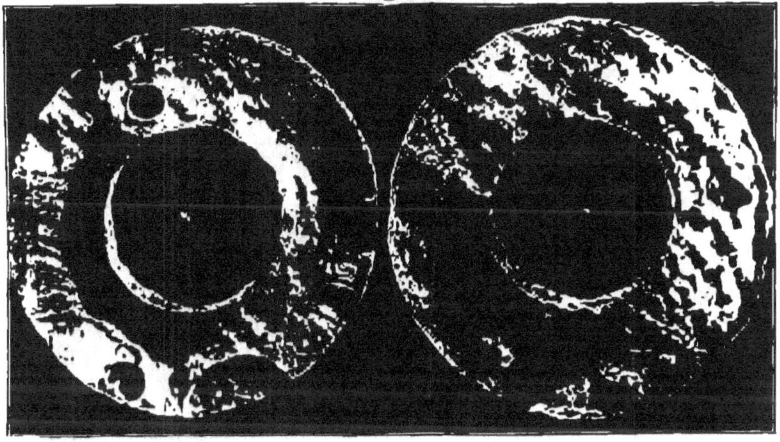

daraufhin untersuchen, ob er unter verschiedenen Beleuchtungen nicht Analogien zu dem, was man von der Mondoberfläche kennt, hervortreten läßt? Der genannte Physiker verschaffte sich einen solchen Glasblock von 200 kg (spez. Gew. 2,52; Brechungsindex im Mittel 1,5245). Der Klotz wurde im Experimentiersaale geeignet aufgestellt, unter verschiedenen Inzidenzwinkeln beleuchtet und jedesmal photographiert. Der Umstand, daß die Glasmasse durchaus nicht mehr eine ganz glatte Außenseite hatte, sondern deutliche Verwitterungsmerkmale erkennen ließ, konnte sich nur vorteilhaft geltend machen, denn die Annäherung an das lunare Vorbild konnte dadurch nur eine Steigerung erfahren. Ist doch auch die Fläche eines „Mondmeeres" alles andere eher, denn vollkommen glatt. Zwar setzt dort keine Verwitterung in dem uns geläufigen Sinne des Wortes ein, weil ja die für diese allein maßgebenden Faktoren, die Atmosphärilien, fehlen, dafür aber muß dort, wie oben (S. 97) angedeutet, eine andere Inanspruchnahme der Oberflächengebilde platzgreifen, die in den kolossalen Temperaturgegensätzen ihre Ursache hat und von Ebert sehr bezeichnend Vermorschung genannt wird.

Fig. 20.

Zumal auch der Staub, mit dem die Glaskugel bedeckt war, trug zur Erzielung mannigfaltiger Beleuchtungseffekte das seinige bei. Um die Vergleichbarkeit noch zu erhöhen, schlug der Experimentator kleine Stücke von dem Blocke ab, pulverte sie im Mörser und streute dieses Pulver mittels eines Siebes über das Versuchsobjekt aus [1]). Auf der Mattscheibe der Kamera entstand alsdann ein Bild, welches durchaus an das erinnerte, welches der

[1]) Ebert, Beitrag zur Physik usw., S. 159 ff.

Beobachter vor sich hat, wenn die Sonne über einer Mondlandschaft aufgeht. Wird der Inzidenzwinkel größer, so ändert sich das Bild insofern, als mehr und mehr die Einzelheiten in die Erscheinung treten, und man kann konstatieren, daß es einzig und allein die Verschiedenheit der Beleuchtung ist, die eine Verschiedenartigkeit des Anblicks bewirkt. Da, wo ein Stück des Glasflusses abgesprungen, die Rundung der Oberfläche mithin in etwas stärkerem Maße unterbrochen ist, ergibt das Photogramm eine unverkennbare

Fig. 21.

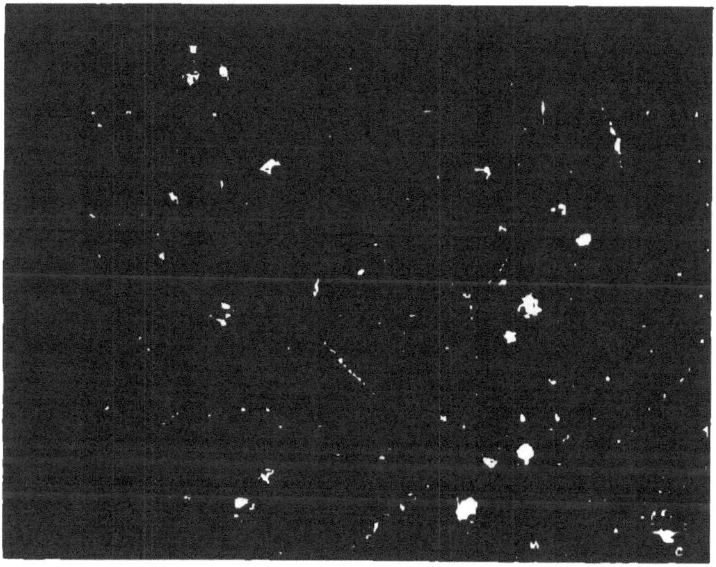

Ähnlichkeit mit Stellen des Mondantlitzes, welche — wovon im nächsten Abschnitte mehr die Rede sein wird — durch Verwerfungen gekennzeichnet sind. Die selbstverständlich in größerer Menge durch ungleichmäßige Kontraktion in der Glasmasse entstandenen Sprünge ähneln oft ganz den Rillen (S. 113). Was die Mondgebirge in strikterer Bedeutung anlangt, so kann da die Ähnlichkeit naturgemäß nur eine partielle sein; am augenfälligsten besteht sie für die Kratergruben (S. 104). Wir geben in Fig. 20 und 21 zwei der von Ebert seiner Studie beigegebenen Tafeln wieder.

Die nächste Folge der vorbeschriebenen Experimentaluntersuchung war eine veränderte Auffassung des Wesens der Strahlensysteme (S. 108). „Die bei weitem auffallendsten Objekte", wird gesagt[1], „sind die überhaupt erst bei hohem Sonnenstande hervortretenden Lichtflecke und Streifen, denen gar nichts im Relief entspricht, und die bei niederem Sonnenstande auch vollkommen verschwinden." Ganz ebenso scheinen sich viele der hellen Strahlen und Streifen des Vollmondes zu verhalten. Man kann aus diesem Vergleiche den Schluß ziehen, daß die glasigen, pelluziden Stellen der Mondoberfläche stärker zerklüftet und zersplittert als ihre Umgebung sind, welch letztere aus dunklerem Materiale zusammengesetzt erscheint. Liegen die Dinge so, dann fällt sofort der gegen die Aufsprengungstheorie (S. 127) gemachte Einwand weg, und es ist nicht zu verwundern, daß die Strahlen ungehindert über Berg und Tal wegziehen. Die Staubstreifen, die man etwa mit den Sueßschen Linien von Exhalationsprodukten in Parallele stellen könnte, fehlen dem Modelle keineswegs, allein ihr optisches Verhalten ist ein solches, daß der vermutete Parallelismus im Versuche keine Bekräftigung findet. Einen eigenartigen Anblick gewähren Stereoskopbilder, die man von der Glaskugel unter verschiedenen Beleuchtungen aufgenommen hat. Die Streifen liegen nämlich in gewissen Fällen anscheinend in der Tiefe, unter der Oberfläche, eine optische Täuschung, ähnlich derjenigen des Helmholtzschen Telestereoskopes[2]. Wichtig war auch, im Sinne von Zöllner[3]) festzustellen, ob die Oberfläche eine zerstreut reflektierende ist oder nicht; ist sie es, so erweist sich die Intensität des zurückgeworfenen Lichtes nur vom Emanationswinkel, und nicht zugleich vom Azimut abhängig. Pickerings Messungen (S. 88) belehren uns darüber, daß verschiedenen lunaren Örtlichkeiten eine ganz enorme Verschiedenheit der Reflexionskraft zukommt. Das Lambertsche Reflexionsgesetz[4])

---

[1]) Ebert, Beitrag zur Physik usw., S. 166 ff.

[2]) H. v. Helmholtz-A. König, Handbuch der physiologischen Optik, S. 831 ff., Hamburg-Leipzig 1896; Le Conte, Die Lehre vom Sehen, Leipzig 1883.

[3]) Zöllner, Photometrische Untersuchungen, S. 18 und 278, Leipzig 1865.

[4]) Auf diesem Gesetze ist Lamberts berühmtes Werk (Photometria sive de mensura et gradibus lucis, colorum et umbrae, Augsburg 1760;

erweist sich nicht mehr als genügend, weshalb neben der diffusen Reflexion noch eine partielle, nach Art wirklicher Spiegel wirkende vorhanden sein muß. Daß Zöllners Vermutung richtig sei, konnte Ebert durch Schwärzungsversuche auf Grund des Schwarzschildschen Gesetzes [1]) nachweisen.

Gestützt auf diese Vorstudien gelangt unser Gewährsmann [2]) zu der Folgerung, daß die „Meere" weder „ausgefrorene" noch „ausgetrocknete" echte Meere, sondern Überflutungsbildungen sind, indem nur der emporflutende Stoff aus leichtflüssigen Magmamassen, aus einem Silikatbrei, bestand, so daß die Ränder deutliche Spuren des Abschmelzens an sich tragen mußten. Im Grundtone dieser Auslegung des Marephänomens fand sich also Ebert mit E. Sueß und Loewy-Puiseux zusammen. An denjenigen Stellen, wo der aufquellenden Lava ältere Schollen sich entgegenstellten, die weder wegzuschmelzen, noch ohne weiteres zuzudecken waren, bemerkt man eigentümliche Böschungsverhältnisse mit charakteristischen Helligkeitsstufen [3]). Man wird somit zu dem Resultate kommen: Die Lavamassen schmolzen sich ein angenähert kreisförmiges Bett aus. Die Gegend, für welche der Überflutungs- und Ausschmelzungsakt mit besonderer Lebhaftig-

---

deutsch von Anding, Ostwalds Klassiker der Naturwissenschaft, Bändchen 31—33) systematisch aufgebaut. Die von Lommel und Seeliger erkannte Notwendigkeit, der Lambertschen Grundformel, die noch von Beer (Grundzüge des photometrischen Kalkuls, Braunschweig 1854) zur einzigen Norm genommen worden war und ebenso den Rechnungen des Verfassers (S. Günther, Studien zur theoretischen Photometrie, Erlangen 1872) zugrunde lag, eine andere zu substituieren, machte sich namentlich bei der astronomischen Lichtmessung gebieterisch geltend (H. Seeliger, Über einige Aufgaben der Photometrie des Himmels, Himmel und Erde 1, 323 ff.).

[1]) Schwarzschild, Beiträge zur photographischen Photometrie der Gestirne, Publ. d. v. Kuffnerschen Sternwarte 5 (Wien 1900).

[2]) Ebert, a. a. O., S. 178 ff.

[3]) Auf eine ungewöhnliche Terrassenbildung (z. B. bei *Copernicus* und *Langren*) wird auch von Puiseux (a. a. O.) die Aufmerksamkeit der Mondforscher hingelenkt. Er geht davon aus, daß die kalorische Wirkung blasenförmige Auftreibungen bewirken könne; es wären das also lakkolithähnliche Gebilde (S. 124). Mit der Zeit werde der Krümmungshalbmesser solcher Aufblühungen immer größer; dieselben „setzen sich", und so entstehen die terassenartigen Stufen. Bei dem Bergringe *Arzachel* lasse sich diese Umbildung sozusagen „auf der Tat ertappen".

keit einsetzte, läßt sich ebenfalls noch bis zu einem gewissen Ausmaße bestimmen [1]).

Die Tatsache, daß der Erstarrungsvorgang auf dem Monde ein ungleich rascherer als auf dem Hauptplaneten gewesen sein muß, hat uns bereits beschäftigt (S. 118). „Bedenkt man, daß das für die Abkühlung eines Weltkörpers in erster Linie maßgebende Verhältnis der Oberfläche zur Gesamtmasse für den Mond rund sechsmal so groß als für die Erde ist, so erkennt man, daß die Abkühlungsgeschwindigkeit auch dieser aus dem Inneren emporgepreßten Schmelzflüsse eine sehr erhebliche gewesen sein muß [2]), ganz abgesehen von dem Mangel einer die Wärmeausstrahlung behindernden, die Erkaltung verlangsamenden Atmosphäre." „Wir haben", so beschließt Ebert seine Darstellung [3]), „in den dunklen Mareflächen des Mondes Überflutungen durch magmatische Massen vor uns, welche infolge rascher Abkühlung glasig erstarrt sind; ihre glasige Struktur verleiht ihnen einen gewissen Grad von oberflächlicher Pelluzidität."

---

[1]) Man wird wohl am sichersten gehen, wenn man diese Region da sucht, wo die Gezeitenbewegung, deren machtvollen Einfluß auf den noch wenig verfestigten Mond uns bekannt ist (S. 120), ihre Kraft am meisten offenbaren konnte. Diese Region würde dem damaligen Äquator entsprechen, der durchaus nicht mit dem Mondäquator der Gegenwart identisch zu sein braucht.

[2]) Sind r_m und r_e die Radien der kugelförmig angenommenen Weltkörper Mond und Erde, so sind die Volumina beider den Größen r_m^3 und r_e^3, die Oberflächen den Größen r_m^2 und r_e^2 proportional. Die Abkühlungsgeschwindigkeiten sind proportional $r_m^2 : r_m^3$ und $r_e^2 : r_e^3$, und diejenige des Mondes verhält sich zu derjenigen der Erde, wie $\frac{1}{r_m} : \frac{1}{r_e}$.

[3]) Ebert, a. a. O., S. 180. Es mag hier auch der von Franz (Der Mond, S. 89 ff.) gemachten Wahrnehmung Erwähnung geschehen, daß die „Meere" sich längs eines Hauptkreises der Mondkugel gruppieren. „Lag der Gürtel der Meere früher" — als die Rotationsgeschwindigkeit des Trabanten noch eine viel größere war (S. 92) — „über dem Äquator, so kann die eingetretene Verschiebung durch ein Gleiten der Mondkruste über dem flüssigen Magma des Mondinneren erklärt werden" (a. a. O., S. 92). Die Gezeitenreibung (Darwin-Pockels, a. a. O., S. 239 ff.) konnte sehr wohl eine Ablenkung der Mondachse und des auf ihr senkrecht stehenden größten Kreises zuwege bringen.

Ohne, wie es scheint, von E. Sueß — Eberts Abhandlungen waren damals nur zum kleineren Teile erschienen — eine Beeinflussung erfahren zu haben, hat auch A. Stübel[1]) seine Erfahrungen und Gedanken über den Zusammenhang vulkanischer Begebenheiten auf dem Monde und auf der Erde in einem Gedankengange zusammengefaßt, der mit demjenigen, den kennen zu lehren einer der obersten Zwecke dieses Abschnittes ist, gar viel Gemeinsames hat. Es ist gewiß höchst bemerkenswert, daß Männer der Wissenschaft, deren Ausgangspunkte so weit voneinander abweichen, im Endziele sich so nahe zusammenfinden; der Selenograph Puiseux, der Physiker Ebert, E. Sueß als Vertreter der theoretischen Geologie und Stübel als Vertreter der innerhalb dieser Disziplin zu hoher Selbständigkeit aufgestiegenen Vulkankunde — sie alle halten die Analogie zwischen Erd- und Mondformationen auf endogener Grundlage für gesichert. Doch ist es angesichts des Lagers, aus welchem der berühmte Erforscher der Feuerberge von Südamerika herkommt, nur natürlich, daß derselbe nicht den „Meeren", sondern den Ringgebirgen sein Hauptaugenmerk zuwendet. In seiner Zurückweisung der Möglichkeit, daß es durch Selbstaufbau entstandene Schichtvulkane auf dem Monde geben könne, stellt sich Stübel auf den gleichen Boden, von dem aus oben (S. 118) das Vorhandensein dieser Vulkanklasse abgelehnt worden war. „Die Kraterwälle oder Ringgebirge des Mondes sind unzweifelhaft aus flüssigem Magma erstarrt, das sich in ungeheuren Flutwellen rings um eine oder mehrere Austrittsöffnungen ausgebreitet hat; sie sind aber

---

[1]) A. Stübel, Die Vulkanbildungen von Ecuador, geologisch-topographisch beschrieben und aufgenommen, Berlin 1897. Das letzte Werk des verdienten Forschungsreisenden, welches noch von ihm persönlich der Öffentlichkeit übergeben werden konnte. An die Spitze seiner einschlägigen Betrachtungen stellt der Autor (S. 386 ff.) die den Betrachtungen entnommene Wahrheit, daß es sehr viele Mondkrater gibt, deren Öffnung die der Mundlöcher der Erdvulkane beträchtlich übersteigt. So beträgt nach Neison-Klein beispielsweise der Flächeninhalt des Kraters *Ptolemäus* 22 000 qkm > Königreich Sachsen (Areal rund 15 000 qkm). Dieser Umstand hat ja auch sehr viel dazu beigetragen, daß manche Mondforscher die vulkanistische Theorie bekämpfen, übersehend, daß quantitative Verschiedenheiten hier keinen Ausschlag geben dürfen. Stark, nach unserem Dafürhalten zu stark, betonte diese Momente neuerdings Ginzel (Über den Vulkanismus des Mondes, Sirius, 9, 33 ff.).

nicht, wie viele der irdischen Vulkanberge, durch ausgeschleuderte Auswurfsprodukte entstanden." Man hat es, so wird vermutet, nur mit einem einmaligen Aufquellen des Magmas zu tun; ein namhafter Teil des an die Oberfläche gelangten Magmas wird wieder in die Esse zurückgeflossen sein, und der so gebildete Batholith schloß den Schlund, so möchten wir hinzusetzen, derart fest ab, daß an diesem Orte kein neuer Ausfluß mehr sich ereignen konnte [1]). Mit dem Rückzuge der Glutmasse sank auch die oberflächliche Erstarrungskruste immer tiefer hinab, bis sie teilweise auf den Boden des ungeheuren, flachen Trichters gelangte, falls nicht, wie gewiß in vielen Fällen, schon zuvor ein Stillstand eintrat — daher die mancherlei „terrassenförmigen Abstufungen", die man bei allen möglichen Mondkratern an der Innenseite wahrnimmt [2]). Vielleicht darf man auch an eine intermittierende Senkung des Niveaus des Feuermeeres denken [3]). Stübel erinnert bei dieser Gelegenheit daran, daß die Erstarrung schon einigermaßen fortgeschritten sein mußte, als diese zähflüssigen Stoffe ausbrachen [4]), und daß auch unsere Erde durch eine Periode,

[1]) Solcher Verschluß eines Zuleitungsschlotes ist auch bei Erdvulkanen gelegentlich vorgekommen (Günther, Der Kammerbühl, eine vulkanistische Studie, Das Ausland, 66. Jahrg., S. 352 ff. u. 372 ff.).

[2]) Man wird konstatieren, daß hier Stübel, dessen Schriften dem französischen Forscher entgangen sein werden, eine ganz ähnliche Idee ausspricht, wie sie uns (S. 141) von Puiseux, unter etwas anderem Gesichtspunkte zwar, bekannt geworden ist.

[3]) Stübel, a. a. O., S. 375. Der berühmte Feuersee Kilauea, der an und für sich schon von allen irdischen Vulkanformen den lunaren Aufschmelzungstypus am besten veranschaulichen dürfte, kann wohl auch zum Beleg für solche alternierende Niveaubewegungen herangezogen werden. Über ihn gewährt beste Belehrung ein Aufsatz von Friedländer (Der Vulkan Kilauea auf Hawaii, mit einigen Bezugnahmen auf die Vulkane Italiens, Himmel und Erde 8, 41 ff.). Er bestätigt unter anderen die schon von Green (S. 106) gemachte Beobachtung über die Aufsaugung fester Krustenbestandteile in den aus dem Inneren der wogenden Masse stetig aufsteigenden Feuerfontänen.

[4]) Vielleicht ist der Umstand von Wichtigkeit, daß die „Berge" hauptsächlich aus schwerflüssigem, die „Meere" großenteils aus leichtflüssigem Magma sich gebildet haben. Es würde hierin ein Anzeichen dafür zu erblicken sein, daß die großen Depressionen älter als die Erhebungen sind, und daß es zur Auftürmung der letzteren erst dann kam, als die glutflüssige Silikatmasse von der Versetzung mit tropfbar und elastisch-flüssigen Stoffen, die ursprünglich vorhanden war, namhaft verloren hätte.

während deren die Eruptionen sich in analoger Weise abspielten, hindurchgegangen ist. Dieser Punkt[1]), welcher gemeiniglich minder beachtet wird, scheint in der Tat sehr bedeutungsvoll zu sein, wenn man die Mond- und Erdgeschichte parallelisieren will.

Manche Mondkrater bekunden eine auffallende Ähnlichkeit mit Geysirbecken, wie dies zuerst von Wellmann[2]) bemerkt wurde. Eine andere gestaltliche Übereinstimmung zwischen beiden Weltkörpern betont Stübel, indem er auf Pickerings (S. 88) Beobachtung hinweist, welcher zufolge manche Barrancas[3]), schlundartige Risse in den Flanken der Mondvulkane, ganz an irdische Flußbetten gemahnen, mit dem wesentlichen Unterschiede allerdings, daß sie oben breiter als unten sind. Gerade diese Erscheinung, den Neuspaniern unter dem Namen „Hondones" bekannt, konnte an Andenvulkanen gleichfalls deutlich erkannt werden[4]). Solche „Täler" sind nicht, wie das sonst die Regel ist, durch Wassererosion ausgefurcht worden, sondern sie müssen sich bereits in der Zeit, als das Magma aufquoll und sich staute, unter dessen Einwirkung gebildet haben.

Stübel akzentuiert sehr nachdrücklich die grundsätzliche Übereinstimmung von kosmischem und tellurischem

---

[1]) Es verdient mehr als sonst hervorgehoben zu werden, daß alle homogenen Vulkane, die man auf der Erde kennt, früheren geologischen Zeiträumen, in erster Reihe den tertiären, angehören, und daß die Gegenwart ausschließlich geschichtete Vulkane in Tätigkeit oder neu entstehen sieht, während auch ältere Erhebungen der letzteren Kategorien zwar der geologischen Vergangenheit nicht gänzlich fehlen, aber doch vergleichsweise seltener sind (Günther, Handb. d. Geophysik **1**, 395). Eine Periode, wie wir sie augenblicklich haben, kannte der Mond überhaupt nicht.

[2]) Wellmann, Bemerkungen über Mondkrater, Astron. Nachr. **142**, 355. Die allerdings unter Vorbehalt ausgesprochene Vermutung geht hauptsächlich dahin, die hell leuchtenden, eine hohe Albedo aufweisenden Streifen als kalkige Inkrustationen der heißen intermittierenden Springquellen zu erklären.

[3]) Günther, a. a. O., S. 369.

[4]) So am Iliniza (S. 59), am Cotacachi (S. 86), am Quilindaña (S. 141). Die in größerer Höhe sich zeigenden Erweiterungen und Eintiefungen werden den Calderas an die Seite gestellt, jenen typischen Hohlformen der Nord- und Südkanarien, von welchen L. v. Buch seine Theorie der Erhebungskrater herleitete (Günther, A. v. Humboldt, L. v. Buch, S. 232).

Vulkanismus, indem er nur einen einzigen Unterschied bedingungsweise zugibt. „Der der Erde verbliebene Rest des kosmischen Vulkanismus hat in seinen Äußerungen bereits mit Widerständen zu kämpfen, welche ihm durch die peripherischen Gesteinsablagerungen anderer Entstehungsart geschaffen sind[1]." Auf dem Monde dagegen ist an Gesteinen solcher Beschaffenheit, an Wassersedimenten, absoluter Mangel. Deren in der Quantität so bedeutendes Vorwiegen hat die vulkanischen Kraftäußerungen der Erde niemals zu der beherrschenden Rolle gelangen lassen, welche ihnen auf dem Monde stets gesichert war. Auf ihr — auch hier kommt Stübels bekannte Fundamentalanschauung (S. 143) zum Durchbruch — ist der Sitz der intrakrustalen Aktion in isolierte Herde (S. 124) zu verlegen, die mit fortschreitender Erstarrung höher und höher hinaufrücken und allgemach gänzlich aufgezehrt werden, bis dann endlich der irdische Vulkanismus mit dem lunaren das gleiche tödliche Ende gefunden hat.

Das nächste Kapitel ist den Umgestaltungen gewidmet, welche Mondrinde und Mondphysiognomie speziell durch tektonische Umbildungen erlitten haben. Die Erdphysik hat uns ausreichend darüber orientiert, daß Dislokationen und vulkanische Ereignisse lokal und ursächlich auf das engste zusammengehören; von diesem Standpunkte aus hat von je her W. Prinz die Probleme der Mondmorphologie betrachtet zu sehen gewünscht, und es wird somit am Platze sein, den von ihm aufgestellten Thesen ihr Recht angedeihen zu lassen. Dadurch ist dann auch der Übergang zu den im Abschnitt 11 zu behandelnden Gegenständen gegeben.

Es ist bei früherer Veranlassung (S. 105) der polygonalen Umrandung verschiedener Mondgebilde erwähnt worden; einstweilen freilich bloß morphographisch, indem zugleich zugesagt ward, es solle späterhin die Erörterung der Frage, ob diese Begrenzungsform auch für die genetischen Momente eine gewisse Tragweite besitze, nachgeholt werden. Prinz führt an der Hand genauer Kartenmessung den Nachweis[2], daß der Kilauea (S. 144) eine Begrenzung hat, welche sich dem regelmäßigen Sechseck wenigstens annähert; er tut ein gleiches dar für den Hauptkrater

---

[1]) Stübel, a. a. O., S. 389.

[2]) W. Prinz, Esquisses sélénologiques, Ciel et Terre, 14. Jahrg., S. 363 ff.

Fig. 22.

des Mauna Loa; er sucht endlich nach Gründen für das **Auftreten** eben dieser Perimeterform bei den Mondvulkanen [1]). Unsere Fig. 22 zeigt, nach jener Vorlage [2]), die Sechs- bzw. Achtecke auf, welche um die Krater der Gruppe *Bullialdus* so beschrieben werden können, daß man die geometrische Ähnlichkeit der Konturen sofort herausfindet; das Achteck ist als Ausnahme von der im übrigen sehr allgemein bestätigten Regel anzusehen. Durch eine Wahrnehmung, welcher E. Sueß in seinem Hauptwerke Worte verleiht [3]), glaubt der belgische Astrophysiker den Schlüssel des fürs erste rätselhaft anmutenden Verhaltens der Mondgebilde erhalten zu haben. Man habe stets zwei Systeme von Brüchen zu unterscheiden, die mehr regelmäßig gelagerten **peripherischen** und die ein weit minder geordnetes Bild gewährenden **radialen**. Fig. 23 gibt die beiden Liniensysteme in schematischer Form wieder. Darin spreche sich ein allgemeines Naturgesetz aus, das immer offenbar werde, sobald eine wie immer beschaffene Platte eine Stoßwirkung erleide; ein gutes Exempel lieferten auch Druckversuche an einer dünnen Kautschukschicht [4]) und die Rechnungen von Schoentjes [5]). Bei den vulkanischen Bildungen kommt der Druck oder Stoß von innen, im Bunde mit der natürlichen Schrumpfung des Balles, und die entstandenen Risse verstatten es dem in geringer Tiefe nach oben strebenden Magma, sich den Durchgang nach außen zu erringen, sich sodann über dem Senkungsfelde auszubreiten.

Fig. 23.

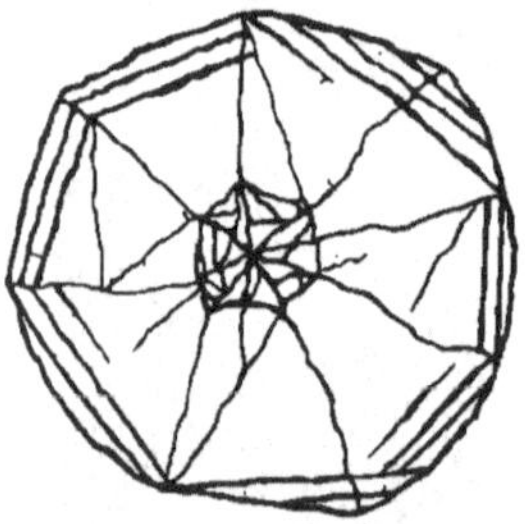

Es bedarf kaum des Hinweises darauf, daß die theoretischen Ansichten von Prinz mit denen, welche wir vor ihm zu besprechen hatten, nur teilweise übereinstimmen, insofern ihm zufolge die

---

[1]) W. Prinz, Esquisses sélénologiques, Ciel et Terre, 14. Jahrg., S. 437 ff.

[2]) Ebenda, S. 509.

[3]) E. Sueß, Das Antlitz der Erde **1**, 165.

[4]) De la Noë-De Margerie, Les formes du terrain, S. 166; Atlas, Tafel 48. Paris 1888.

[5]) H. Schoentjes, Sur les déformations que font naître, dans un hémisphère creux métallique, le choc et la pression d'un corps dur, Bull. de l'Acad. des sc. de Belgique **28**, 295 ff.

vulkanische Kraft für sich allein nicht imstande sein würde, ihre Ausbruchs- und Aufschmelzungsarbeit zu verrichten, wenn ihr nicht durch die Zusammenziehung der Kugel, auf die es ankommt, Vorschub geleistet würde. Insofern mag ein allerdings mehr sekundärer Gegensatz zugestanden werden. Die Hexagonalgestalt so vieler lunarer und tellurischer Kraterränder ist immerhin eine Sache von solcher Bedeutung, daß man es verständlich finden kann, wenn an der durchgreifenden Auffassung von der vulkanischen Herkunft der Mondgebilde noch eine tektonische Änderung angebracht wird, die den Kern des Ganzen unangetastet läßt und für merkwürdige Züge des Erd- und Mondantlitzes eine gemeinsame Erklärung anstrebt.

In der Fortsetzung seiner „Skizzen" [1]) schlägt Prinz einen aussichtsvollen, wenn auch der Natur der Dinge nach nur langsam weiterführenden Weg ein, nämlich den genauer Detailcharakteristik ausgezeichneter Erdvulkane unter stetem Hinweise auf das lunare Seitenstück. Die Beschreibungen des uns wohl bekannten Kilauea [2]), sowie des sehr lehrreiche Vergleichspunkte liefernden isländischen Vulkanes (oder besser Vulkangebietes) Askjá [3]) müssen besonders herausgehoben werden. Gegen die unrichtige Methode, nach generellen, alle und jede Frage souverän lösen wollenden Regeln die Selenologie zu bearbeiten, wird entschieden Stellung genommen. Eine interessante Meinungsverschiedenheit zwischen Prinz und Branca kommt dabei zur Sprache; der Letztgenannte war ursprünglich geneigt, die Hohlformen des Mondes den Maren, für deren Erforschung er bekanntlich Hervorragendes geleistet, an die Seite zu stellen [4]); während er anfänglich von

---

[1]) Prinz, Esquisses sélénologiques, 2. Tl., Ciel et Terre 18, 1 ff.

[2]) Ebenda, S. 26 ff.

[3]) Ebenda, S. 18 ff.; Prinz, L'emploi usw., S. 20. An zweiter Stelle gibt er eine auch der Einzelheiten sich annehmende Karte des Riesenzirkus, über den Thoroddsens, Oanheims u. a. Beschreibungen neuerdings Licht verbreitet haben; es ist derselbe, in dessen See 1907 der Geologe v. Knebel seinen Tod gefunden hat.

[4]) W. Branco (Branca), Schwabens 125 Vulkanembryonen und deren tufferfüllte Ausbruchsröhren, Jahreshefte des vaterländischen Vereins in Württemberg für Naturkunde, 50. Jahrg. (S. 505 ff., 1894), S. 804 ff. Mare, wie die der Eifel oder der Rauhen Alb, Explosionstrichter, sind wohl auf dem Monde gar nicht vorhanden oder doch den optischen Erforschungsmitteln des Menschen unerreichbar.

der Vieleckeform der Krater nichts hatte wissen wollen, änderte er nachmals seine Meinung darüber und erkannte der von ihm genau untersuchten, auf lakkolithische Intrusion zurückgeführten Riesmulde eine hexagonale Umrahmung zu [1]). Als eine dankenswerte Ergänzung der früher über die Entstehung der „Meere" beigebrachten Angaben ist die zu betrachten, daß diese Depressionen sich zu einem Netze der Linien geringster Widerstandsfähigkeit in Beziehung setzen lassen [2]). Endlich sei noch der neuen Aufschlüsse [3]) über die Strahlensysteme, die „bandes brillantes", gedacht. Es wird eine zumeist vergessene Beobachtung Daubrées [4]) der Mitwelt ins Gedächtnis zurückgerufen, die, wenn man sie erweitert, den Schluß zulassen würde, daß solche Ausstrahlungen von einem Punkte aus das Ergebnis einer Volumverminderung des Körpers sein können, um dessen Oberfläche es sich handelt. Solchergestalt würden sie also ganz derjenigen Gruppe von Phänomenen zuzuzählen sein, deren Studium der nächste Abschnitt zu seiner Aufgabe zu machen hat.

Elfter Abschnitt.

Tektonische Dislokationen auf dem Monde.

Auch dann, wenn man nicht mehr jene Theorie der Gebirgsbildung, welche seit Zurückdrängung der Erhebungstheorie des heroischen Zeitalters [5]) lange eine ungeschmälerte Herrschaft behauptete, in dieser ihrer Suprematie anerkennen will, wird man

---

[1]) W. Branco (Branca)-E. Fraas, Das vulkanische Ries bei Nördlingen, Abhandl. d. preuß. Akad. d. Wissensch., math.-phys. Kl., S. 101 ff., 1901.

[2]) Prinz, Esquisses sélénologiques, III., Ciel et Terre 20, 29 ff.

[3]) Ebenda, S. 62 ff. Als brauchbarstes Untersuchungsmittel erprobte der Autor Photogramme mit starker Übertreibung der Kontraste. „Il y en a de si heurtées" — photographies — „que les bandes lumineuses y sont visibles en blanc sur fond noir."

[4]) Daubrée, Études synthétiques de géologie expérimentale, S. 389. Paris 1879.

[5]) Vgl. hierzu: K. A. v. Zittel, Geschichte der Geologie und Paläontologie, S. 85 ff. München-Leipzig 1899.

doch zugestehen müssen, daß prinzipiell an der Annahme nicht zu rütteln ist: Eine frei im Weltraume schwebende Kugel muß durch Ausstrahlung und Wärmeabgabe eine stetige Volumverminderung erfahren, und diese muß wieder gestaltliche Veränderungen der Oberfläche zur Folge haben. Die Tatsache, daß isostatische Verschiebungen eintreten, wie sie vornehmlich Puiseux als gegeben ansieht[1]), läßt sich mit dem Grundgedanken der Schrumpfungstheorie, die nun einmal eine physikalische Notwendigkeit darstellt, sehr wohl vereinbaren. Es wird demgemäß a priori die Möglichkeit, ja Wahrscheinlichkeit lunar-tektonischer Umgestaltungen festgehalten werden müssen, indem nur allerdings zunächst die Frage offen bleibt, ob unsere Erkenntnismittel ausreichen, uns über das Vorkommen solcher Formen auch ein sicheres Urteil zu verschaffen. Ehe wir indessen diejenigen, die hierfür in Betracht kommen können, näher ins Auge fassen, wollen wir kurz eine Vorfrage berühren, die zwar bisher noch keine höhere aktuelle Bedeutung für den Nebenplaneten erlangt hat, sie aber mutmaßlich erlangen würde, wenn, wie es jetzt den Anschein gewinnt, das entsprechende Problem für den Hauptplaneten sich zu größerer Wichtigkeit durchringen sollte.

Gemeint ist die Hypothese, daß die Erde die Gestalt eines regulären Tetraeders erkennen lasse. Es ist in neuerer Zeit sehr viel über diese Angelegenheit geschrieben worden, wie uns die Veröffentlichungen von Prinz[2]) und Arldt[3]) beweisen, von denen insonderheit die zweitgenannte eine vollständige Übersicht über alle einschlägigen Bestrebungen zu geben bemüht ist. Man kann deren Keim vielleicht noch in frühere Zeiten verlegen und mit jenen Spekulationen in Verbindung bringen, welche darauf ausgingen, Regelmäßigkeiten im Bau und Verlauf der Erdgebirge

---

[1]) Puiseux, De la provénience etc., S. 197. Eine sehr interessante Abwägung des Wertes der verschiedenen Gebirgsbildungstheorien, zugleich mit eingehender Würdigung der von den amerikanischen Geologen in den Vordergrund gerückten Isostasie, hat man neuerdings von Kranz (Hebung oder Senkung beim Rheinischen Schiefergebirge, Monatsberichte der Deutschen Geologischen Gesellschaft 62, Jahrg. 1910, Nr. 7).

[2]) Prinz, L'hypothèse de la déformation tétraédrique de la terre de W. Lothian Green et de ses successeurs, Brüssel 1901.

[3]) T. Arldt, Die Gestalt der Erde, Beitr. z. Geophysik 7, 283 ff.

aufzuzeigen [1]). Auf Owen [2]), bei dem noch viel Phantastisches mit unterlief, folgte in weit zielbewußterer Weise der uns bereits (S. 106) bekannte Vulkanforscher Green [3]), dessen Ansichten zwar nicht als solche aufgenommen, doch aber in grundsätzlich zustimmender Weise ausgebaut wurden durch De Lapparent [4]), Lévy [5]) und Bertrand [6]). Der ursprünglich rein morphographischen Begründung wurde eine mehr kausale an die Seite gestellt; zunächst durch Verwertung der mittels Pendelmessungen fixierten Tatsache, daß die Schwere auf den Ozeanen größer als die im Inneren der Kontinente ist, und sodann auch durch den Hinweis auf die Festigkeitslehre. Eine Kugel, die gleichmäßig in allen ihren Teilen normal auf sie einwirkenden Drucken ausgesetzt ist, soll eine Tendenz bekunden, derart diesen Kräften nachzugeben, daß nur vier äquidistante Punkte unberührt bleiben, und mit diesem Experimentalergebnis stimme die theoretisch ermittelte Wahrheit überein, daß bei einer Deformation die Kugel, der Lehre von den Isoperimetern zufolge, ein Körper von kleinster Ober-

---

[1]) Prinz, a. a. O., S. 18 ff. Schon in A. Kirchers „Mundus Subterraneus" spielen zwei als Hauptkreise der Erdkugel einander rechtwinklig durchschneidende Gebirgsgürtel eine maßgebende Rolle; etwas über 100 Jahre später folgten Gatterers etwas sehr gewaltsame Konstruktionen und die den Naturphilosophen verratende Zerlegung der Festlandmasse in drei äquivalente Teile (Dreiheit des Gegensatzes von Nord- und Südamerika) durch den dänisch-deutschen Geologen Steffens. Zusammenfassend behandelt die theoretischen Ansichten, die man sich über die gesetzmäßige Struktur der Erdgebirge gebildet hatte, eine Monographie von Benl (Frühere und spätere Hypothesen über die regelmäßige Anordnung der Erdgebirge nach bestimmten Himmelsrichtungen, Münch. Geogr. Studien, 17. Stück, 1905). Der von Arldt beigebrachten Literatur sei noch angefügt: Brück, Éléctricité ou magnétisme du globe céleste, Brüssel 1885. Hier ist von der „loi quadrangulaire" die Rede.

[2]) R. Owen, Key to the Geology of the Globe, London 1857.

[3]) W. L. Green, Vestiges of the molten Globe, as exhibited in the Figure of the Earth, Volcanic Action and Physiography, London 1875.

[4]) De Lapparent, Sur la symètrique tétraédrique du globe terrestre, Compt. rend. de l'Acad. Franç. 130, 614 ff.

[5]) Michel Lévy, Sur la coordination et répartition des fractures et des éffondrements de l'écorce terrestre en relation avec l'épanchement volcanique, Bull. de la Soc. Géol. de France 26, 105 ff.

[6]) Marcel Bertrand, Déformation tétraédrique de la terre et déplacement du pôle, Compt. rend. de l'Acad. Franç. 130, 619 ff.

fläche bei größtem Volumen sich in das Gegenteil, einen Körper mit Oberflächenmaximum und Volumenminimum, wie dies bei der regelmäßigen vierseitigen Pyramide zutrifft, überzugehen geneigt sei. Die Mittelmeerzone als eine solche zu betrachten, für welche eine besonders starke Torsion sich geltend mache, war einer der Stützpunkte des Greenschen Systems [1]; bei Arldts selbständiger Charakteristik des augenblicklichen Standpunktes des ganzen Hypothesenkomplexes scheint denn auch jener Erdpartie, teilweise wenigstens, die einflußreiche Position wieder zurückgegeben zu werden [2]. Es spielen da auch paläogeographische Überlegungen mit [3], ausgelöst durch eine vergleichende Betrachtung der Erdkarte von heute mit den von Neumayr, De Lapparent, Koken und Frech für frühere geologische Zeiträume gezeichneten schematischen Übersichten über die damalige Verteilung von Wasser und Land.

Wer geneigt ist, eine selbständige Krustenbewegung für die Erde zu stipulieren, wird sich mit der tetraedrischen Theorie leicht abfinden können. Wer freilich, einer ganz anderen Auffassung (S. 21) folgend, die diskontinuierliche Auflagerung der Erdpanzerung auf einem vollkommen anders beschaffenen Kerne nicht als mit seinen Überzeugungen über Entstehung und Natur unseres Planeten vereinbar zu erkennen vermag, der wird einstweilen noch abwarten, ob die neuere Geodynamik eine immerhin radikale Umwälzung unserer bestehenden Anschauungen über das Geoid

[1]) Prinz, a. a. O., S. 11 ff. Lévy will die mediterrane Drillung nicht gelten lassen, wie er auch die von Peschel (Probleme der vergleichenden Erdkunde, S. 66 ff., Stuttgart 1878) sehr allseitig untersuchte, bei Bacon of Verulam zuerst besprochene Zuspitzung von Südamerika, Afrika und Australien-Tasmanien ihres rezenten Charakters halber nicht als Beweisgrund zuläßt.

[2]) Arldt, a. a. O., S. 325. „Die südlichen Massive wuchsen durch langsame Angliederung genau so, wie die nördlichen Eckflächen. Letztere aber waren von dem mittelmeerischen Gürtel her starken Druckwirkungen ausgesetzt, die zu Zerklüftungen führten, in deren Folge Einbrüche stattfanden, so daß die ursprünglich ausgedehnteren Eckflächen zeitweise von den südlichen Massiven an Größe überflügelt wurden. Die letzteren hatten nach ihrer ganzen Lage die Tendenz, in ostwestlicher Richtung zu wachsen."

[3]) Vgl. hierzu: G. W. Gregory, The Plan of the Earth, The American Geologist 27, 100 ff., 134 ff.

für unabweisbar erklärt. Was den Mond angeht, so wird auch diejenige Richtung, die ohne Annahme einer autonomen Bewegung der Erdschale nicht auskommen zu können vermeint, auf die Zuhilfenahme von Torsionsstörungen eher verzichten. Wissen wir doch, wie außerordentlich langsam die Achsendrehung dieses Himmelskörpers vor sich geht (S. 19), und es hat sich uns auch als eine nahezu gesicherte Erkenntnis die ergeben, daß der auf die Flutbewegung der noch ganz weichen Masse (S. 22) zurückzuführende Verlangsamungsprozeß, welcher schließlich die Gleichheit von Revolutions- und Rotationsdauer herbeiführte, zum Endeffekte erst dann gelangt war, als die Panzerdecke des Mondes — oder, richtiger gesagt, jene Partie der Außenseite, welche allmählich in diese überging — bereits eine gewisse Konsistenz erreicht hatte. So erachten wir uns denn autorisiert, das neueste Stadium der Geotektonik als jeder Rückwirkung auf die lunare Tektonik entbehrend hinzustellen. Wenigstens gilt dies für den Augenblick.

Von den seit alter Zeit bekannten und anerkannten, sowie von den ebenfalls in jüngster Vergangenheit mehr hervorgetretenen Dislokationen werden wir vonvornherein Einbrüche und Faltungen als Erscheinungen betrachten, nach deren Vorkommen zu fragen wir ein gutes Recht haben. Eine dritte, in unseren Tagen zu unerwarteter Bedeutung gelangte Kategorie von morphologischen Charakterformen werden wir beim Übergange zum Monde wohl oder übel beiseite lassen müssen, nämlich die Überschiebungen, durch deren Zulassung manche allzu verwickelte Faltenkombination — Doppelfalten usw. — einfach aufgehellt werden konnte. Um deren Existenz festzustellen, bedarf es eben, soweit man sich gegenwärtig in die Erforschungsmöglichkeiten hineinzudenken imstande ist, der genauen Untersuchung an Ort und Stelle, vornehmlich auch mit Berücksichtigung der Leitfossilien. Es ist ganz und gar nicht unmöglich, eher sogar wahrscheinlich, daß auch dem Monde „wurzellose“ Erhebungen nicht fehlen, aber dem Menschen bleibt es versagt, sich über solche Geheimnisse zu unterrichten.

Dagegen treten uns, wie wir oben (S. 103) bemerkten, echte lunare Gebirgsketten mehrfach entgegen, und diese als Ergebnis der Wirkung von lateralen Schubkräften in Anspruch zu nehmen, liegt nahe genug. Es bleibt das Verdienst von Loewy und Puiseux[1]), diese Analogie der aus der Zusammenziehung der kosmischen Bälle hervorgehenden Tangentialspannungen auf Erde und Mond mit voller Bestimmtheit ausgesprochen zu haben. Allerdings ist gleich hier der Ort, zu konstatieren, daß ein Selenograph von ungewöhnlich tiefer Einsicht in das Labyrinth gestaltlicher Beziehungen auf dem Monde richtige Kettengebirge nicht als vorhanden anerkennen will[2]). Es sei wahr, bemerkt Prinz, daß das *Mare Imbrium* (S. 101) von einem Gebirgskranze eingerahmt werde, dessen einzelne Teile man mit den großen Ketten der Erde kausal und äußerlich zusammenzustellen liebe. Aber dagegen sprächen gewichtige Argumente. Abgesehen von den sich zumeist in unvorteilhafter Beleuchtung darstellenden *Karpathen* müsse man gewiß die *Alpen*, die *Apenninen* und den *Kaukasus* als majestätische Terrainobjekte unseres Trabanten gelten lassen. Auch die namhafte Höhe von 4000 bis 5000 m scheine für das tatsächliche Bestehen einer derartigen Analogie ins Gewicht zu fallen. Was besonders an deren Realität zweifeln lasse, sei aber die so ganz andere Beschaffenheit des Profiles, welches man erhält, sobald man einen Vertikalschnitt senkrecht zur Achsenrichtung durch das Längsgebirge gelegt denkt.

Aus den Beobachtungen von J. Schmidt folgt nach Prinz (a. a. O.) eine mittlere Böschung von 15° gegenüber der angrenzenden Fläche des „Meeres“, aber in manchen Fällen steigt dieser Winkel bis zu 40° an. Man darf es wohl als Ausdruck einer Gesetzmäßigkeit bezeichnen: Im ganzen sind die Abhänge der lunaren Erhebungen weitaus steiler als die der

---

[1]) Loewy und Puiseux legten den Grund in der schon von uns zitierten Abhandlung (Sur la constitution et l'histoire de l'écorce lunaire, Compt. rend. de l'Acad. Franç. 122, 267 ff.). Auch in dem bekannten Werke (S. 170 ff.) geht Puiseux den gefalteten Partien der Mondoberfläche sorgfältig nach.

[2]) Prinz, Esquisses sélénologiques, III., S. 39. „Sur le satellite, les plis de quelque importance paraissent absentes.“ An Stelle der Faltung ist der Autor die Torsion bis zu einem gewissen Grade eintreten zu lassen geneigt (Déformation tétraédrique etc., S. 31) — ein Ersatz, der von unserer Seite abgelehnt wird, weil uns zum ersten der Gedanke, es könne eine Drillung einer gewissen äußeren Kugelschale Platz gegriffen haben, mit begrifflichen Schwierigkeiten verbunden dünkt, und weil wir zum anderen allein schon in der Langsamkeit der Mondrotation ein Hindernis erblicken.

terrestrischen. Man möchte sie, wenn man sie in korrekt ausgeführter Zeichnung vor sich sieht, weit eher als Brüche (Horste) denn als Faltungen auffassen. Dazu kommt noch die scharfe Schneide, die mitunter bei den angeblichen Mondketten, vorab bei den *Apenninen*, die ungleichsinnigen Böschungen trennt, während die Faltung doch kontinuierlichen Übergang von der einen zur anderen hervorgebracht haben müßte. Prinz sieht auch [1]) in den lunaren *Alpen* keinen Faltenzug, sondern ein Aggregat kleiner und ähnlich gebauter Erhebungen, mit welchen solche von namhafter Höhe abwechseln [2]). Dies könne durch nichts anderes so gut als durch das stereoskopische Bild ersichtlich gemacht werden.

Die von Prinz vorgebrachten Gründe zur Widerlegung der Faltungshypothese erscheinen uns zwar als beachtenswert, nicht aber als entscheidend. Die Größe des Böschungswinkels ist zweifellos eine Funktion der lateralen Kraft, welche die noch plastische Masse der obersten Mondschale in Falten legte, und zugleich der Schwerkraft, welche das Emporsteigen des aufgepreßten Rindenstückes zu verhindern trachtet. Ist nun diese letztere sehr viel kleiner als auf demjenigen Weltkörper, von dem doch bisher ausschließlich unsere Erfahrungen über den ganzen tektonischen Prozeß hergeholt sind, so muß als natürliche Folge hingenommen werden, daß sich die Schubtendenz leichter zur Geltung bringen und die Falte höher, steiler aufwölben konnte. Damit war auch eine Verschmälerung der Antiklinalen von selbst gegeben, die sich im Fernrohr recht wohl so manifestieren kann, daß der Beobachter statt einer gekrümmten Fläche eine Kante zu erschauen glaubt.

Eine derjenigen Mondgegenden, welche den Selenographen besonders viel Anlaß zum Nachdenken gegeben haben, ist das sogenannte *Alpental*. Fauth stellt [3]) nebeneinander die Skizzen,

---

[1]) Prinz, De l'emploi etc., S. 19 ff.

[2]) Es soll auch nicht verschwiegen werden, daß ein so gründlicher Kenner der Mondtopographie, wie Fauth (a. a. O., S. 109), bei den Alpen „die völlige Auflösung der Höhen in lauter Gipfel und Rücken" als deren kennzeichnendes Merkmal hinstellt. „Hier sind über eine hellfarbige Fläche Einzelberge und Gruppen von Hügeln zerstreut und steigen aus dem Boden auf wie Inseln."

[3]) Fauth, a. a. O., S. 110 ff. Die bloße Betrachtung der Abbildungen, insbesondere auch derjenigen von Elger, würde nur insofern

Zu Seite 157.

Tafel IV.

Günther, Vergleichende Mond- und Erdkunde.

Friedr. Vieweg & Sohn, Braunschweig.

welche (1866, 1872, 1885) Webb, Gaudibert und Elger von dieser merkwürdigen Einsenkung angefertigt haben, und bringt dann seine eigene, weit mehr ins Einzelne gehende Zeichnung. Das Tal — diesen Namen verdient es unter allen Umständen nach dem Fauthschen Diagramme, wie man sich seine Entstehung auch zurechtlegen möge — ist ungefähr 10 km breit und über 130 km lang, kann sich also schon mit stattlichen Alpentälern, wie dem Pustertal, messen. An ein natürliches Längstal zwischen zwei tektonisch aufgerichteten Faltenzügen ist allerdings wohl nicht zu denken; auch Puiseux (a. a. O.) führt die Bildung solch geradliniger Täler, wie sie, außer bei dem klassischen Beispiele der *Alpen*, auch bei *Bode*, *Herschel*, *Schyrlaeus de Rheita* sich zeigen, auf die von den Erdgezeiten veranlaßten Wallungen zurück, indem die allmählich erharteten Schollen auseinander traten [1]). Von Fauth wird das Alpental als Querbruch angesprochen, der die ohnehin schon stark geborstene Scholle noch zertrümmert habe. Das Bersten der Scholle habe ein Empordringen der flüssigen Materie bis fast zum Bruchrande ermöglicht.

Wie wir sehen, ist also das Vorkommen echter Faltenbildungen auf dem Monde nicht so gesichert, wie der Anhänger der Lehre, daß für die Erde und ihren Begleiter die gleichen orogenetischen Gesetze zu Recht bestehen müssen, es hätte erwarten können. Aber das totale Fehlen solcher Zeugen des Kontraktionsprozesses sind wir allerdings nicht geneigt zuzugeben. Und zudem müssen wir uns mit Loewy-Puiseux [2]) gegenwärtig halten,

---

verbieten, darin eine normale Talbildung anzuerkennen, weil der eigentümlich zugespitzte Talschluß unseren im Hochgebirge gewonnenen Erfahrungen widerspricht. Die offenbar noch genauere Zeichnung Fauths läßt das Tal auf beiden Seiten geöffnet erscheinen.

[1]) Eine analoge Verwerfungserscheinung bringen wir in Tafel IV nach Kriegers „Mondatlas" (Tafel 22) zur Darstellung; angenähert parallel zu einer gekrümmten Rille des *Cauchy* (1897) läuft die schnurgerade Linie hin.

[2]) Loewy-Puiseux, L'Atlas lunaire de l'Observatoire de Paris, Compt. rend. de l'Acad. Franç. **126**, 1539 ff.; Bulletin Astronomique **16**, 290 ff. Im Norden, so wird angeführt, hat die vulkanische Periode das Bild der uns zugekehrten Mondhalbkugel weit weniger stark verändert, so daß die Bruchstücke alter Hochebenen in diesem Teile viel besser zu erkennen sind. Die Südhälfte andererseits ist mit einer sehr großen Menge tiefer und breiter Krater bedeckt, und diese haben wesentlich dazu beigetragen, dem ganzen Gebiete eine andere Physio-

daß das ursprüngliche Faltenrelief durch nachher **eingetretene** vulkanische Ereignisse vollständig verwischt **worden sein** wird. Von wie vielen Massengebirgen der Erde wissen wir, **daß** sie auf gefaltetem Untergrunde aufruhen; wie manches **Plateauland**, vorzugsweise in Zonen mit starker vulkanischer **Tätigkeit** — man denke an Mexiko! — hat diesen Typus erst dadurch **angenommen**, daß die ursprüngliche Oberfläche durch vulkanische **Auswürflinge**, anderwärts wohl auch durch wässerige oder äolische **Sedimente**, nivelliert wurde. Es wäre voreilig, die Möglichkeit **einer** derjenigen der Erde vergleichbaren Mondfaltung deshalb **zu** verneinen, weil das so außerordentlich starken **Metamorphosen** ausgesetzt gewesene Antlitz des Mondes die Runzeln, welche **in diesem** Falle nicht Alters-, sondern Jugendkennzeichen sein **würden**, zu einem großen Teile vor dem Fernrohre des Menschen **verbirgt**.

Besteht bezüglich der Tangentialwirkungen noch **manche** Meinungsverschiedenheit, so ist man andererseits darüber **einig**, daß die radialen Bewegungen kräftige Spuren auch **auf** der Mondoberfläche, wie sie sich uns heute darstellt, hinterlassen haben. Große und kleine Spalten durchsetzten die Panzerdecke bis in verschiedene Tiefen hinab, und Grabenbrüche, Horste (S. 156), Verwerfungen mit oft nicht unbeträchtlicher Sprunghöhe bildeten sich heraus, als sich die einzelnen Schollen, teilweise noch geschoben durch das seinen Behältern entströmende Magma, aneinander hin bewegten. Die *Rhipäen* z. B. werden von Puiseux direkt als Horstbildung aufgefaßt. Von Prinz, der, wie uns bekannt, für die Bildung der „Meere" in dem Sinne eintritt, daß tektonische und vulkanische Agentien zusammengewirkt hätten (S. 148), wird die Frage aufgeworfen, ob nicht einzelne der hier in Betracht kommenden Depressionen der Lavainfiltration ganz entbehrten [1]). Man vermöchte sich wohl vorzustellen, daß ein

---

gnomie aufzuprägen. Man mag jedoch wohl einräumen, daß Mond und Erde eine gewisse natürliche Verschiedenheit aufweisen, indem bei ersterem die in der Richtung eines Kugelradius vor sich gehenden, bei letzterer die senkrecht zum Kugelradius verlaufenden Krustenbewegungen die Hauptrolle spielten. Dies deutet auch Prinz (Esqu. sélénol., III, S. 46 ff.) an, zugleich hinzufügend, daß Mellard Reades kalorische Gebirgsbildungshypothese (The Origin of Mountain Ranges, London 1886) ihrerseits auf die Notwendigkeit hingeführt habe, zwischen den beiden Weltkörpern den erwähnten Unterschied zu machen.

[1]) Prinz, Esqu. sélénol., I, S. 51 ff.

tektonischer Einbruch mit der charakteristischen polygonalen Randfigur (S. 105) an einem Platze sich ereignet hätte, unterhalb dessen sich keine Magmaansammlung befand; dann konnte das Magma auch nicht als Lava zutage treten, und der Aufschmelzungsvorgang unterblieb. Man hätte es nicht mit Einbruchskratern, sondern einfach mit Einbruchsbecken zu tun. Von vornherein wird man diese Möglichkeit zugeben müssen; spezielle Untersuchung des Einzelfalles hätte zu vergewissern, ob einer Senkung Anzeichen des vulkanischen Austrittes gänzlich abgehen. Darüber freilich bleibt uns nach den Ausführungen des vorigen Abschnittes kein Zweifel, daß damals, als der Mond sein vulkanisches Stadium durchlief, die Anzahl der Feuerherde um vieles größer war, als sie es heute auf der Erde ist, und daß den glutflüssigen Massen ungleich mehr Gelegenheit geboten war, durch die Bruchspalten sich einen Weg nach außen zu verschaffen, so daß immerhin ein Bruch ohne vulkanische Konsequenzen einer Seltenheit gleich zu achten wäre.

Es ist hiermit schon signalisiert, daß Prinz zwischen den mancherlei Einbruchskesseln, welche uns der Mond vor Augen stellt, Unterschiede anzuerkennen geneigt ist. Er hat dieselben später näher bestimmt und eine kleine Tabelle der morphographischen Kriterien gegeben, welche für die bekannteren Gebilde bestehen [1]). *Altai* z. B. läßt einen sehr steilen Abfall gegen innen, einen sanften Abhang gegen außen erkennen; *Apenninen* und *Alpen* stimmen mit dem *Altai* in der ersteren Hinsicht überein, aber ihre Innenböschung ist zugleich terrassiert. Andere Bodenformen des näheren zu spezialisieren, kann nicht unsere Aufgabe sein, so wichtig ohne Zweifel die Einordnung verwandter Bildungen in einheitliche Gruppen für die Selenographie als solche sein muß. Wir halten an dem unter anderem Gesichtspunkte bereits bei Schluß des zehnten Abschnittes gewonnenen Ergebnis fest: Die Mondzirken, soweit sie nicht unmittelbar als vulkanische Residuen gelten können, sind ihrer großen Mehrzahl nach das Resultat eines zuerst einsetzenden tektonischen und eines sich ihm unmittelbar anschließenden vulkanischen Prozesses, ohne daß die Möglichkeit, es gäbe Zusammenbrüche auch ohne nach-

---

[1]) Prinz, Esqu. sélénol., III, S. 52 ff.

herigen Austritt magmatischer Stoffe, durchaus in Abrede zu ziehen wäre [1]).

Die beiden großen Kraftäußerungen, denen unser zehnter und elfter Abschnitt gewidmet war, reichen offensichtlich hin, sich von der sehr überwiegenden Mehrzahl aller lunaren Oberflächengebilde ein zwar im Detail noch sehr stark ausgestaltbares, in den Grundzügen aber sowohl dem menschlichen Kausalbedürfnis als auch dem reichen Erfahrungsschatze von nunmehr genau drei Jahrhunderten entsprechendes Bild zu entwerfen. Wie Prinz erinnert [2]), ist dieser Möglichkeit schon vor einem Halbjahrhundert von einem deutschen Schriftsteller [3]) Ausdruck verliehen worden, der fast ganz der Vergessenheit anheimgefallen war, als sein Andenken in der bezeichneten Weise erneuert wurde. Eine gewisse Schwierigkeit, die nun einmal in der natürlichen Beengung unseres Forschungsvermögens begründet liegt, hat auch von uns, so wenig wie von irgend einem der die Mondprobleme bearbeitenden Menschen überwunden werden können; die Schwierigkeit nämlich, daß wir nur durch Herbeiziehung tellurischer Vergleichsobjekte das Wesen der Mondformationen zu erklären suchen können, obgleich wir wohl wissen, daß unsere üblichen Definitionen von Vulkan, Gebirge, Depression usw. sich nicht voll mit denjenigen decken können, welche wir auch dann anwenden, wenn ein anderer Weltkörper zur Erörterung steht. Dessen dürfen wir uns eben doch versichert halten, daß dem innersten Wesen nach die Vorgänge auf dem Monde keine anderen waren und sind, als wir sie von der Erde kennen [4]). Nur zwei Formen-

---

[1]) Als „alignements tectoniques" möchte Prinz (Esqu. sélénol., III, S. 27) auch gewisse Reste älterer, durch nachherige Natureingriffe teilweise beseitigter Bodenpartien betrachtet wissen, wofür die an Schmiegsamkeit unsere deutsche Kunstsprache übertreffende französische Nomenklatur die Beziehung „ruisellements" geprägt hat. Sie finden sich an den Terrassen der Außenwände größerer Zirken; am großartigsten bei *Theophilus*. Photographische Bilder dieser Ruinen hat Ritchey mit dem Riesenäquatoreal des Yerkes-Observatoriums (Chicago) erhalten, und Prinz gibt davon eine einläßliche Beschreibung (Un progrès marquant dans la photographie lunaire, Ciel et Terre **21**, 565 ff.).

[2]) Prinz, Esqu. sélénol., III, S. 26.

[3]) F. Weiß, Die Gesetze der Satellitenbildung, Gotha 1860.

[4]) So oft auch diese Verwahrung in der Literatur niedergelegt worden ist, so kann dies doch auch diesmal wieder geschehen —

reihen lassen, wie schon betont (S. 108), das irdische Seitenstück, wenigstens dem Anschein nach, ganz vermissen, die Strahlensysteme und die Rillen.

Daß den ersteren gegenüber unsere Erklärungsmittel so ziemlich versagt haben, ist uns nichts neues (S. 110). Abermals auf sie einzugehen, liegt für uns keine Veranlassung vor; wir bescheiden uns damit, die Vermutung auszusprechen, daß tektonische Herkunft der leuchtenden Banden wahrscheinlicher als vulkanische ist; die Feststellung [1], daß jene keineswegs immer von einem großen Krater ausstrahlen, sondern gelegentlich auch tangential zu einem solchen verlaufen, enthebt erst recht der Notwendigkeit (S. 109), sie als mit einer auffallenden Eruptionsstelle untrennbar verbunden anzunehmen. Etwas vertrauenerweckender hat sich in jüngster Zeit das Studium der Rillen gestaltet; wenn dereinst (S. 114), bloß auf die äußere Ähnlichkeit hin, eine Parallele zwischen diesen launischen Linienzügen und gewissen Sprüngen in zäher Masse angedeutet wurde, so sehen wir uns jetzt in der Lage, die oberflächlich angenommene Ähnlichkeit etwas tiefer zu begründen.

Sind unter dem Einfluß einer nicht überall gleichmäßig sich betätigenden Zusammenziehung des Erdballes auch in dessen Außenhülle Sprünge hervorgetreten, so konnten dieselben sich doch vielfach nicht lange halten. Die atmosphärischen Faktoren und das fließende Wasser verwischten sie, füllten sie aus. Davon kann auf dem Monde aus sattsam bekannten Gründen (S. 97) die Rede nicht sein; war an einer Stelle die Rinde geborsten, so mußte, wofern nicht etwa genau ebendort ein magmatischer Ausbruch erfolgte, die klaffende Spalte Dauer haben. Daß die Spalten-

---

angesichts der mancherlei Verstöße, welche gegen diesen obersten Leitsatz schon begangen worden sind. In systematischer Weise verbreitet sich über die Hodegetik der Mondforschung u. a. Prinz (L'échelle réduite des expériences géologiques, Brüssel 1899).

[1]) Prinz, Esq. sélénol., III, S. 64. „Les bandes passent aussi de préférence contre la circonvallation des cirques et des cratères d'aspect récent, c'est-à-dire très-brillants.“ Daß die Strahlen nicht die meist aus den Abbildungen ersichtliche Regelmäßigkeit besitzen, daß sie auch nicht so korrekt dem größten Kreise sich anpassen, wie man ehedem glaubte, hat Pickering wahrgenommen (An Investigation of the Systems of Bright Streaks visible upon the Full Moon, Astron. Nachr. 130, 225 ff.

bildung nicht allenthalben die gleichen Formen zuwege bringen, daß sie auch Abweichungen von der geraden Linie (S. 113) bewirken konnte, nimmt nicht wunder. Mit Prinz [1]) fassen wir die Rillen als Einkerbungen der Oberfläche auf, die nicht tief in die Panzerdecke hinabreichen und an ihren beiden Enden ganz unmerklich im Terrain verlaufen. Die vulkanischen Gebiete der Erde sind nicht arm an Spalten sehr ähnlichen Charakters; so vor allem Island, für welche Insel Kjerulf [2]) die vulkanisch-tektonischen Risse näher untersucht hat, und wo die oft erwähnte Lakispalte als Analogon der Mondrillen sich bemerklich macht. Und auch Neu-Seeland gehört in diesen Zusammenhang. Insbesondere drängt sich jedoch die Vergleichung mit den Erdbebenspalten auf, die nicht minder, wie die Mondfurchen, eine große Formenmannigfaltigkeit bekunden. Schon seit alten Zeiten ist man dieser Begleiterscheinung der großen seismischen Katastrophen nachgegangen, und Seneca z. B. weiß sehr gut mit ihr Bescheid [3]). Aus dem vergangenen Jahrhundert ist auf die riesigen Bodenrisse hinzuweisen, welche der sogenannte „Ran of Catch" am unteren Indus hinterließ [4]), oder an die Zerstörungen, welche 1869 am mittleren Brahmaputra durch Erdstöße am normalen Relief der Landoberfläche angerichtet wurde [5]). Mit diesen seismischen Spalten glaubt Prinz [6]), hierin mit anderen Mondkennern, wie Elger und H. J. Klein, zusammentreffend, nicht sämtliche Rillen, wohl aber alle diejenigen unter den gleichen Gattungsbegriff bringen zu können, welche sich durch große Länge und Breite (bis zu 4 und 5 km) und geradlinigen Verlauf auszeichnen. Man

---

[1]) Prinz, Esqu. séléuol., III, S. 53 ff.

[2]) Kjerulf, Islands Vulkanlinien, Zeitschr. d. Deutschen Geologischen Gesellschaft 28, 203 ff.

[3]) Seneca, Naturales Quaestiones, lib. VI, cap. 21 ff.; Nehring, Die geologischen Anschauungen des Philosophen Seneca, 1. Tl., S. 22. Wolfenbüttel 1873.

[4]) Über diese in ihrer Art nur selten übertroffene großartige und furchtbare Verbindung von Erderschütterung, Überflutung und Bodenrutschung verbreitet sich ausführlich E. Sueß (Antlitz der Erde 1, S. 56 ff.).

[5]) Vgl. dazu: Godwin-Austen-Oldham, Notes from Assalso, N. Cachar, on the great Earthquake of Jan. 10th, 1869, Proceedings of the Royal Asiatic Society of Bengal, S. 91 ff., 113 ff. 1869.

[6]) Prinz, Esqu. sélénol., III, S. 59 ff.

würde somit am wenigsten fehlgehen, wenn man für die Rillen weder die eine noch die andere Erklärungsweise für sich allein herbeiziehen, sondern ihnen die Eigenart eines gemischt vulkanisch-tektonischen Phänomens beilegen wollte, wobei je nach Umständen mehr das eine oder andere Motiv vorwöge. Die den Grund der Meere durchziehende Äderung (nach Fauth) oder die Collines (nach Prinz), deren ebenfalls gedacht wurde (S. 114), und die ungewöhnlich klar im *Mare Serenitatis* gesehen werden kann, haben manches mit den Rillen gemein, so jedoch, daß der Letztgenannte [1]) mehr für eine rein vulkanische Entstehung sich entscheiden würde.

Soweit die vergleichende Mondkunde lediglich auf das Rücksicht zu nehmen hat, was ihren beiden Objekten, der Erde und ihrem Satelliten, gemeinsam ist, könnte sie ihre Tätigkeit mit diesem Kapitel als abgeschlossen betrachten. Nicht bloß den Fachleuten, sondern auch Fernerstehenden ist es aber bekannt, daß man versucht hat, den Mondgebilden eine ganz selbständige, für die Erde gar nicht — oder doch nur sehr bedingt — zulässige Deutung zu geben, und da eine förmliche Literatur über dieses eigentümliche Hypothesengebäude erwachsen ist, so dürfen auch wir, unbeschadet unserer durchaus ablehnenden Haltung, uns der Aufgabe nicht entschlagen, das Wesen derselben zu charakterisieren. Im 13. Abschnitt soll dies geschehen. Zuvor jedoch dünkt es uns zweckmäßig, eine für die Selenologie in jeder Hinsicht wichtige Frage in Erwägung zu ziehen, die allerdings aus dem Stadium der Kontroverse noch nicht herausgelangt ist. Wir tun es deshalb, weil von ihrer Lösung zum Teil auch die erwähnte weitere, ob man den lunaren Formen eine von derjenigen der Erdgebilde grundsätzlich abweichende Genese zuschreiben soll, bis zu einem gewissen Grade abhängig gemacht werden kann.

---

[1]) Prinz, Esqu. sélénol., III, S. 61 ff. „Les collines ont des affinités avec les rainures; on connaît des exemples de passage de l'une de ces formes à l'autre."

Zwölfter Abschnitt.

Die Streitfrage nach den rezenten Veränderungen auf dem Monde.

Es war nach eigener Erklärung die Absicht des wackeren Schröter (S. 63), Veränderungen auf der Oberfläche unseres Begleiters nachzuspüren. Daß dies nur gelingen konnte, wenn bereits eine den aktuellen Zustand zutreffend fixierende Karte vorlag, hatte er zu wenig beachtet, und so blieb seinen eifrigen Bemühungen der Erfolg vorbehalten, den jene vollauf verdient hätten. Denn die Idee selbst war durchaus richtig; hatte man einmal mit Hilfe des Fernrohres eine gewisse Analogie zwischen Erde und Mond außer Zweifel gestellt, so war an dem Rechte, auch bei letzterem Metamorphosen seiner Oberfläche herauszufinden, ebensowenig mehr zu zweifeln. Seit jener Zeit ist denn auch diese Angelegenheit nicht mehr von der wissenschaftlichen Tagesordnung abgesetzt worden. Wir werden, ohne im geringsten die doch nicht erreichbare Vollständigkeit anzustreben, eine Reihe von Fällen anführen, die als mehr oder minder günstig für die Entscheidung der Streitfrage im positiven Sinne angesehen werden können, und daran anschließend in eine Untersuchung darüber eintreten, daß der Mond der Gegenwart, dessen Antlitz wahrlich genug Narben von ehemals wirksamen Eingriffen an sich trägt, wirklich einer Periode absoluter Gleichförmigkeit anheim gefallen ist oder nicht.

In einer selbständigen Schrift[1]) hat Klein, der auf eine bald 40jährige eigene Beobachtungspraxis zurückblicken konnte, die vor wenigen Jahren zu ernsterer Beachtung gelangten Tat-

[1]) H. J. Klein, Neubildungen auf dem Monde; Darlegung und Kritik der bisherigen Beobachtungsergebnisse, Leipzig 1906. Es ist dies eine Art Fortsetzung einer älteren zusammenfassenden Abhandlung gleicher Tendenz (Veränderungen auf der Mondoberfläche, Gaea 13, 528ff.). Eine vortreffliche, bis zu ihrer Zeit wohl erschöpfende Zusammenstellung alles dessen, was über das gesamte Thema und seine Spezialitäten geschrieben ward, hat Prinz geliefert (Ya-t-il eu des changements dans les cratères binaires *Messier* et *Linné*? (Ciel et Terre **14**, 32ff.). Bis 1880 ist auch die nie versagende große

sachen und Vermutungen kritisch zu sichten gesucht. Zehn Jahre vorher wurde von Hnatek[1]) der gleiche Plan nach Maßgabe der damals zur Verfügung stehenden Mittel verwirklicht. Es fehlt also, wie man sieht, nicht an Anlässen, immer von neuem wieder auf einen Gegenstand zurückzukommen, dessen Bedeutsamkeit ja gerade für Zwecke, wie sie uns hier vorschweben, klar genug einleuchtet.

Schröters Angaben sind nach Kleins Ansicht so schwankend und unzureichend, daß sie fast ausnahmslos von der Diskussion ausscheiden müssen. Nur zwei Notizen kann man für diskutabel halten; die eine bezieht sich auf den Zentralkrater des *Posidonius*, die andere auf einen Berg südlich von der *Aristarchus*-Rille. Am Krater *Linné* glaubte J. Schmidt eine Veränderung konstatieren zu können, da derselbe ein anderes Aussehen habe, als es sich aus den Karten von Lohrmann und Mädler (S. 79) ergebe. Auch Pickering hielt sich überzeugt, beträchtliche Schwankungen im Anblick des als *Linné* bezeichneten hellen Fleckes wahrgenommen zu haben[2]). Über die Ursache, durch welche Schmidt seine Beobachtungen erklären wollte, soll später eingehender gesprochen werden.

Vielleicht das meiste Aufsehen sollte übrigens eine andere Mondstelle erregen. Nahe beim Krater *Hyginus* (S. 113) befindet sich eine durch den Buchstaben *N* gekennzeichnete Kratergrube, welche ebenfalls den früheren Mondbildern fehlt und zuerst im Mai 1877 von Klein bemerkt wurde. Auf eine Veränderung des Geländes zwischen *Hyginus* und dem südlich von ihm gelegenen Krater *Triesnecker* machte auch Brenner aufmerksam[3]). Es verdient als eine belangreiche Tatsache notiert zu werden, daß zwei Selenographen, welche von Hause aus mit Kleins Annahme einer echten Neubildung nicht einverstanden waren, ihm nachher ihre volle Zustimmung zu seiner Bestimmung

---

Literaturquelle von Houzeau-Lancaster (Bibliographie générale de l'astronomie 2, Sp. 1238, Sp. 1283, Brüssel 1880) als Repertorium unschätzbar.

[1]) Hnatek, Veränderungen auf der Mondoberfläche, Beilage der Allgemeinen Zeitung Nr. 199, 1898.

[2]) Harvard College Observatory Circular, No. 67.

[3]) L. Brenner, Veränderungen auf dem Monde, Naturw. Wochenschrift 11, 509ff.; Prinz, Esqu. sélénol. III, S. 14.

des fraglichen Objektes ausgedrückt haben: Neison[1]) und J. Schmidt[2]). Die ganze Gegend war damit sozusagen verdächtig geworden, und etwas später (April 1894) entdeckte denn auch Krieger[3]) in nächster Umgebung von *Hyginus N* ebenfalls einen seiner Meinung nach früher nicht vorhanden gewesenen Krater.

Nach einem anderen Bezirke führt uns eine Mitteilung über einen Krater von auffallend dunkler Färbung, dessen Vermißtwerden auf der trefflichen Karte von J. Schmidt eben deshalb, weil er sich so sehr von seinen Nachbarn abhebt, einige Verwunderung hervorrufen muß[4]). Immerhin ist Weinek[5]) deshalb nicht frei von Bedenken gegen die Realität der Veränderung, weil der Krater überhaupt nur unter ganz ungewöhnlich begünstigenden Verhältnissen gesehen werden und deshalb leicht auch einem gewiegten Kenner, wie J. Schmidt, entgangen sein kann. Gegen eine weitere Konstatierung eines „tiefschwarzen Fleckes" auf einer Platte des Lick-Observatoriums durch Weinek[6]) erhebt Prinz[7]) den Einwand, ihm sei die Nachprüfung der Existenz dieses Gebildes nicht möglich gewesen.

Ein Monddistrikt, der nach Klein[8]) der steten Kontrolle vorzugsweise zu empfehlen ist, tritt uns im *Mare Nectaris* entgegen. Man weiß, daß Mädler gerade diese Fläche mit großer Genauigkeit durchforscht hat, und trotzdem fehlt bei ihm, wie bei dem nicht minder exakten Lohrmann, ein jetzt recht deutlich erkennbarer Krater, der ebenso bei Nasmyth und Carpenther[9]), wie auch auf einem Photogramm sich findet, welches

---

[1]) Neison, Der neue Krater auf dem Monde, Gaea 15, 636 ff.

[2]) Die vulkanischen Vorgänge auf dem Monde, Zeitschr. f. Schulgeographie 4, 40 ff.

[3]) Krieger, Neubildung auf dem Monde, Sirius 32, 185 ff.

[4]) Gaudibert, L'Astronomie, S. 275, 1889. Dazu H. J. Klein, Sirius 22, 343.

[5]) Weinek, Astronomische Beobachtungen an der k. k. Sternwarte zu Prag in den Jahren 1888, 1889, 1890, 1891, S. 45 ff., Prag 1893.

[6]) Ebenda, S. 79.

[7]) Prinz, Le nouveau cratère près de *Chladni* et la limite de définition des photographies lunaires actuelles, Astron. Nachr. 156, 315 ff. Die Note schließt: „La tache n'existe sur aucun des clichés, ou copies, que j'ai consulté et je ne l'ai pas aperçue sur l'astre même."

[8]) H. J. Klein, Neubildungen usw., S. 6 ff.

[9]) Nasmyth-Carpenter-Klein, a. a. O., Taf. 11.

Rutherfurd (S. 84) im März 1865 herstellte. Sein Aussehen scheint auch, was bereits dem alten Gruithuisen (S. 76) aufgefallen war, der Doppelkrater *Messier* zu verändern. Über die von Pickering behaupteten Umgestaltungen in der Wallebene *Plato* sind die Akten noch nicht geschlossen. Auch von den Rillen, die ja, wenn unsere Auffassung (S. 162) das Richtige trifft, recht wohl als Örtlichkeiten sich neu vollziehender Bodenveränderungen in Frage kommen können, ist zwar mancherlei gemutmaßt, aber noch nichts sicher bewiesen worden [1]).

Auf die grundsätzlich kaum zu leugnende Möglichkeit vorübergehender Metamorphosen ist von Archenhold [2]) hingewiesen worden. Der Mondberg *Posidonius* ist, wie wir, mit Berufung auf Klein, anführen könnten, eines derjenigen Gebilde, die frühzeitig unter dem Gesichtspunkte einer möglichen Gestaltsveränderung Beachtung gefunden haben; Schröter (1791) und Gruithuisen (1821) hatten auf ihn ihr Augenmerk gerichtet. Bei Mädler fehlt der kleine Krater *c* nördlich von jenem; Schmidt und Krieger haben ihn abgebildet. Auch der Hauptkrater *A* ist nicht immer gleichmäßig erschienen, sondern sein Schattenwurf war einmal schärfer, ein andermal minder scharf, ohne daß der Winkel, unter dem die Sonnenstrahlen einfielen, als Veranlassung bezeichnet werden könnte. Das würde, falls es sich bestätigt, auf eine interne Ursache schließen lassen, welche die Ungleichheit der Erscheinung bewirkt.

Skeptisch gegenüber allen Neubildungen verhalten sich Valentiner [3]) und Fauth [4]). Es wird auf die große Schwierigkeit, den wechselnden Bestrahlungsverhältnissen Rechnung zu tragen, und auf die Unmöglichkeit, die älteren kartographischen

---

1) H. J. Klein, a. a. O., S. 21 ff.

2) Archenhold, Zeitweise Veränderungen auf der Mondoberfläche, Sirius **31**, 250 ff.

3) Valentiner, Besprechung zu Neison-Klein, Zeitschr. für Mathematik u. Physik, histor.-literar. Abteil., **25**, 636 ff.

4) Fauth, Über neue Mondkrater, Astron. Nachr. **130**, 161 ff.; Was wir usw., S. 128 ff. Hier wird auch erwähnt (S. 134), daß es notwendig geworden sei, einen Krater *Melloni*, der in J. Schmidts Karte (Blatt 19) eingetragen ist, als nicht vorhanden ganz zu eliminieren, was eben auch dartue, daß das vorhandene ältere Material, aller Bemühungen der Bearbeiter unerachtet, sich nicht immer als zuverlässig herausstelle.

Darstellungen mit den modernen zu vergleichen, nachdrücklich hingewiesen. Richtig ist ja auf jeden Fall, daß die gegenwärtig dem Beobachter dienlichen Hilfsmittel von denen, mit welchen vor 60, 70, 80 Jahren gearbeitet werden mußte, sehr verschieden sind, während die Vergleichbarkeit angenähert analoge Grundlagen der Wahrnehmung und Wiedergabe für Vergangenheit und Gegenwart erheischen würde. Was speziell den Krater *Messier* und den Krater *Linné*, deren Erwähnung geschah, betrifft, so glaubt Fauth sich zu der Annahme berechtigt[1]), die älteren Selenographen hätten sich in einer Täuschung befunden, und die beiden Vulkane — wie wir sie nennen — hätten damals, als die Werke jener beiden Männer entstanden, nicht anders ausgesehen, als sie heute aussehen. Barnards[2]) sehr genaue Messungen am *Linné*, vorgenommen mit dem uns (S. 160) bekannten 40-Zöller der Yerkes-Sternwarte und ausgedehnt über einen Zeitraum von zwei Jahren (1902 bis 1904), seien nach dieser Seite hin ohne eigentliches Resultat geblieben, und wenn Wirtz[3]) gewisse, gerade eine Lunation periodisch einhaltende Schwankungen im Durchmesser des genannten Kraters ermittelt habe, so scheine eben diese Periodizität weniger für einen objektiven Befund, als vielmehr für einen Zusammenhang mit dem Sonnenstande zu sprechen. Mit größter Entschiedenheit erklärt er[4]), „daß sich ihm je länger, desto klarer die Erkenntnis aufgedrungen hat, noch kein Auge habe jemals eine physische Änderung in den plastischen Gestalten des Mondreliefs geschaut“.

Solch apodiktische Erklärung eines auf der Mondoberfläche sonder Zweifel ungewöhnlich gut orientierten Beobachters in Ehren — der unparteiische Berichterstatter, der vielleicht die Abwägung der für oder wider in die Wagschale gelegten Gründe um so kühler ausführen kann, wenn er sich nicht als Spezialist der lunaren Topographie fühlt, wird, sobald er die entgegenstehenden Angaben anderer, doch auch nicht minderwertiger Zeugen entsprechend berücksichtigt, doch kaum zu einem anderen

---

[1]) Fauth, a. a. O., S. 131.

[2]) E. E. Barnard, Periodical Changes in the Size of the Glow surrounding the Lunar Crater *Linné*, Bull. de la Soc. Astr. de France 1906, S. 220 ff.

[3]) Wirtz, Der Krater *Linné* auf dem Monde, Sirius **38**, 37 ff.

[4]) Fauth, Was wir usw., S. 140.

Schlußurteile, als zu einem non liquet, gelangen können. Unwiderleglich erhärtet sind reelle Umgestaltungen der lunaren Landoberfläche einstweilen noch nicht; aber auch das Gegenteil ist nicht erwiesen. Es wäre gewiß bedauerlich, wollte man deshalb, weil man noch nicht zu absoluter Eindeutigkeit der äußerst schwierigen Beobachtungen vorgedrungen ist, die auf die Gewinnung ganz gewisser Einsichten abzielenden Arbeiten einstellen. Die „Selenographical Society“ Englands (S. 80) hat die Parole ausgegeben, das Detailstudium der einzelnen Mondlandschaften systematisch zu betreiben und alle möglichen Neigungswinkel der Sonnenstrahlen entsprechend zu ihrem Rechte gelangen zu lassen. Auf diesem Wege läßt sich am ehesten hoffen, die Tatsächlichkeit vermuteter Neubildungen feststellen zu können, und zwar um so mehr, da doch prinzipiell nicht bestritten werden kann, auch der Mond unterliege, wie jeder andere Naturkörper, dem Gesetze einer ewigen Wandlungsfähigkeit.

Jedenfalls hat auch die Gegenwart bereits guten Grund, die Frage aufzuwerfen und zu prüfen, wie denn wohl gestaltliche Veränderungen auf unserem Trabanten zustande kommen können. Der fast absolute Mangel atmosphärischer Einflüsse, der zweifellos absolute Mangel korrasiver Agenzien lassen gerade diejenigen Momente von vornherein ausscheiden, an die der Geologe, der Geograph zu allererst denken muß. Dislokationsstörungen sind in unseren Tagen wohl auch schwerlich in höherem Ausmaße zu erwarten. Es dürften also nur zwei Ursachen ernstlich in Betracht zu ziehen sein, und zunächst wäre zu erwägen, ob wohl der lunare Vulkanismus, der — wenigstens nach der von uns vertretenen Ansicht — erloschen ist, gelegentlich bis in unsere Zeit herein nachzuwirken und sich in einer dem verschärften menschlichen Sehorgane zugänglichen Weise zu betätigen vermöchte.

Diese Anschauung hat von jeher ihre Anhänger gehabt. Im 17. und 18. Jahrhundert wähnte man wiederholt, Vulkanausbrüche auf der Mondscheibe im Fernrohre gesehen zu haben. Ein Beobachter allerersten Ranges gehörte zu diesen Gutgläubigen [1]), und auch die bei anderem Anlasse namhaft gemachte

---

[1]) W. Herschel, Account of the Volcans in the Moon, Philosoph. Transact. 1787, S. 229 ff.

Wahrnehmung Ulloas (S. 69) sollte in diesem Sinne interpretiert werden. Uns steht, wenn wir den Hergang der hierüber gepflogenen Diskussionen kennen lernen wollen, ein von der an ihm gewohnten kritizistischen Denkart Zeugnis ablegender Essay Kants[1]) zu Gebote, durch den anscheinend der begangene Irrtum endgültig beseitigt worden ist, da aus späterer Zeit keine hierauf bezüglichen Nachrichten mehr vorliegen. Mit vulkanistischen Argumenten war man auch andere Berichte über physische Metamorphosen zu erklären bereit[2]), von denen wir bei unserer obigen Aufzählung nicht gesprochen haben, weil sie von der Forschung der Gegenwart nur eben als Früchte eines in selenographischen Dingen noch sehr naiven Zeitalters hingenommen werden können.

Ganz etwas anderes ist es selbstverständlich mit denjenigen Anregungen, die seit J. Schmidt gelegentlich hervortreten[3]).

---

[1]) J. Kant, Über die Vulkane im Monde, Gesammelte Werke, herausgegeben von Schubert, S. 391 ff. Es war keine ganz leichte Sache, sich der herrschenden Tagesmeinung entgegenzustellen, welche einen Herschel als Kronzeugen anzuführen berechtigt war, und für deren Gültigkeit eine Anzahl wirklich bedeutender Naturforscher — Äpinus, Beccaria, Lichtenberg — sich aussprach.

[2]) Als solche Beobachter sind Halley, De Louville, Nouet, Graf Brühl, um bei den bekannteren und bedeutenderen zu verbleiben, zu nennen (R. Wolf, Handb. d. Astron. 1, 505).

[3]) Es scheint, daß Schmidt anknüpfte an eine sehr eingehende Debatte über die *Linné*-Veränderungen, welche am 20. August 1868 auf der Versammlung der britischen Naturforscher in Norwich gepflogen ward und von Mädler (Reden und Abhandlungen über Gegenstände der Himmelskunde, S. 490 ff., Berlin 1870) den Deutschen vermittelt worden ist. Es war von Birt, Flammarion, Huggins, H. J. Klein und Secchi eine Erörterung in der Fachpresse (Monthly Notices of the Royal Astronomical Society **29**; Compt. rend. **44**; Sirius **15**; Bulletino meteorologico dell' Osservatorio del Collegio Romano 7) begonnen worden, und Mädler sah sich, da man auf seine früheren Arbeiten Bezug nahm, veranlaßt, auch seine eigene Ansicht darzulegen, ohne allerdings eine wirkliche Klärung herbeiführen zu können. Bestimmter lauteten, wie wir schon andeuteten, die Äußerungen J. Schmidts (Über die gegenwärtige Veränderung des Mondkraters *Linné*, Sitzungsber. d. Akad. zu Wien, math.-naturw. Kl., **55**, I, 263 ff.; Der Mondkrater *Linné*, Schreiben an Haidinger vom 13. Mai 1867, ebenda **46**, I, 55 ff.). Derselbe zitiert auch noch Schjellerup (Astron. Nachr. **69**, 367 ff.) und Tacchini (Bullettino meteorologico dell' Osservatorio etc. **4**, 129 ff.), nicht jedoch Respighi (Observations

Man hat, wie es z. B. (s. oben) Archenhold tat, der Vermutung Raum gegeben, es möchte das Kraterinnere vorübergehend von einer anderen Materie, als gewöhnlich, erfüllt sein. Daß das unmöglich sei, wagen wir nicht zu behaupten. Gewiß, wir haben im 10. Abschnitt zu zeigen getrachtet, daß die Uhr des lunaren Vulkanismus abgelaufen sei, aber damit sollte und konnte nicht gesagt werden, daß nicht ab und zu noch schwächliche Nachzügler an die vergangene große Zeit erinnern könnten. Und dahin wären Gasexhalationen der bezeichneten Art offenbar zu rechnen, wie ja auch auf unserem Planeten[1]) Mofetten, Solfataren, Fumarolen das langsame Ersterben vulkanischer Kräfte anzeigen. Mag man aber auch diese Möglichkeit zugeben wollen, so wird man doch auch sagen müssen: Eine formbildende, das Oberflächenrelief direkt beeinflussende Stärke ist solchen letzten Regungen der endogenen Aktion des Mondes nicht zuzuerkennen. Es kann dadurch bewirkt werden, daß ein zuverlässiger Beobachter dann und wann Erscheinungen wahrnimmt, die ein anderer, ebenso zuverlässiger Beobachter früher nicht sah oder später nicht mehr zu sehen bekam, aber dabei hat es auch sein Bewenden. Ob Intrusion und Zusammenbruch vor unseren Augen neue Objekte entstehen lassen können, bleibt eine offene Frage.

Dagegen gibt es noch eine ganz anders geartete Kraftäußerung, der gegenüber auch die Mondoberfläche der Gegenwart ihren starren Charakter nicht aufrecht zu erhalten vermögend ist. Das ist die Einwirkung gewaltiger Temperaturschwankungen auf die Festigkeit der Gesteine; daß

---

sur le cratère *Linné*, Les Mondes **14**, 294 ff.; Sul cratere lunare *Linneo*, Atti dell' Accademia dei Nuovi Lincei **20**, 333 ff.). Es kann auffallen, daß gerade die letzteren Aufsätze, deren Inhalt nicht zugunsten der Schmidtschen Beobachtungen sprach, von ihm nicht berücksichtigt wurden. Er schrieb an Haidinger, daß er gewisse Kräfte an jener Mondstelle wirksam vermute, welche die früher sichtbar gewesenen, dann unerkennbar gewordenen Teile des Kraters wieder in die Sichtbarkeitsgrenze hineinrücken würden. Im Gegensatze verbleibt unentwegt Prinz (Le cratère lunaire „*Linné*" n'a jamais subi de changement, Ciel et Terre **15**, 221 ff.). Er verweist auf die sonst von keinem Fachmanne genannte Schrift von Langenbeck (Notizen über den Mond, Hamburg 1868), der ebenfalls seine Zweifel über die Veränderung nicht unterdrücken konnte.

[1]) Günther, Handb. d. Geophysik **1**, 374 ff.

wir uns solche, und nicht etwa Eis oder einen anderen Stoff, die Mondschale zusammensetzend vorstellen, wurde genugsam (S. 132) erörtert. Welche Sprengeffekte der schroffe Gegensatz von hoher Tages- und niedriger Nachttemperatur auslöst, ist aus zahlreichen Reisebeschreibungen bekannt; zusammenhängend hat uns Penck[1]) diese Vorgänge geschildert. Nun wissen wir, wie groß der Unterschied in der Wärmeökonomie zwischen dem belichteten und nicht belichteten Teile der uns sichtbaren Mondhalbkugel ist (S. 96), und wenn wir noch dazu nehmen, daß sehr vielfach dortselbst glasharter Fels (S. 133) ansteht, der kontinuierliche Zusammenziehung und Ausdehnung nicht erträgt, ohne in seiner Kohäsion aufs schwerste beeinträchtigt zu werden, so müssen wir geradezu erwarten, daß Veränderungen niemals aufhören. Zweifelhaft erscheint nur, ob dieselben energisch genug sind, um im Bereiche unseres Sehvermögens zu liegen. Für ausgeschlossen darf man es nicht halten, daß dergleichen sich ereignet, daß Einstürze, Bergrutsche u. dgl. wirklich in die Erscheinung treten. Zweifellos sind solche rein äußerliche Umgestaltungen den vulkanischen Neubildungen an Wahrscheinlichkeit überlegen[2]).

Will man alle Kategorien erschöpfen, die man bezüglich lunarer Veränderungen aufstellen kann, so darf auch gefragt werden, ob nicht etwa die Berührung der Mondoberfläche mit Weltkörperchen, die den Weltraum durchkreuzen, sichtbare Spuren auf jener zurückzulassen vermöchte. Damit sind wir bei einer selbständigen Episode in der Entwickelung der Selenographie angelangt, die, wie schon (S. 163) bemerkt, gründlichere Beleuchtung in einem eigenen Abschnitte erfordert.

---

[1]) Penck, Morphologie der Erdoberfläche 1, 204 ff., Stuttgart 1894.

[2]) Eine neue und weite Perspektive eröffnet sich für die Entscheidung derartiger Zweifel mit der stereoskopischen Methode (S. 99). So äußert sich Pulfrich selbst (a. a. O., S. 71), wie folgt: „So viel läßt sich schon jetzt sagen, daß die so oft umstrittene Frage, ob wahrnehmbare Veränderungen auf der Mondoberfläche innerhalb bestimmter Zeiträume vorkommen oder nicht, mit Hilfe des Stereokomparators verhältnismäßig leicht und sicher beantwortet werden kann."

Dreizehnter Abschnitt.

Mondoberfläche und Meteorkörper.

Vor 30 Jahren machte eine Schrift viel von sich reden, die unter einem Phantasietitel[1]) die ganze Mondkunde auf eine neue Grundlage zu stellen unternahm. Alle Unebenheiten des Mondantlitzes sind dadurch entstanden, daß in die noch nachgiebige Masse dieses Himmelskörpers kleinere meteoritische Bälle eindrangen und so die Wallbildung veranlaßten, welche fälschlich auf vulkanische Wirkungen zurückgeführt worden war. Der Gedanke hatte jedenfalls den vollen Reiz der Neuheit für sich, und es wäre auch ungerecht, wollte man nicht anerkennen, daß die Durchführung derselben eine recht geschickte war. Als Gegengrund gegen die vulkanistische Hypothese wurde insbesondere der — später von Ebert (S. 107) auf seine wirklich zahlenmäßige Bedeutung zurückgeführte — Umstand hervorgehoben, daß die Quantität des dem Auge zugänglichen, angeblich ausgeschleuderten Materiales vielfach nicht mit dem Volumen des zugehörigen Hohlraumes sich decke. Wie man sieht, waren es hauptsächlich die Krater und Ringwälle, an denen die Kraft der neuen Doktrin zu erproben versucht ward; die übrigen Formen, so zumal die „Meere", entzogen sich derselben mehr oder weniger. Demjenigen, der über den ersten gewinnenden Eindruck hinaus zu einer kritischen Prüfung der Lehre vom Bombardement des Mondes durch Meteore[2]) vorgeschritten war, konnte es überhaupt nicht entgehen, daß gar manche Einzelheiten der meteoritischen Hypothese auf schwerwiegende Zweifel stoßen mußten. Dies konstatierte zuerst eine gründliche Besprechung der erwähnten Schrift, welche der Geologe Geinitz[3]) veranstaltete, und welche

[1]) Asterios, Die Physiognomie des Mondes; Versuch einer neuen Deutung im Anschlusse an die Arbeiten von Mädler, Nasmyth und Carpenter, Nördlingen 1879. Hinter dem Pseudonym verbargen sich zwei auf ihren besonderen Arbeitsgebieten wohlbekannte deutsche Professoren, nämlich der Theologe H. Thiersch und der Architekt A. Thiersch.

[2]) Ausdruck von Prinz (Esqu. sélénol. I, S. 363).

[3]) E. Geinitz, Über eine neue Hypothese der Gebirgsbildung, Leopoldina 1883, S. 49 ff., 71 ff.

sich von vornherein auf den Standpunkt stellte, daß das, was dem Monde recht sei, auch anderen Weltkörpern billig sein müsse, und daß mithin die Art und Weise, wie Asterios die Mondgebirge erkläre, als eine generelle Anschauung über Entstehung der Gebirge zu gelten habe. Welchen Schwierigkeiten man aber bei solcher Verallgemeinerung begegnet, wird uns später noch deutlich werden.

Das allgemeine Interesse der genannten Veröffentlichung hatte auch den Erfolg, daß man auf eine andere, ihr ähnliche aufmerksamer wurde, welche ein wenig früher erschienen, aber minder bekannt geworden war. Die Abhandlung von Meydenbauer[1]) gipfelt in dem Nachweise, daß man, wenn man kleine Mengen Staubes auf eine mit dickem Staube bedeckte Platte herabfallen läßt, in der Tat Fallspuren sich bilden, denen eine nicht ganz geringe Ähnlichkeit mit Mondgebilden nicht abgesprochen werden kann. Ein flacher Zwillingskrater, eine Wallung mit innerem Krater und eine kraterreiche Gegend verdienen, wie auch Fauth zugesteht[2]), die Anerkennung guter Nachbildung gewisser charakteristischer Mondtypen mit allem Rechte. Daß mit äußerlichen Analogien noch keine Entscheidung für den inneren und wahren Zusammenhang getroffen ist, versteht sich von selbst.

Darauf, daß verwandte Ideen schon in weit zurückliegender Zeit ausgesprochen worden waren, hatten freilich die Epigonen keine Rücksicht genommen, wie es ja überhaupt nur allzu selten Sache von Erfindern und Entdeckern ist, sich zuvor in der Literatur umgesehen zu haben, ob nicht auch in der Vergangenheit bereits Anklänge an die neuen Errungenschaften zu finden wären,

---

[1]) A. Meydenbauer, Die Gebilde der Mondoberfläche, Sirius **15**, 59 ff. Auch bei einer anderen Gelegenheit hatte sich der gleiche Autor schon in einer ähnlichen Weise, jedoch nur vorübergehend und ohne weitere sachliche Ausführung, vernehmen lassen (Kant oder Laplace? Kosmologische Studie, S. 34, Marburg i. H. 1880). Für noch „glücklicher" erachtet Puiseux (La Terre et la Lune, S. 180) die hübschen Experimente von Alsdorf mit Lykopodiumpulver. Doch streitet ersterer auch diesen an sich unzweifelhaft merkwürdigen „künstlichen Mondkratern" die Beweiskraft ab. Vgl. auch Lanner, Neue Morphologie der Mondformationen, Gaea **42**, 492 ff., 516 ff.

[2]) Fauth, a. a. O., S. 23.

mit welchen sie selbst vor die Welt zu treten sich anschicken. Es ist das Verdienst von Prinz[1]), nachgeholt zu haben, was von anderer Seite versäumt war. Wir erfahren von ihm, daß Gruithuisen, dem gewiß eher ein Überreichtum, als ein Mangel von Ideen nachgesagt werden kann, an das Auftreffen von Meteoriten auf die Mondfläche gedacht hat[2]). Ausgebildet ist natürlich der Hinweis auf die gestaltbildende Kraft des Meteorsturzes erst in unseren Tagen worden.

Sowohl von Asterios, wie von Meydenbauer wird als eine unerläßliche Voraussetzung die betrachtet, daß eine in hohem Grade weiche, auf äußere Eindrücke stark reagierende Materie vorhanden sein muß, um den in ihrem Laufe aufgehaltenen Meteorkörpern die Fähigkeit zu gewähren, sich in der bezeichneten Weise zu betätigen. Bald darauf aber wurde eine Erweiterung der Theorie in dem Sinne angebahnt, daß die Mondkugel als schon ziemlich stark erhärtet vorausgesetzt werden könne; Althans[3]) folgerte aus den Versuchen, welche auf Artillerieschießplätzen angestellt worden waren, daß an den Stellen, an welchen schwere Geschosse Panzerplatten und Geschütztürme getroffen haben, die Stahlfläche Zersplitterungen erlitten hatte, die ebenfalls einen Vergleich mit gewissen Mondgebirgen ohne Zwang gestatten. Man mag, wenn man überhaupt Neigung für die Annahme einer meteorischen Beschießung des Mondes empfindet, aus den der Althansschen Abhandlung beigegebenen Abbildungen den Schluß ziehen, daß auch der bereits erstarrte Weltkörper noch imstande gewesen sei, Formen, wie wir sie in den Kratern usw. vor uns sehen, aufgeprägt zu erhalten.

Speziell als Geologe ist Gilbert, ein durch zahlreiche Arbeiten zu verdientem Rufe gelangter amerikanischer Forscher,

---

[1]) Prinz, a. a. O., I, S. 364.

[2]) Die fast verschollene und gleichwohl viel Lesenswertes enthaltende Zeitschrift Gruithuisens (S. 16), „Analekten für Erd- und Himmelskunde", bietet im Jahrgang 1828 verschiedene hier einschlägige Fragmente. Im nächsten Jahrgang hat er ja auch, wie wir erfuhren (S. 16), die ihm eigene Auffassung der Zusammensetzung der Himmelskörper aus Meteoriten entwickelt.

[3]) Althans, Über Versuche, die eigentümliche Gestalt der Mondoberfläche zu erklären, Gaea 27, 7 ff., 87 ff.

an das neue kosmische Artillerieproblem herangetreten [1]). In zwei Beziehungen kann seine Darlegung als eine Vervollkommnung derjenigen des Asterios und der auf gleichem Boden stehenden Schriftsteller betrachtet werden. Er beschränkt sich nämlich nicht auf die Ringwälle, sondern gibt sich auch viele Mühe, einen ursächlichen Zusammenhang zwischen dem Auftreffen der Meteorite und den Rillen herzustellen; freilich durch gedankliche Konstruktionen, denen es an Durchsichtigkeit gebricht. Bemerkenswerter noch erscheint, wie er sich aus dem Dilemma heraus retten zu können glaubt, welches dadurch gegeben ist, daß analoge Eindrücke, wie sie der Anprall der kleinen Weltkörper auf dem Monde hervorgebracht haben soll, der viel größeren und deshalb doch eine viel geeignetere Zielscheibe bietenden Erde gänzlich abgehen. Gewiß, auch Asterios hatte diesen schwachen Punkt seiner Hypothese richtig herausgefühlt, aber sein Versuch, auch auf dem größeren Körper Spuren des Meteorstoßes nachzuweisen, konnte geologisch nur als ganz verfehlt abgelehnt werden. Gilbert war glücklicher.

Im nordamerikanischen Territorium Arizona fand sich eine an einen Krater erinnernde und von dem Entdecker selbst anfänglich für vulkanisch gehaltene Eintiefung auf einem Hügel („*Coon Butte*"), welcher man diesen Ursprung deshalb absprechen mußte, weil sich nirgends in der Nähe Reste von Gesteinen zeigten, die als Laven angesprochen werden konnten. Ringsum stehen nur horizontal gelagerte Bänke von Kalk- und Sandstein des Karbonzeitalters an. Wohl aber weist die Umgebung häufig Bruchstücke von Eisenmeteoriten auf, die man schon zuvor auf einen in der Gegend niedergefallenen größeren Meteorkörper zurückgeführt hatte [2]). Durch andere Geologen, Barringer und Tilgham, wurden Bohrungen aus-

---

[1]) G. K. Gilbert, The Moon's Face; a Study of the Origin of its Features, Bulletin of the Philosophical Society of Washington 12, 241 ff.; vgl. auch H. J. Klein, Jahrb. d. Astron. u. Geophys. 5, 33 ff., Leipzig 1894.

[2]) Die offizielle Museumsbezeichnung dieser Eisenmasse, bzw. ihrer einzelnen Teile, ist diese: Meteorit des Diablo-Cañons. Diese Schlucht, berüchtigt durch blutige Kämpfe der Indianer mit den Truppen der Vereinigten Staaten, ist nicht weit vom Grand Cañon des Colorado River (S. 122) entfernt.

geführt[1]), welche bis auf 1000 Fuß niedergingen und den Erfolg hatten, daß nirgendwo vulkanisches Gestein angetroffen wurde. Die Wahrscheinlichkeit, daß die Aushöhlung durch einen Meteoritblock verursacht worden sei, dessen Trümmer dann auf eine Spritzzone von 5 bis 6 km Radius verstreut wurden, ist unleugbar gegeben, und man kann sicherlich zugeben, daß die erzielten Ergebnisse, auch ganz unabhängig von dem Zusammenhange mit der in Rede stehenden Theorie, die vollste Aufmerksamkeit aller Vertreter der Geomorphologie erheischen.

Wesentlich unter dem Einflusse des Gilbertschen Fundes hat man nun auch eine gewisse Konkordanz zwischen den vulkanistischen und der meteoritischen Hypothese anzubahnen unternommen, wobei der Amerikaner Shaler[2]) die Führung hatte. Der Sturz eines immerhin sehr massigen kosmischen Vaganten auf ein größeres Gestirn wird nach thermodynamischen Grundsätzen eine energische Wärmeentwickelung bedingen, und durch diese soll um den Ort des Aufschlagens herum eine Verflüssigung des Gesteines eingeleitet werden, als deren Endergebnis sich die „Meere" darstellten. Wir unsererseits meinen, wenn man diese flachen Mulden als durch Schmelzhitze entstanden annehmen wollte, so sei es immer viel natürlicher und einfacher — simplex sigillum veri — die Aufschmelzung mit E. Sueß (S. 135) in der Richtung von unten nach oben, durch Intrusion, als in der Richtung von oben nach unten, mit Zuhilfenahme eines fremden Weltkörpers, sich vollziehen zu lassen.

Ein britischer Montanist, dem man viele wertvolle Abhandlungen über südafrikanische Lagerstätten usw. verdankt, hat sich seinerseits aus Gründen, die diesem Teile der Bergwerkswissenschaft entstammen, für die meteoritische Doktrin insofern ausgesprochen, als er ein sehr viel häufigeres und energischeres Niederfallen solcher Körper auf die Erde für wahrscheinlich hält. Die Studie von Schwarz[3]) nimmt auf Gilbert (S. 169) Bezug, weist

---

[1]) D. M. Barringer, Coon Mountain and its Crater (Arizona), Proceedings of the Philadelphia Academy of Natural Sciences 1906, S. 861 ff.; Tilgham, ebenda, S. 887 ff.

[2]) N. S. Shaler, A Comparison of the Features of the Earth and the Moon, Smiths. Contributions to Knowledge 34, No. 1438, Washington 1903.

[3]) E. H. L. Schwarz, The Probability of large Meteorites having fallen upon the Earth, Journ. of Geology 17, 124 ff.

auf verschiedene für diesen sprechende Mondgebilde, z. B. auf den Krater *Doppelmayr* [1]), hin und gibt auch der vorerwähnten Kompromißtheorie Raum. Veranlaßt wurde er zu diesen Exkursen durch ein ungewöhnliches Vorkommen von Mandelstein-Melaphyr, mit welchem ihn sein Beruf bekannt machte. Diese Laven finden sich im Prieskadistrikt, südlich vom Oranjeflusse, und es gilt für sie eben dasselbe, was wir (S. 176) von den Eisenmassen des südwestlichen Nordamerika in Erfahrung gebracht hatten. Das benachbarte Felsgestein hat mit diesen Einschlüssen gar nichts gemein; es liegt an der Grenze der Perm- und Triasformation und ist durchweg sedimentär, so daß man mit dieser ganz vereinzelten Intrusivmasse nichts Rechtes anzufangen weiß, wenn man an ihrem Hervorbrechen aus einem Vulkanschlote festhält. Exakt beweisen lasse sich der meteorische Ursprung derselben allerdings auch nicht, aber von den beiden sich gegenüberstehenden Annahmen über die Entstehung der Melaphyrmasse sei die zweite doch die plausiblere [2]). Wir haben hiergegen um so weniger etwas einzuwenden, als ja unzweifelhaft feststeht, welche gigantische Meteorblöcke schon an der Oberfläche aufgefunden worden sind [3]), aber wir sind nicht in der Lage, aus dem isolierten Vorkommnis einen bestätigenden Schluß auf die Beziehungen zwischen Mond und Meteoriten zu ziehen.

Geologen und andere Naturforscher waren es, welche ihr Einverständnis mit der uns hier beschäftigenden Auffassung der Mondgebilde erklärt haben; von astronomischer Seite ist eine zustimmende Erklärung, soweit wir sehen können, noch nicht verlautbart worden. Wohl aber hat neuerdings ein hoch geachteter Mathematiker, Verfasser eines der besten in unserer Sprache publizierten Lehrbücher der astronomischen Geographie,

---

[1]) So, und nicht *Doppelmeyer*, wie er (a. a. O., S. 128) benannt wird.

[2]) a. a. O., S. 135. „Everywhere we look in the older rock systems, we find enormous deluges of igneous material which are difficult to explain that the mass came from the interior of the earth, such as, for instance, the Bushfeld igneous complex in the Transvaal ...“

[3]) Vgl. Günther, Handbbuch d. Geophysik 1, 92. Der hier als größtes bekanntes Exemplar namhaft gemachte Eisenklotz A. E. von Nordenskiölds hat seitdem, auch wieder auf grönländischem Boden, einen überlegenen Konkurrenten in dem von Peary nach Europa gebrachten Meteoriten gefunden.

die Aufgabe zu lösen sich bestrebt, wie mit den Mitteln geometrischer Deduktion ein überzeugender Beweis für die Richtigkeit der Meteorhypothese erbracht werden kann. Wir geben die Hauptpunkte seines Schriftchens [1]), soweit es sich mit dem Monde befaßt, hier wieder, uns vorbehaltend, bei der Gesamtkritik auf einzelne Momente der auch von einem Gegner zu schätzenden, eine bisher bestehende Lücke ausfüllenden Auseinandersetzungen zurückzugreifen, denen jedenfalls Konsequenz und folgerichtige Gedankenentwickelung — ob immer aus richtigen Erfahrungstatsachen heraus (?) — nicht abgesprochen werden kann.

Martus geht von der für ihn grundlegenden Voraussetzung aus, die fertige Gestalt der Mondgebilde müsse die Basis bilden, um „mittels des photographierenden Fernrohres und der Mathematik" die lunare Sphinx zu entschleiern [2]). Aus sorgfältigen Messungen, die an einer größeren Anzahl von Ringgebirgen vorgenommen wurden [3]), leitet er die Tatsache her, daß diese immer von einer kreisförmigen oder ovalen Kontur begrenzt sind. Solche geschlossenen Kurven können aufgefaßt werden als Schnittlinien einer Kugelfläche mit einem — geraden oder schiefen — Zylindermantel. Jene geschlossenen Wallringe seien demzufolge dadurch entstanden, daß Kugeln kosmischer Provenienz dem Mondballe zuflogen und in ihn eindrangen. Den übrigen Formen der Mondoberfläche wendet Martus nicht das gleiche Maß von Beachtung zu; nur seine Charakteristik des Alpentales

---

[1]) H. Martus, Die Entstehungsweise der Monde der Planeten, Dresden 1909. Wir empfehlen auch die eingehende und klare Besprechung, welche O. Schoy von dem kleinen Buche veröffentlicht hat (Gaea **45**, 555 ff.). Dieselbe will nur eine Übersicht über den Inhalt, keine Kritik sein; das könnte sie auch nicht, weil der Rezensent sich ganz unbedingt auf den Standpunkt seiner Vorlage stellt und ihr nachsagt: „Restlos gehen alle Schwierigkeiten auf." Daß er mit dieser Ansicht nicht auf allgemeinen Beifall rechnen kann, braucht von uns nicht besonders betont zu werden.

[2]) Wenn Martus die Meinung hegt, man habe bei der üblichen Erklärung der für vulkanisch erachteten Krater usw. deren gigantische Dimensionen ganz übersehen, so ist er nicht zutreffend unterrichtet. Wir haben (S. 106) dieser Schwierigkeit in gebührender Weise, mit Berufung auf andere Autoren, gedacht.

[3]) Martus, a. a. O., S. 17 ff.

(S. 156) verlangt noch gewürdigt zu werden. Es ist durch einen „Streifschuß" zustande gekommen [1]). Ein Meteorit fuhr tangential an der Mondkugel hin und furchte aus ihrer Decke das Material heraus, dessen Fehlen sich nun in jener Schußwunde zu erkennen gibt.

Mit dieser neuesten literarischen Schutzschrift zugunsten der von Gruithuisen (S. 175) gewissermaßen geahnten und seitdem mehr und mehr in den Vordergrund getretenen Hypothese glauben wir unsere rein sachliche Schilderung ihrer selbst und ihrer Ausbildungsetappen abschließen zu dürfen. Daß dieselbe viele Punkte aufweist, an denen die kritische Arbeit den Hebel ansetzen kann, haben die Vertreter des Prinzipes selbst gefühlt, denn das Bestreben, Einwürfe vorweg zu nehmen und zu widerlegen, tritt allenthalben hervor. Wie sich eine objektive Behandlung des Sachverhaltes zu den vorgetragenen Anschauungen zu stellen habe, soll jetzt untersucht werden.

Als die größte Schwierigkeit wurde wohl von je von den Anhängern der alle gestaltlichen Verschiedenheiten des Mondantlitzes von äußeren Einwirkungen ableitenden Lehre die empfunden, daß man fragte: Wie kommt es, daß der verhältnismäßig kleine Nebenplanet von so vielen Meteoriten und in so einschneidender Weise getroffen wurde, der so sehr viel größere Hauptplanet dagegen so selten und noch dazu in so bescheidenem Ausmaße? Wenn Martus hierauf die Antwort gibt, die Erde habe ursprünglich sich eines Nebelringes erfreut, der dann später zum Trabanten wurde, und auf dem alle bei diesem Akte losgelösten Körperchen sich ansammeln mußten, so hat er unbemerkt gelassen, daß gegen diejenige Partie der Laplaceschen Hypothese (S. 17 ff.), welche von der Ringbildung als einer notwendigen Durchgangsstufe handelt, die schwersten theoretischen Bedenken erhoben worden sind [2]). Wollte man auch nur an einen Ring von der Beschaffenheit denken, wie er nach den bekannten Rechnungen und Lichtmessungen von Maxwell und Seeliger den Saturn

[1]) Ob dieser Gedankengang aufrecht erhalten worden wäre, wenn dem, der sich so aussprach, die exakte Zeichnung Fauths (S. 157) von der interessanten Mondgegend vorlag, möchten wir dahingestellt sein lassen.

[2]) Günther, Handb. d. Geophysik 1, 50 ff.

umgibt[1]), so würde man es doch unbegreiflich finden, daß diese Körperchen nicht der so ungleich näheren und massenkräftigeren Erde, sondern dem Monde zugestrebt haben sollen. Diese Erläuterung kann mithin nicht als genügend anerkannt werden. Es bleibt ein Rätsel, woher die Zuneigung der den Weltenraum durchkreuzenden Emissionsprodukte, wenn wir sie mit Tschermak (S. 116) so nennen dürfen, gerade zu dem Himmelskörper stammen soll, der doch keine besonders kräftige Attraktion auszuüben vermag. Beiläufig bemerkt, haben wir übrigens kaum das Recht, den kosmischen Vagabunden jene regelrecht sphärische Gestalt zuzuschreiben, welche für die von Martus angestellte stereometrische Betrachtung erforderlich ist. Direkt etwas darüber auszusagen, verbietet sich, denn was unsere Museen von Meteorsteinen usw. in sich bergen, ist ja nur Trümmerwerk, allein es scheint doch minder unwahrscheinlich, daß jene Bälle, mögen sie ursprünglich auch abgerundet gewesen sein, sehr unregelmäßig geformte Oberflächenformen angenommen haben können.

Weit gewichtiger ist selbstredend die durchaus unverständliche Vernachlässigung der Erde durch die meteoritischen Geschosse. Wir haben eine sehr fleißig ausgeführte Karte von Bornitz[2]), welche für die Epoche 1893 alle Fundstellen verzeichnet, in deren unmittelbarer Nähe Meteorbruchstücke vom Himmel gefallen waren. Ihrer waren damals insgesamt 460; seitdem ist natürlich noch eine Reihe weiterer Örtlichkeiten hinzugetreten. Und nirgendwo haben diese Stein- und Eisenmassen den Boden in einem auch nur minimalen Ausmaße aufgewühlt. Man begreift, daß der Nachweis, der Meteorit von Arizona habe seine Existenz etwas augenfälliger zur Geltung gebracht, in den Kreisen der für die neue Auffassung an sich schon günstig Gestimmten willkommen war, allein man hat es eben doch nur mit einem Einzelfalle zu tun, dem ohne allen Zweifel — es muß das als eine Selbstverständlichkeit erscheinen — noch gar mancher andere mit der Zeit an die Seite wird gestellt werden können. Würden aber, falls es Seleniten (S. 50) mit guten Gläsern gäbe, diese Beobachter von dem Phänomen von *Coon Butte* (S. 176) auch den gleichen Eindruck erhalten, den uns so viele und

[1]) a. a. O., 1, 83.

[2]) Döll-Bornitz, Fall- und Fundorte von Meteoriten, Gaea 28, 440 ff.

mannigfaltige Oberflächenformen ihres Weltkörpers erwecken? Wir glauben nicht, daß jemand diese Behauptung aufzustellen geneigt sein werde.

So müssen wir denn unsere bisherigen Überlegungen dahin zusammenfassen, daß die Annahme, äußere Kraftwirkungen seien bei der Lunarmorphologie als die weitaus einflußreicheren anzusehen, mit den allergrößten Schwierigkeiten zu kämpfen hat[1]. Nicht anders gestaltet sich die Sachlage, wenn wir die Mondformen selbst der Prüfung unterziehen und uns erkundigen, ob sie denn etwa durch die Vorstellung, ein mit großer Wucht heransausender Körper habe ihr heutiges Aussehen zuwege gebracht, einfacher und zielsicherer erklärt werden, als dies durch die Beweisführungen der Abschnitte 10 und 11 geschah. Zuvörderst wenden wir uns da gegen die Martussche Prämisse, die Umrißlinie der Ringgebirge sei stetig gekrümmt. Das ist sie nicht; die unstetige, polygonale Umrandung darf den ganz gesicherten empirischen, auch durch den Vergleich zwischen Mond und Erde bekräftigten Wahrheiten zugezählt werden (S. 105).

Endlich muß hervorgehoben werden, daß die Shalersche Ergänzungshypothese (S. 177) schon durch ihr bloßes Vorhandensein eine sehr empfindliche Seite der Haupthypothese klarlegt. Wie sollen die Wälle „aufgestülpt" worden sein, falls zugleich eine so ungeheure Wärmeentwickelung Platz gegriffen hätte, wie sie gar nicht ausbleiben konnte, wenn plötzlich rapide Bewegungen — die Verbrennungsrinde der unserer Betrachtung zugänglichen Fundstücke beweist deren Schnelligkeit — durch den Stoß, selbst auf relativ nachgiebige Massen, zur Ruhe kamen. Der Mond würde auch einer *γῆ κατακεκαυμένη*, wie die Alten von einem kleinasiatischen Landstriche sagten[2], gleichen, wenn ein so gewaltiger, kaum je rastender Wärmefluß sich über seine Oberfläche ausgebreitet hätte, aber die durchaus getrennt voneinander stehenden, jeweils einen genuinen Entstehungsakt bekundenden Berge und „Meere" des Mondes bieten einen ganz anderen Anblick dar. Und ob es endlich, rein methodologisch betrachtet, empfehlenswerter ist, Naturerscheinungen mit den sich an Ort und Stelle darbietenden, nur im einzelnen und nicht dem Prinzipe

---

[1]) Ähnlich sind auch Fauths Einwendungen gehalten (a. a. O., S. 22 ff.).

[2]) H. Berger, a. a. O., S. 151 ff.

nach Abänderungen notwendig machenden Hilfsmitteln zu erklären oder an einen „Deus ex machina“ zu appellieren, wird Vielen nicht zweifelhaft sein.

Die meteoritische Mondtheorie kennzeichnet ein Durchgangsstadium unseres Erkennens, auf welches auch der Andersdenkende nicht verzichten möchte, weil sehr viel Geist und Geschicklichkeit darauf verwandt ward, einem anscheinend zu einer gewissen Stabilität gelangten Probleme der Astrophysik ganz neue Seiten abzugewinnen. Daß dieselbe jedoch dauernd dem Besitzstande der Wissenschaft einverleibt werden könnte, dünkt uns wenig wahrscheinlich. Es stehen einer befriedigenden Begründung ihrer Hauptsätze zu viele Hindernisse entgegen, die sowohl in der kosmischen wie auch in der rein lunaren Seite des ganzen Hypothesenkomplexes wurzeln.

Vierzehnter Abschnitt.

Zusammenfassender Rückblick.

Es war die Absicht dieser Arbeit, den Ursprung und die Entfaltung des Pluralitätsgedankens, soweit derselbe sich mit den Beziehungen zwischen Mond und Erde beschäftigt, bis in die allerneueste Zeit hinein zu verfolgen. Dabei erwies es sich von Anbeginn an als nötig, auch die sonstigen Versuche, andere Weltkörper als Gegenstücke unserer Erde zu kennzeichnen, wenigstens zu streifen. Waren alle diese Analogien, in deren Ausspinnung sich schon eine lange hinter uns liegende Zeit gefiel, vor Erfindung des Fernrohres leere Phantasiespiele, die immerhin von scharfen Geistesblitzen einzelner freier denkender Köpfe Zeugnis ablegten, so verschob sich das Bild beträchtlich zugunsten einer über die Erde hinaus strebenden kosmologischen Spekulation, als man in der Mondscheibe und auch in anderen Planeten Gegenstände erblickte, die man mit irdischen Objekten recht wohl in Parallele zu stellen berechtigt zu sein vermeinte. Mit Galilei nimmt (S. 36) die vergleichende Mond- und Erdkunde ihren Anfang, so wie durch Huygens (S. 67), De Fontenelle (S. 3) u. a. auch alle die Ideenkombinationen, für deren Gesamtheit der Letztgenannte mit seiner Wortbildung „Pluralité des Mondes“ eine Basis geschaffen hatte, in größerem Stile gepflegt wurden und in der Astronomie ihrer Zeit das Bürgerrecht erlangten.

Für die ersten Jahrzehnte möchte man, sofern der Vergleichung besonderes Gewicht beigelegt werden sollte, der Erforschung des Mondes, oder doch seiner uns zugewandten Hälfte, fast einen gewissen Vorsprung vor derjenigen der Erde einräumen. Denn auf dieser gab es noch Regionen von sehr stattlicher Ausdehnung, über deren topische Verhältnisse weit weniger, als es bei lunaren Gebieten gleicher Größe der Fall war, ausgesagt werden konnte, und auch die physische Geographie war noch viel zu sehr zurück, um in der genetischen Erklärung der terrestrischen Oberflächengebilde mehr als in derjenigen der selenitischen zu leisten. Hier brachten die zweite Hälfte vom 17. und das 18. Jahrhundert eine durchgreifende Besserung; die weißen Flecke auf den Landkarten verkleinerten sich unaufhaltsam, und die Geomorphologie beeiferte sich, unter Führung von Varenius, Steno, Pallas u. a. ein dieses Namens würdiger Wissenszweig zu werden. Um 1800 stellte sich das Gleichgewicht zwischen beiden Teilen wieder her; auf der Erde war mit Werner, L. v. Buch, A. v. Humboldt eine neue Periode angebrochen, und die topographische Beobachtung des Mondes machte unter Schröter, dem sich in der Folge Lohrmann und Mädler anreihten, gewaltige Fortschritte. Jede der beiden Vergleichsdisziplinen hatte mit sich selber so viel zu tun, daß die ehemals beliebten Versuche, zwischen der Physik der Erde und der des Mondes Verbindungen herzustellen, zwar nicht ganz aufhörten, aber doch an Häufigkeit und Interesse abnahmen.

Inzwischen stellten sich der ausübenden Selenographie Methoden und Instrumente zur Verfügung, die eine nie geahnte Verbesserung ihrer Mondmappierung verbürgten; die raumdurchdringende Kraft der Refraktoren, wie nicht minder der Spiegelteleskope steigerte sich fast von Jahr zu Jahr, und die Astrophotographie feierte gerade auf unserem Arbeitsfelde die großartigsten Triumphe, zumal als sie auch das Mikroskop in den Dienst der Ausmessung ihrer Platten zu stellen lernte. Nunmehr konnte mit mehr Erfolg an die Aufgabe herangetreten werden, zu prüfen, ob für Erd- und Mondoberfläche, bzw. auch für die Panzerdecken beider Himmelskörper die gleichen Gesetzmäßigkeiten anzuerkennen sind; war doch auch die Lehre von der Gebirgsbildung, ohne daß schon ein Ausgleich zwischen verschiedenen, sich teilweise befehdenden Anschauungen zu erzielen gewesen wäre, zu einem hohen Maße von Einsichten gefördert worden, welche nunmehr auch dem Monde zugute kommen zu lassen Gelegenheit gegeben war. Wir finden, daß die Männer, welche man wohl Berufserforscher unseres Trabanten nennen darf, immer wieder auf terrestrische Parallelen bedacht waren, wenn sie auch nur mit Vorsicht derartige Urteile formulierten, und wer sich die Mühe gibt, die geologischen und geographischen Lehrbücher des vergangenen Säkulums zu durchmustern, wird sich überzeugen, daß Hinweise auf den Mond immer regelmäßiger in denselben wiederkehren. So war der Boden vorbereitet, um mit dem vervollkommneten Rüstzeuge der neuesten Zeit die Behandlung des selenologischen Teiles des Pluralitätsproblemes wieder aufzunehmen, und dieser stillschweigend von den Umständen gestellten Anforderung ist denn auch wiederholt nachgekommen worden.

Als vielleicht älteste Probe dieser Literaturgattung wäre mutmaßlich eine Abhandlung von Faye[1]) zu nennen, in welcher die auf zwei Planisphäre verteilte Erdkarte mit der Generalkarte des Mondes verglichen wird. Man könnte zwar auch eine Monographie des bekannten phantasievollen Schriftstellers Schmick[2]), die noch etwas früher im Drucke erschien, als hier einschlägig ansprechen wollen, allein die in allen Veröffentlichungen dieses Autors die führende Rolle spielende Neigung, immer mit gewaltigen, alternierenden Flutbewegungen alle geo- und kosmophysikalischen Rätsel zu lösen, tritt einer unbefangenen Gegenüber- und Nebeneinanderstellung der Erd- und Mondobjekte hemmend in den Weg. In kurzer Darstellung hat der Verfasser (S. 23), in ausführlicher, seine zahlreichen Spezialarbeiten einheitlich zusammennehmender Bearbeitung hat Puiseux (S. 87) den hier in Frage kommenden Zweck zu erreichen gesucht. Auf die gleiches anstrebenden Werke von geologischer Seite näher einzugehen, ist uns nicht verstattet; es sei nur andeutungsweise

---

[1]) Faye, Comparaison de la Lune et de la Terre au point de vue géologique, Annuaire du Bureau des Longitudes, 1881.

[2]) J. Schmick, Der Mond, Leipzig 1877.

bemerkt, daß Neumayr[1]) die hier in Betracht kommenden Verhältnisse im Sinne der Anerkennung einer wirklich bestehenden Analogie behandelt und daß Sueß in den Schlußband seines großen, mehrerwähnten Werkes ein Kapitel[2]) aufgenommen hat, in dem die Mondgeologie, wenn wir uns dieses bei aller Paradoxie doch bezeichnenden Wortes bedienen dürfen (s. unten), einer systematischen Behandlung teilhaftig geworden ist.

Unsere eigene Darlegung ging davon aus, nach Möglichkeit allen, auch vom gewöhnlichen Wege etwas abseits liegenden Versuchen, die Hieroglyphen der Mondoberfläche zu deuten, auch ihrerseits gerecht zu werden[3]). Es wird nicht geleugnet, daß

---

[1]) Vor allem darf als ein höchst wirkungsvoller Behelf die Anfertigung zweier zusammengehöriger Bilder (M. Neumayr-Uhlig, Erdgeschichte, 1. Teil, S. 85, Leipzig-Wien 1895) gerühmt werden, die bezüglich eine Mondregion und das klassisch-vulkanische Gebiet der phlegräischen Felder bei Neapel vorführen. Für eine andere Erdgegend leistet dasselbe eine Abbildung bei Dölter (Die Vulkane der Kapverden und ihre Produkte, Graz 1882).

[2]) E. Sueß, Das Antlitz der Erde, **3**, 2. Hälfte, 683ff., Wien-Leipzig 1909. Aufs neue wird die Entstehung großer Schmelzflächen unseres Begleiters in eine sehr einleuchtende Parallele gestellt mit den Aufschmelzungsvorgängen bei irdischen Batholithen (S. 185). Die Ähnlichkeit der Lavaseen von Hawaii mit lunaren Erscheinungen wird scharf betont (S. 694 des Werkes). Auch der von uns früher (S. 119) behandelten Frage nach der Art und Weise, wie sich der Trabant vom Erdkörper losgelöst habe, wendet der berühmte Geologe (S. 696 ff. des Werkes) erhöhte Aufmerksamkeit zu.

[3]) Einzelne Exzentrizitäten wurden allerdings mit Absicht beiseite gelassen. So der von Prinz (Esqu. sélén., II, S. 25) der Vergessenheit entrissene Vorschlag des geschickten Experimentators R. Hooke, die Gestalt der Mondzirken durch passende Behandlung teigartiger Massen und Hervorrufung von Quellungserscheinungen nachzuahmen. Man darf aber nicht übersehen, daß Hooke gleichwohl überzeugter Vulkanist war. Seine eigenen Worte (Micrographia or some Descriptions of Minute Bodies made by magnifying Glasses, with Observations and Inquires thereupon, S. 242ff., Abschnitt „Of the Moon", London 1667) lassen hierüber gar keinen Zweifel. Auch H. Voigts „Beitrag zur Erklärung der ringförmigen Gebirgsbildungen" (Sirius **37**, 50 ff.), der die Mondkrater für koralline Atolle erklärt, scheidet wegen der Sonderbarkeit, tierisches Leben dort vorauszusetzen, von unserer Betrachtung aus (Fauth, a. a. O., S. 149); bemerkt mag immerhin ein ähnlicher Vergleich bei Humboldt werden (Ansichten der Natur, S. 267). Nicht minder verweilen wir nicht eingehend bei manchen Absonderlichkeiten des ebenso verdienst- wie phantasiereichen Pickering, die Prinz

das Leitmotiv, die irdischen und lunaren Bildungen als von identischen genetischen Gesetzen beherrscht zu erkennen, diese Erörterungen beherrschte und von vornherein den Hypothesen, welche ganz neue und ungewöhnliche Betätigungen der im Intrastellarraume wirkenden Kräfte zu Hilfe riefen, einiges Mißtrauen entgegenbringen ließ. Wir hoffen gezeigt zu haben, daß es möglich ist, sich von der großen Mehrzahl der Dinge, die man auf dem Monde sieht, dadurch Rechenschaft zu geben, daß man die Normen, welche für die vulkanischen und tektonischen Erscheinungen auf der Erde als gültig anerkannt sind, unter geeigneten Kautelen auch auf das Nachbargestirn überträgt[1]). Kein Verständiger wird sich wundern, wenn er vernimmt, daß der Folgezeit noch sehr viel zu ergründen, klarzustellen, zu ergänzen übrig bleibt, sowie er auch auf der anderen Seite nicht anstehen wird, zuzugeben, daß die Berechtigung einer vergleichenden Mond- und Erdkunde als erwiesen gelten darf[2]).

(Végétations et canaux sur la Lune; changements dans certains cratères, Ciel et Terre, 23. Jahrg., S. 335 ff.) als auf „sehr ernst zu nehmender Grundlage" erwachsene und trotzdem ins Abenteuerliche hineingeratene Ideengänge kennzeichnet. Bemerkt zu werden verdient, daß selbst ein so hoch stehender Forscher, wie Lambert, in seiner früher (S. 63) zitierten Arbeit vegetatives Leben auf dem Monde nicht gänzlich abzulehnen scheint (Erklärung und Gebrauch der Mondcharten, S. 148): „Jeder Punkt der Mondfläche wird beynahe 15 unserer Tage in einem fort beleuchtet und vermutlich auch erwärmt. Eben so lange dauert die darauf folgende Nacht oder Entziehung des Sonnenlichtes, mit der Erkaltung. Diese Dauer kömmt wenigstens dem Erdbewohner lange genug vor, um an solche Wirkungen zu denken, dergleichen das Wachsen und Reifwerden vieler Pflanzen ist."

[1]) Man wird sich vergewissert haben, daß dem verzweifelten Streben, für alle Schwierigkeiten eine Lösung zu finden, keine Stätte gegeben ward. So mußte von einer wahrhaft befriedigenden Erklärung der Strahlensysteme (S. 129) abgesehen werden.

[2]) In diesem Sinne spricht sich auch ein Fachmann ersten Ranges aus (Geikie, Geology of the Moon, Nature 71, 348 ff.).

Namenverzeichnis[1]).

[1]) Die Namen von Mondörtlichkeiten sind in dieses Verzeichnis nicht mit aufgenommen.

[1]) Die Schreibweise Maerz auf dem Titel einer italienischen Schrift ist nicht richtig.

10000. 8. 10.

Verzeichnis der Mitarbeiter

Dr. **Otto Freiherr von und zu Aufsess**, München	Heft 4
Prof. Dr. **H. Baumhauer**, Freiburg i. Schweiz	„ 7
Prof. **V. Bjerknes**, Christiania	„ 28
Mme. **S. Curie**, Paris . .	„ 1
Prof. Dr. **B. Dessau**, Perugia	„ 33
Prof. Dr. **C. Doelter**, Graz .	„ 13
Prof. Dr. **B. Donath**, Charlottenburg	„ 14
Dr. **Wilh. R. Eckardt**, Aachen . . .	„ 31
Privatdozent Dr. **Edwin S. Faust**, Straßburg .	„ 9
Prof. Dr. **Otto Fischer**, Leipzig	„ 18
Dr. **Otto Frölich**, Berlin . .	„ 5
Privatdozent Dr. **E. Gehrcke**, Berlin .	„ 17
Prof. Dr. **F. E. Geinitz**, Rostock . . .	„ 16
Prof. Dr. **Josef Ritter von Geitler**, Czernowitz	„ 6
Prof. Dr. **Hermann Gutzmann**, Berlin .	„ 29
Prof. Dr. **G. Jäger**, Wien . .	„ 12
Prof. Dr. **Albert Jesionek**, Gießen	„ 32
Dr. phil. **Walter von Knebel**, Groß-Lichterfelde (†)	„ 15
Prof. Dr. **Hermann Kobold**, Kiel	„ 11
Prof. Dr. **Edm. König**, Sondershausen	„ 22
Prof. Dr. **J. P. Kuenen**, Leiden . .	„ 20
Privatdozent Dr. **G. F. Lipps**, Leipzig	„ 10
Prof. **H. Mache**, Wien . . .	„ 30
Prof. Dr. **Joh. Bapt. Messerschmitt**, München	„ 27
Dr. **Rob. Pohl**, Berlin . . .	„ 34
Prof. **E. Rutherford**, Montreal . .	„ 21
Privatdozent Dr. **Otto Sackur**, Breslau	„ 24
Prof. Dr. **G. C. Schmidt**, Königsberg	„ 2
Prof. Dr. **Julius Schmidt**, Stuttgart	„ 23
Prof. **E. v. Schweidler**, Wien	„ 30
Prof. Dr. **J. J. Thomson**, Cambridge .	„ 3 „ 25
Dr. **P. Vageler**, Königsberg i. Pr.	„ 26
Prof. Dr. **A. Wangerin**, Halle a. S.	„ 19
Prof. Dr. **A. Werner**, Zürich	„ 8

(Weitere Hefte in Vorbereitung)

Die physikalischen Eigenschaften der Seen

Von Dr. Otto Freiherr von und zu Aufsess,
Assistent für Physik a. d. Kgl. techn. Hochschule in München.

Mit 36 Abbildungen. X, 120 S. 1905. Geh. M 3.—, geb. M 3.60.

Aus den Besprechungen.

Blätter für höheres Schulwesen. „Die Darstellung ist ganz elementar und sehr klar gehalten. Der Inhalt gliedert sich naturgemäß in die Mechanik, Akustik, Optik und Thermik der physikalischen See-Erscheinungen. Besonders interessant sind die Untersuchungen über den so viel diskutierten Grund der Verschiedenfarbigkeit der Seen. Die Erscheinungen des Wasserschattens werden mit dem Brockengespenst in zutreffende Parallele gestellt. Aber von dem allergrößten Interesse sind S. 63 ff. die Ausführungen über die Brechungserscheinungen beim Übergange des Lichtes von Wasser in Luft. Es wird hier ganz elementar nachgewiesen, wie relativ und einseitig unsere Erkenntnis der Dinge ist. Wir sehen alle Gegenstände nur durch das Medium Luft, ein Wasserbewohner sieht dieselben Gegenstände durch das Medium Wasser ganz anders als wir, ja er sieht sogar Sachen, die wir als aus einem Stücke bestehend, als kontinuierliche Massen bezeichnen, in Stücke zerteilt!! Das Buch sei auch für die Schüler der obersten Klasse empfohlen."

Himmel und Erde. „Was der Physiker vom weitverbreitetsten Stoffe auf unserem Erdball, dem Wasser, zu sagen weiß, ist fast lückenlos in dem Aufsessschen Buche zusammengefaßt worden. Wir erfahren etwas über die Wellenbewegung an der Oberfläche, die Strömungen, Fortpflanzung des Schalles im Wasser, über die Durchsichtigkeit und die thermischen Verhältnisse. Besonders eingehend behandelt der Verfasser auf Grund eigener Versuche die Durchsichtigkeit und Farbe der Gebirgsseen, wobei er die Frage entscheidet, ob letztere chemischer oder physikalischer Art ist. Wir empfehlen das Buch besonders allen denen, die es lieben, ihre Erholung in einer liebevollen Betrachtung der Natur zu suchen."

Verlag von Friedr. Vieweg & Sohn in Braunschweig

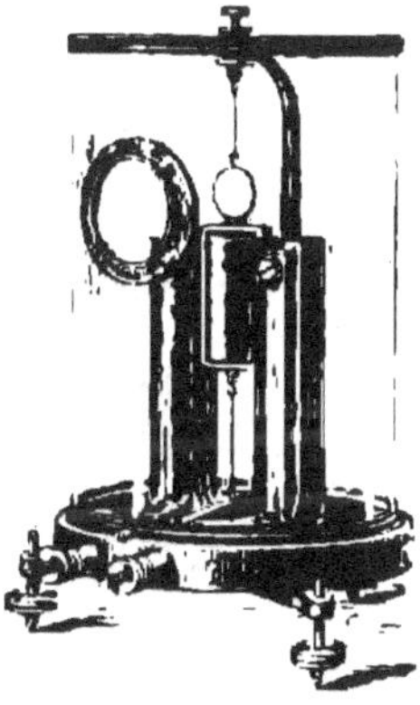

Die Fortschritte der kinetischen Gastheorie

*Von **Dr. G. Jäger,** Professor der Physik an der techn. Hochschule in Wien. Mit 8 Abbildungen. XI, 121 S. 1906. Geh. M 3.50, geb. M 4.10.*

Aus den Besprechungen.

Chemiker-Zeitung. „Die ausführliche Einleitung des Werkchens gibt eine ausgezeichnete klare Darstellung der kinetischen Gastheorie. Schon wegen derselben kann das Büchlein, das aus der Feder des durch seine „theoretische Physik" wohlbekannten Verfassers hervorgegangen ist, bestens empfohlen werden. Der Hauptteil ist zunächst Boltzmanns Untersuchungen gewidmet. Das H-Theorem und seine Beziehung zum zweiten Hauptsatze der Wärmetheorie finden zuerst ihre Ableitung, sodann die Sätze über Geschwindigkeitsverteilung und Dichteverteilung in einem Gase, in dem innere und äußere Kräfte wirken. Der Verf. verfolgt hier anschauliche und originelle Methoden. Die Anwendung wird auf die Zustandsgleichung nicht zu stark komprimierter Gase gemacht, wobei der Verf. den Arbeiten von M. Reinganum folgt. Der Temperaturkoeffizient der inneren Reibung, der in letzter Zeit befriedigende Erklärung fand, wird ebenfalls besprochen. Es folgen die Untersuchungen von Smoluchowski über den Temperatursprung der Wärmeleitung in Gasen und eigene Forschungen des Verf. über die Theorie der Flüssigkeiten. Das Büchlein kann daher allen, die sich für die auch in der Elektrizitätslehre immer mehr Bedeutung gewinnende kinetische Theorie interessieren, wärmstens empfohlen werden."

Elektrochemische Zeitschrift. „Mit Bezug auf die Wichtigkeit, die gegenwärtig die Arbeiten über die Elektrizität in Gasen erlangt haben, dürfte die vorliegende kurze und dabei doch in bezug auf die Hauptmomente erschöpfende Zusammenfassung der Resultate der kinetischen Gastheorie nicht unwillkommen sein. Die Darstellung ist eine klare und deutliche und es ist fast durchweg eine eingehende mathematische Begründung gegeben."

Verlag von Friedr. Vieweg & Sohn in Braunschweig

Kinematik organischer Gelenke

Von ***Prof. Dr. Otto Fischer*** *in Leipzig. Mit 77 Abbildungen. XII, 261 S. 1907. Geh. M 8.—, geb. M 9.—.*

Aus den Besprechungen.

Deutsche Literaturzeitung. „Das ganze Buch ist mit beneidenswerter Präzision und Prägnanz geschrieben, der Aufwand an Geometrie und Algebra ist so bescheiden, daß man erwarten sollte, Mediziner und Zoologen werden sich durcharbeiten können. Jedenfalls wird es für sie die beste Einführung in die Gelenkmechanik sein. Für alle aber, die das Studium der Gelenke als Spezialität betreiben, wird die Fischersche Kinematik ganz unentbehrlich sein."

Leipziger Medizinische Monatsschrift. „...Wenn Fischer, der durch seine Forschungen auf diesem Gebiete längst bekannt ist, auch in bescheidener Weise sagt, daß sein Werk kein Lehrbuch der in den lebenden Körpern vorkommenden speziellen Gelenke sein soll, so müssen wir es doch als ein solches ansehen, denn er hat es verstanden, uns in klarer und übersichtlicher Weise die Verhältnisse, auf die es ankommt, darzulegen. Wir haben die meisten Werke, die sich mit dem Gegenstande der Gelenklehre oder der Statik und Mechanik des menschlichen Knochengerüstes beschäftigen, in der Hand gehabt, müssen aber sagen, daß uns keines eine derartige präzise Auskunft und klare Vorstellung der Verhältnisse gegeben hat wie die Kinematik Fischers..."

Reichs-Medizinal-Anzeiger. „Der Aufgabe der organischen Kinematik, die kinematischen Gesetze besonders den Zoologen, den Medizinern und den gebildeten Laien klar zu machen, hat Verf. sich in dem vorliegenden Buche unterzogen und diese Aufgabe vorzüglich gelöst..."

Verlag von Friedr. Vieweg & Sohn in Braunschweig

Die Korpuskulartheorie der Materie

Von Dr. J. J. Thomson, Mitgl. der Royal Society, Professor der Experimentalphysik an der Universität in Cambridge und Professor der Physik an der Royal Institution in London. Autoris. Übersetzung von G. Siebert.
Mit 29 Abbildungen. VIII, 166 S. 1908. Geh. M 5.— geb. M 5.80.

Aus den Besprechungen.

Naturwissenschaftliche Wochenschrift. „In dem vorliegenden Werke legt der Verfasser, der den Physikern als einer der geistreichsten Forscher auf dem Gebiete der Elektronik wohl bekannt ist, seine Anschauungen über den Aufbau der Materie in ziemlich populärer Form dar. Das Buch ist also als eine Fortsetzung und Erweiterung der im Jahre 1904 ebenfalls deutsch in der Sammlung »Die Wissenschaft (Heft 3)« erschienenen Vorträge »Elektrizität und Materie« anzusehen.

In der neuen Schrift werden zunächst die grundlegenden Tatsachen der Elektronentheorie besprochen. Daran schließt sich ein Kapitel, in dem die Frage nach dem Ursprung der Masse der Elektronen mit dem Ergebnis diskutiert wird, daß die Masse der Elektronen nur scheinbar materiell, in Wahrheit aber elektromagnetischer Natur sei. Eingehend wird die Korpuskulartheorie der Wärme- und der Elektrizitätsleitung in Metallen behandelt und gezeigt, daß von den beiden konkurrierenden Theorien die eine, nach der die die Leitung der Wärme und Elektrizität besorgenden Elektronen insofern dauernd im Metall frei sind, als sie mit den Atomen ihrer Umgebung, von denen sie sich durch Dissoziation getrennt haben, in einer Art von Temperaturgleichgewicht stehen, zu einem Widerspruch mit der Erfahrung führt, indem der Wert für die spezifische Wärme der Metalle, wenn sie richtig wäre, viel größer (bei Silber zehnmal so groß) sein müßte, als er tatsächlich ist. Die andere Theorie, welche voraussetzt, daß die Elektronen nicht dauernd, sondern nur während der kurzen Zeit frei sind, die sie zur Zurücklegung des Weges von einem Atom zum Nachbaratom brauchen, vermeidet diese Schwierigkeit, und ihr ist, da sie alle anderen Beobachtungen ebensogut wie die erste Theorie erklärt, der Vorrang zu geben. Zwei Kapitel über den Aufbau der chemischen Atome aus positiver Elektrizität und negativen Elektronen und deren Anordnung im Atom beschließen das Buch...

Die Lektüre der »Korpuskulartheorie der Materie« ist nicht leicht, aber sie bietet dem, der die Mühe der Durcharbeitung nicht scheut, einen großen Genuß."

Verlag von Friedr. Vieweg & Sohn in Braunschweig

Die Kraftfelder

Von **V. Bjerknes**, *Professor der Mechanik und der mathematischen Physik an der Universität Christiania.* Mit 29 Abbildungen. XVI, 174 S. 1909. Geh. M 7.—, geb. M 7.80.

Aus den Besprechungen.

Annalen der Elektrotechnik. „Seit der Zeit Newtons pflegten die Physiker ihren Erklärungen der physikalischen Erscheinungen durchgehends die Vorstellung von Fernwirkungen zugrunde zu legen. Erst Faraday stellte dieser Auffassung die Idee des Kraftfeldes gegenüber. Nach ihm legte Maxwell in seinen berühmten Gleichungen die formalen Beziehungen des elektromagnetischen Kraftfeldes zu Raum und Zeit fest. Diese Theorie Maxwells erhielt durch die klassischen Versuche von H. Hertz eine glänzende Bestätigung, die den Erfolg hatte, daß von jetzt ab die Vorstellung von Kraftfeldern die Fernwirkungshypothese vollständig verdrängte. Was uns die Maxwellsche Theorie in endgültiger Form gegeben hat, ist aber nur die formale Beziehung der elektrischen und magnetischen Vektorgrößen zu Raum und Zeit. Über die innere Natur der Kraftfelder weiß man auch durch sie nichts Näheres. Das hier vorliegende Buch enthält in übersichtlicher Zusammenstellung die Resultate einer langen Reihe von Forschungen, welche unternommen sind mit dem Ziele, womöglich Licht auf diese dunkle Frage zu werfen. Unmittelbarer Gegenstand der Untersuchung sind nicht die elektromagnetischen Kraftfelder selbst, sondern ihnen analoge Felder, die in bewegten Flüssigkeiten und in Medien mit gewissen Elastizitätseigenschaften auftreten. Für das Studium dieser Felder hat der Verfasser neue Methoden geschaffen, welche eine einfache Ableitung der früher schwer zugänglichen Resultate gestatten. In sehr einfacher Weise entwickelt er die Theorie zweier Klassen von hydrodynamischen Felderscheinungen, der C. A. Bjerknesschen, wo schwingende, und der Euler-Kelvinschen, wo stationäre Bewegung der Flüssigkeit zugrunde liegt. Die bekannte, in beiden Fällen auftretende Analogie mit elektrostatischen oder magnetischen Feldern wird eingehend dargelegt, und die zur Verifikation der Resultate dienenden Versuche werden beschrieben. Als unmittelbare Fortsetzung dieser hydrodynamischen Untersuchung entwickelt der Verfasser die Theorie ähnlicher Kraftfelderscheinungen in Medien mit Elastizität der eigentümlichen gyrostatischen Art, welche Mac Cullagh zur Erklärung optischer, und Lord Kelvin zur Veranschaulichung elektrodynamischer Erscheinungen einführten und die nach ihnen viele Forscher benutzt haben, um mechanische Bilder der allgemeinsten elektromagnetischen Felderscheinungen zu konstruieren."

Verlag von Friedr. Vieweg & Sohn in Braunschweig

Die Wissenschaft Sammlung naturwissenschaftl. und mathematischer Einzeldarstellungen Heft 29

Physiologie der Stimme und Sprache

*Von **Prof. Dr. Hermann Gutzmann** in Berlin. Mit 92 zum Teil farbigen Abbildungen im Text und auf 2 Tafeln. X, 208 S. 1909. Geh. M 8.— geb. M 9.—*

Inhaltsverzeichnis. I. Physiologie der Atmung und Stimme. A. Anatomische Vorbemerkungen. 1. Atmung. 2. Stimme. B. Die Atembewegungen beim Sprechen. 1. Registrierung der Atembewegungen. 2. Typus der normalen Sprechatmung. Registrierung des Atemvolumens beim Sprechen. C. Die Stimme. 1. Bildung der Stimme. 2. Tonhöhe und Tonstärke. 3. Register. 4. Genauigkeit der Stimme. 5. Stimmeinsätze. 6. Stimmlage und Stimmumfang. 7. Flüsterstimme u. Bauchrednerstimme. — II. Physiologie der Sprachlaute. A. Anatomische Vorbemerkungen. Der Aufbau des Ansatzrohres. B. Die Physiologie des Ansatzrohres: 1. Klanganalyse der Sprachlaute: a) Analyse der menschlichen Stimme durch einfaches Hören. b) Graphische Analyse der Klänge. c) Klangkurven. d) Analyse der Klangkurven. e) Resultate der Klanganalyse. f) Theorie der Vokale. g) Synthese der Vokale. h) Analyse der Konsonanten. 2. Formen und Bewegungen des Ansatzrohres: a) Analyse der Sprachbewegungen durch Beobachten. b) Analyse der Sprachbewegungen durch registrierende Instrumente: Akustische Registrierung; Optische Registrierung; Direkte Meßmethoden. c) Anwendung der Registrierung auf die einzelnen Bewegungen: Luftbewegung der Artikulation; Kehlkopfbewegungen; Unterkieferbewegungen; Zunge und Mundboden; Gaumensegel; Lippen. d) Apparate für die Gesamtaufnahme der Artikulationsorgane. e) Färbemethoden. 3. Die Sprachlaute: a) Vokale und Konsonanten. b) Die Vokale. c) Die Konsonanten: Verschlußlaute, Media und Tenuis; Reibelaute; *L*-Laute; *R*-Laute; Resonanten; Laute des vierten Artikulationssystems; Kehlkopflaute; Schnalzlaute (Clixe). d) Die Sprachlaute in der Verbindung: Doppelvokale und Doppelkonsonanten; Silbe, Wort, Satz. 4. Die Akzente der Sprache. 5. Die phonetische Schrift. — Literaturverzeichnis.

Aus den Besprechungen.

Berliner klinische Wochenschrift. „Wie sehr Verfasser den Gegenstand beherrscht, geht aus der Klarheit seiner Darstellungen hervor; die Schilderung der an sich oft recht schwierigen Forschungsmethoden und die Deutung der Resultate läßt dem Leser manches einfach und verständlich erscheinen, was in Wirklichkeit nur durch mühsame Arbeit klargelegt werden konnte. Das Literaturverzeichnis enthält 263 Nummern. Das Buch ist unentbehrlich für den Spracharzt, den Laryngologen und für den Physiologen, ferner für den Taubstummenlehrer, für den Gesangspädagogen und den Lehrer der Rhetorik; aber auch für die Philologen, Linguisten und Phonetiker enthält es viel Wissenswertes. Vielleicht bekehrt es auch den einen oder anderen jener rückständigen Philologen, welche die experimentelle Phonetik noch nicht als Wissenschaftszweig anerkennen wollen. Für jeden Arzt aber wird die Lektüre des Buches, dem wir ein glänzendes Prognostikon stellen, belehrend und genußreich sein."

Medizinische Klinik. „... Durch seine eingehende, durch zahlreiche eigene Spezialforschungen begründete Orientierung auf diesem Wissensgebiet ist in der Tat Gutzmann in hervorragender Weise berufen und befähigt, die Kernpunkte zu erkennen und herauszuheben und eine wirklich gute Darstellung dieser für den Arzt und den Psychologen, Physiologen und den Physiker gleich wichtigen Materie zu geben. Das Buch kann der Beachtung derjenigen, welche in diesem und den angrenzenden wissenschaftlichen Gebieten arbeiten, nur warm empfohlen werden."

Verlag von Friedr. Vieweg & Sohn in Braunschweig

weitsuechtig